Der verborgene Mechanismus
des Weltgeschehens

Der Naturwissenschaftler Dipl.-Math. Klaus-Dieter Sedlacek, Jahrgang 1948, studierte in Stuttgart neben Mathematik und Informatik auch Physik. Nach fünfundzwanzig Jahren Berufspraxis in der eigenen Firma widmet er sich nun seinen privaten Forschungsvorhaben und veröffentlicht die Ergebnisse in allgemein verständlicher Form. Darüber hinaus ist er der Herausgeber mehrerer Buchreihen unter anderem der Reihen 'Wissenschaftliche Bibliothek' und 'Wissen gemeinverständlich'.

Der österreichisch-ungarische Mikrobiologe Raoul Heinrich Francé (1874 -1943) studierte Medizin und erwarb darüber hinaus Kenntnisse in analytischer Chemie und Mikrotechnik. In seinem Leben schrieb er mehr als 60 Bücher, die moderne ökologische Ideen vorwegnahmen und nach wie vor aktuell sind.

Klaus-Dieter Sedlacek
Dr. h. c. Raoul H. Francé

Der verborgene Mechanismus des Weltgeschehens

Neue Erkenntnisse über die Gestalten
biotechnischer Systeme der Welt

Mit zahlreichen Abbildungen

Wissen gemeinverständlich Bd. 14

Bibliographische Information Der Deutschen Bibliothek:
Die Deutsche Bibliothek verzeichnet diese Publikation in
der Deutschen Nationalbibliographie; detaillierte
bibliographische Daten sind im Internet über
http://dnb.ddb.de
abrufbar.

Herausgegeben von

Herstellung und Verlag: BoD – Books on Demand, Norderstedt.
ISBN: 9783744893954

0. Einführung

Seit Jahrtausenden ist die Menschheit bestrebt, die Welt, in der sie lebt, kennen und erkennen zu lernen. Das Kennenlernen ist Sache der Erfahrung und beruht auf den Sinnesorganen, die dem Menschen mit vielen andern Lebewesen gemeinsam sind; die Erkenntnis ist Sache des Geistes, der — in dem hier verstandenen höheren Sinne — sein Eigentum ist. Die Erfahrung führt zu einem nach und nach ins Ungeheure wachsenden Tatsachenmaterial; die Erkenntnis führt zu einem sich fortwährend verändernden Weltbild; und das Weltbild, das sich ergibt, hängt begreiflicherweise in erster Linie von dem Tatsachenmaterial selbst ab und erst in zweiter von der Denkungsart und der Einstellung dessen, der es herstellt. Erfahrung sammeln ist immerhin mühselig und in der Form der Beobachtung oder gar des Experiments erst spät zur Geltung gekommen. Im Gegensatz dazu wohnen die Gedanken nahe, fast möchte man sagen, allzu nahe beieinander. So kommt es uns, ungeachtet aller Verehrung und Bewunderung der Philosophen des Altertums, heute beinahe lächerlich vor, dass sie es unternahmen, aus einem, wie wir jetzt wissen, so überaus winzigem Tatsachenmaterial, das ihnen zur Verfügung stand, schon ein Weltbild zu entwerfen; und so darf man sich nicht wundern, dass es durch jeden neu aufgefundenen Tatsachenkreis aufs Empfindlichste erschüttert wurde. Und das hat sich dann in der mittleren, neueren und neuesten Zeit immer wiederholt; es genügte oft eine einzige epochemachende Tatsache, um das Erkenntnisgebäude nicht nur zu erschüttern, sondern umzuwerfen.

Man denke nur an einige Beispiele: An die Kugelgestalt der Erde, an das Kopernikanische System, an die Newtonsche Gravitation, an die Entdeckung kleiner und kleinster Lebewesen, an die Entstehung der lebenden Arten durch natürliche Zuchtwahl, an das periodische System der Elemente, an die Radioaktivität und den Zerfall der Moleküle, an die Vereinheitlichung von Raum und Zeit, schließlich an alle jene großen und umwälzenden Entdeckungen, die im Laufe der Zeit hinsichtlich der Natur des Menschen — und nicht nur seines Körpers, sondern ganz besonders auch seines Geistes — gemacht worden sind. Und immer, wenn etwas derartig Neues gefunden wurde, und wenn sich dann zeigte, dass es zu dem Alten gar nicht stimmen wollte, hieß es: Die Wissenschaft ist in einer Krisis, oder gar: Die Wissenschaft ist am Ende ihrer Weisheit. Wer so spricht, bedenkt nicht, dass die Wissenschaft ihrer Natur nach fortwährend in einer Krise ist. Und es wäre schlimm, wenn dem nicht so wäre; denn dann könnte man mit viel größerem Recht sagen, dass sie mit ihrer Weisheit am Ende ist. Dass die Welt ungeheuer kompliziert aufgebaut ist und dass sie uns fortwährend neue Rätsel aufgibt, kann man desto weniger bezweifeln, je reicher und merkwürdiger das Tatsachenmaterial geworden ist; und wenn die Erkenntnis lange Zeit der Kenntnis voran eilte, wenn sie dann hinter ihr zurückblieb, so wird es um so dringender, endlich einmal soweit zu kommen, dass sie mit der Kenntnis der Tatsachen gleichen Schritt halte. Natürlich ist es ein Unterschied, ob sich der Erkenntnistheoretiker an seinesgleichen wendet, oder ob er es auf die Laienwelt abgesehen hat, soweit sie für ein derartiges allgemeines Problem empfänglich ist. Und gerade um dieses letztere handelt es sich schließlich, soll die Erkenntnistheorie sich nicht vollständig in sich zurückziehen, nach dem gefährlichen Satz „l'art pour l'art".

Im Altertum beherrschte der Philosoph, wenn er umfassenden Geistes war, das gesamte Wissen der Zeit und versuchte, es in einen einheitlichen Zusammenhang zu bringen. Wohl niemals wieder hat es einen Polyhistor gegeben wie Aristoteles und niemals wieder eine Begabung, tausend auseinanderliegende und sich scheinbar widersprechende Einzelheiten zu einem System zu gestalten. Ist er doch noch das ganze Mittelalter hindurch die unbestrittene Grundlage aller Erörterungen geblieben und hat selbst im Reich der Theologie in dieser Hinsicht der Bibel nur wenig nachgegeben. Nur war das Verhältnis der Philosophie zur Theologie das der Magd zur Herrin, und deshalb konnte die Philosophie (genauer gesagt: die Scholastik) in dieser Zeit keine selbständige Rolle spielen. Das wurde in der Neuzeit, seit Bacon und Descartes, Spinoza und Leibniz freilich anders; und im Zeitalter Kants erstand jener zweite Große, der die Arbeit des Aristoteles wieder aufzunehmen und mit den Methoden moderner Analyse zu fundieren bereit und fähig war, wobei sich freilich zeigte, dass in den vergangenen zwei Jahrtausenden das Problem schon fast über die Grenze menschlichen Bereichs hinausgewachsen war.

Als nun das neunzehnte Jahrhundert und das Zeitalter der heutigen Naturwissenschaft anbrach, bekam das Problem ein ganz neues Gesicht. Die Tatsachen der Naturwissenschaften und die Fülle der daran geknüpften Theorien waren so überwältigend geworden, dass es dem Philosophen beim besten Willen nicht möglich war, die Gesamtheit wirklich zu beherrschen. Dieser Zustand hat, wenn auch scheinbar gemildert, durch die Anknüpfungsversuche gegenseitiger Verständigung, bis zum heutigen Tage sich nicht wesentlich geändert. Es ist so (um ein Bild zu gebrauchen), als ob der Philosoph und der Naturforscher, vom besten Willen beseelt, aufeinander zugingen, um sich an der entscheidenden Stelle zu treffen. Aber je mehr sie sich diesem Ziel nähern, desto deutlicher werden sie es gewahr, dass sie die Richtungen nicht hinreichend genau eingehalten hatten, dass sie sich windschief gegeneinander bewegten, schließlich in respektvoller Entfernung aneinander vorbeigingen und nunmehr naturgemäß sich wieder voneinander entfernten.

Wenn wir uns jetzt zu dem Weltbild des Naturforschers wenden, so haben wir von vornherein eine recht unerfreuliche Tatsache festzustellen, die den wahren Freund des Problems so lange mit Unbehagen erfüllt, bis es ihm gelungen ist, ihren wahren Grund aufzudecken. Die im Laufe des neunzehnten Jahrhunderts von Naturforschern aufgestellten Weltbilder sind nämlich sehr bald einer scharfen Kritik verfallen und haben daraufhin ihren Ruf fast völlig eingebüßt. Man denke nur, um sich auf ein einziges Beispiel zu beschränken, an Häckels „Welträtsel" und „Lebenswunder", die ihrem Verfasser mehr geschadet haben, als ihm sein gesamtes, reiches und bedeutsames fachwissenschaftliches Lebenswerk genutzt hat.

Etwas besser steht es mit anderen Darstellungen; aber auch sie haben nicht entfernt diejenige Wirkung gehabt, die man sich von dem Angriff eines so entscheidenden Problems erhoffen durfte. Natürlich hatte das wiederum zur Folge, dass diejenigen Kreise, welche die Weltweisheit mit einigem Recht gepachtet zu haben glaubten, über die ganze naturwissenschaftliche Richtung herfielen und erklärten, auf diese Weise könne niemals etwas irgendwie Brauchbares zustande kommen. Sie haben dabei trotz ihrer angeblichen Vorsicht und Exaktheit einen Punkt übersehen, der für die gesamte Beurteilung geradezu entscheidend ist; eben den Punkt, den wir oben bereits andeuteten: Jahrzehntelang sind es nämlich fast ausschließlich die Biologen gewesen, die sich an die vorliegende Aufgabe herangewagt haben, Botaniker und Zoologen, Anatomen und Physiologen. Und bei einiger Überlegung wird man die Frage, ob dies der reine Zufall gewesen sei, entschieden verneinen und erkennen, dass es in dem Charakter der betreffenden Wissenschaften begründet ist. Die biologischen Fächer gehörten ursprünglich zu den sogenannten „beschreibenden" Naturwissenschaften, und es standen ihnen die „exakten" Naturwissenschaften gegenüber. Nun ist der eine von diesen beiden Ausdrücken gewiss schlecht gewählt und zum mindesten längst veraltet. Denn erstens kann es natürlich überhaupt keine Naturwissenschaft geben, die nicht mit der Beschreibung der Tatsachen anfinge und dann erst, soweit möglich, die Erklärung hinzufügte, und zweitens gibt es, wie schon Kirchhoff und Mach betont haben, im Grunde keine wirkliche Erklärung, weil man die Elemente der Erklärung wiederum erklären müsste, und weil man bei der Verfolgung dieser Kette sehr schnell an die Grenzen menschlicher Erkenntnis käme.

Erklärung ist nur vertiefte und in Zusammenhang gebrachte Beschreibung einer ganzen Gruppe von Tatsachen auf die denkbar einfachste Weise, und zwar eine Beschreibung, die den besonderen Anspruch erhebt, exakt zu sein. Und das bringt uns auf den zweiten der oben einander gegenüber gestellten Ausdrücke: Exakte Wissenschaften. Im höchsten Sinne exakt kann eine Beschreibung, die zugleich eine Erklärung ist, nur dann sein, wenn sie sich der Sprache der Mathematik bedient; denn zur Exaktheit gehört quantitative, nicht bloß qualitative Erfassung, auch wenn es sich um Erscheinungen handelt, die anscheinend rein qualitativer Art sind. Dieser quantitativen Erfassung ist nun die Wortsprache nur in einem lächerlich geringen Grade fähig. Noch dazu ist sie viel zu weitschweifig und von schwebender Begriffs- bzw. Wortbildung, um irgendwelche Exaktheit gewährleisten zu können. Man ersieht das ja am besten aus der Geschichte der Philosophie, wo jeder Folgende den Vorgänger missversteht, weil er die begrifflichen Worte anders nimmt; und noch anderthalb Jahrhunderte nach Kant kann ein scharfsinniger Philosoph behaupten, dass man den Sinn der Kritik der reinen Vernunft bisher immer missverstanden habe.

Nun wird man auch verstehen, warum die exakten Naturforscher sich lange Zeit hindurch nicht recht getrauten, an das Weltbild in seiner Gesamtheit heranzutreten; denn für den exakten Aufbau fehlten zu viel, und zwar großenteils gerade die grundlegenden Bausteine; erst in neuerer Zeit sind sie in die Lage gekommen, den Aufbau guten Muts zu wagen. Eines dieser Wagnisse, und wie ich hoffe kein waghalsiges, ist die nun folgende Darstellung der Dinge, die unsere Welt bewegen und die vielleicht sogar, das Geheimnis des Weltmechanismus ein wenig lüften. Was den Begriff des Weltmechanismus betrifft, so begnügen wir uns vorläufig mit dem intuitiven Verständnis. An späterer Stelle (siehe S. 284) folgt dann die Definition. Jetzt denke ich, kann es in den folgenden Kapiteln Schritt für Schritt mit dem Aufbau eines neuen Weltbildes losgehen.

Stuttgart, im August 2017

Klaus-Dieter Sedlacek

1. Der Mechanismus hinter Naturgesetzen

1.1 Grundlagen der Naturerkenntnis

1.1.1 Die Substanz

Die allereinfachste und nächstliegende Möglichkeit, im Naturgeschehen Erkenntnisse zu gewinnen und Gleichheiten festzustellen, liegt dort vor, wo bereits die schlichte sinnliche Wahrnehmung ohne weiteres Nachdenken uns das Vorhandensein von Übereinstimmungen lehrt; und hierbei ist wiederum der einfachste Fall der, dass wir mit unsern Sinnen an einem einzelnen Vorgang unmittelbar gewahren, wie trotz der vor unseren Augen sich abspielenden Veränderung etwas mit sich selbst gleich bleibt.

Das typische Beispiel für einen solchen Vorgang ist die Bewegung eines Körpers. Sie ist ein Prozess, eine Veränderung (nämlich eine Veränderung der Lage, des Ortes), und doch sehen wir, dass das Bewegte selber mit sich identisch bleibt, gleichsam sein Wesen nicht ändert. Form, Farbe, Härte usw. eines bewegten Steines bleiben nach dem Zeugnis unserer Sinne von der Änderung seiner Lage und Geschwindigkeit unberührt. In der Tat ist die Bewegung der einzige Naturvorgang, bei dem die Forderung alles Erkennens: „Auffindung des Gleichen in einer Veränderung", bereits für unsere Anschauung, unser Wahrnehmen und Vorstellen, vollkommen erfüllt erscheint. Wir begreifen daher schon jetzt, warum der Mensch, solange er von der Naturerklärung nicht nur Zurückführung der Vorgänge aufeinander, sondern auch auf anschaulich vorstellbare Vorgänge erwartete, stets bemüht war, alle Veränderungen in der Natur auf Bewegungen zurückzuführen. Da die Lehre von der Bewegung die Mechanik ist, so ist uns damit die Vorliebe des Menschen für mechanische Naturerklärung verständlich geworden.

Dasjenige nun, was mit sich identisch bleibt, während es zugleich Veränderung durchmacht (die also im Fall der Bewegung Änderungen des Ortes oder der Lage sind), heißt von alters her die Substanz. So ist der Begriff der Substanz das erste Werkzeug, das sich der Erkenntniswille zum Zweck der Naturerklärung schuf. Das Urbild der Substanzidee ist der sinnlich wahrnehmbare Körper, der dem aufmerksamen Auge, dem tastenden Finger, der wägenden Hand immer die gleichen Sinneseindrücke liefert. Auch auf Vorgänge, die sich den Sinnen nicht als Bewegungen, sondern als qualitative Veränderungen darstellen, ließ der Begriff sich ausdehnen. Wenn das Wasser in der Kälte in Eis übergeht, so wurde dieser Prozess nicht als Umwandlung eines Stoffes in einen anderen aufgefasst, sondern man nahm an, dass die Wassermenge identisch dieselbe Substanz wie die Eismenge sei, und dass nur ihr Zustand, ihre Erscheinungsform, oder wie man es nun nennen will, ein anderes geworden sei. Hiermit ließ sich der Erkenntnistrieb vorläufig genügen, obwohl er auf diese Art im Grunde mehr beschwichtigt als wirklich befriedigt wurde.

Die Substanzidee in der geschilderten Form ist ein erstes, primitives, aber doch sehr leistungsfähiges Denkmittel, von dem bei den ersten Versuchen wissenschaftlicher Naturerklärung (im alten Hellas) der ausschweifendste Gebrauch gemacht wurde. Man brauchte nur anzunehmen, dass bei allen Naturprozessen, die scheinbar in qualitativen Wesensänderungen betroffenen Körper bestehen, in Wahrheit doch ein unseren Sinnen verborgenes Etwas trotz des Wechsels seiner Eigenschaften mit sich selbst identisch bleibt; und es war nur noch ein Schritt zu der weiteren Annahme, dass es überhaupt in allen Naturvorgängen derselbe Stoff sei, der allem Flusse des Geschehens als unwandelbares Substrat zugrunde liege. Damit ist man bei dem Begriff des einen Urstoffes angelangt, aus dem alle Dinge bestehen sollen. Es gibt nur eine Substanz, und alle Körper der Welt sind nur Abwandlungen dieser einzigen, so lautet eine der ältesten Behauptungen der Naturphilosophie, für die freilich zuerst jeder wissenschaftliche Beweis mangelte und die deshalb leicht durch die bescheidenere Annahme verdrängt werden konnte, dass es vier verschiedene Grundstoffe gebe, aus deren Mischung alle Dinge beständen, nämlich die vier Elemente Feuer, Wasser, Luft und Erde. Die wissenschaftliche Chemie setzte später an die Stelle dieser vier Grundstoffe das System der zahlreichen chemischen Elemente, aber immer blieb der Gedanke lebendig, dass diese qualitative Mannigfaltigkeit der Substanzen nicht als letzte Tatsache hinzunehmen sei, sondern dass alle diese „Elemente" sich schließlich aus der gleichen Ursubstanz aufbauen — ein Gedanke, der dann in der modernen Theorie der Materie mit dem größten Erfolg durchgeführt wurde.

Der Begriff der Substanz — in der Physik meist mit dem Namen Materie bezeichnet — spielt also in der Naturerklärung eine grundlegende Rolle. Dies sei hier nur als Tatsache konstatiert; ob es gerechtfertigt ist, wird sich uns später herausstellen.

1.1.2   Das Naturgesetz

Die zentrale Bedeutung des Substanzbegriffes in der Naturphilosophie hat es oft so scheinen lassen, als ob die Aufgabe der Physik und Chemie sich darin erschöpfe, diesen Begriff immer vollkommener zu klären und die Art seiner Anwendung auf die Naturdinge immer genauer festzustellen. Aber dies wäre ein Irrtum. Die Substanz mag ein wichtiges Mittel der Naturerklärung sein, reicht aber für sich allein in keinem Fall aus, eine vollgültige Erkenntnis zu geben.

Wenn nämlich auf irgendeinen Naturvorgang, wie etwa das Gefrieren des Wassers, der Substanzbegriff angewendet wurde, indem man den Vorgang als Zustandsänderung eines und desselben Stoffes auffasste, so war doch damit so lange überhaupt noch nichts erklärt, als man nicht einsah, wie es denn zugehe, dass ein und dieselbe Substanz verschiedene Zustände haben und aus dem einen in den anderen übergeführt werden könne. Es genügt nicht, zu wissen, dass jeder Veränderung etwas Beharrliches zugrunde liegt, sondern die Veränderung, der Wechsel selbst muss noch begriffen, erklärt werden, d. h., es muss in ihm selber noch etwas Unveränderliches, Konstantes, Beharrliches, mit sich selbst Identisches aufgedeckt werden. Das Beharrliche eines Wechsels nennt man sein Gesetz. Damit eine Veränderung erklärt werde, muss das Gesetz bekannt sein, nach dem sie stattfindet. Sage ich in unserem Beispiel, Eis und Wasser seien dieselbe Substanz, so ist damit im Grunde nur eine Behauptung aufgestellt, keine Erkenntnis begründet. Eine solche entsteht erst, wenn ich etwa zeige, wie das Gesetz, dem die kleinen Teilchen des Wassers gehorchen, sie bei niederer Temperatur zu festem Eis zusammenschließt, bei höherer aber in der freien Beweglichkeit erhält, die für den flüssigen Zustand charakteristisch ist. Hierdurch erst wird ja die Behauptung begründet, dass es beide Male dieselben Teilchen sind, dass man es' mit einer Substanz zu tun habe.

So ist es in allen Fällen: Stets lehrt die Betrachtung, dass erst durch Mitwirkung des Gesetzesbegriffs der Substanzbegriff Anwendbarkeit und erklärende Kraft erhält. Diese Unselbstständigkeit des Substanzbegriffes macht ihn verdächtig und legt die Frage nahe, ob er nicht etwa entbehrlich sei, ob nicht vielleicht der Gesetzesbegriff für sich zur restlosen Naturerklärung ausreichen möchte. Wir werden diesen Verdacht später bestätigt finden; es wird sich herausstellen, dass der Begriff der Substanz sich bei sorgfältiger Zergliederung auf den des Gesetzes zurückführen lässt, dass die Substanz selbst bei rechtmäßigem Gebrauch als eine besondere Form des Gesetzesbegriffs aufgefasst werden kann. Dieser Sachverhalt musste lange verborgen bleiben, und der Substanzbegriff musste seine Vorrangstellung behalten, weil er, wie vorhin gesagt, in unmittelbarem Anschluss an die Wahrnehmung der Naturvorgänge gebildet war und sein Inhalt daher höchst anschaulich erschien; dagegen ist der Begriff des Naturgesetzes in einigermaßen brauchbarer Form ein ziemlich spätes Erzeugnis des menschlichen Denkens; ist doch die Gesetzlichkeit eines Vorganges in jedem Fall ein sehr abstraktes Gebilde, nie etwas unmittelbar in die Wahrnehmung Fallendes. Statt allgemeiner Erwägungen möge der Sachverhalt durch ein einfaches Beispiel illustriert werden.

Betrachten wir einen frei fallenden Körper, so besagt das Fallgesetz, nach welchem die Geschwindigkeit v der Fallzeit t proportional ist, Folgendes: Messe ich die in einem beliebigen Augenblick vorhandene Fallgeschwindigkeit und dividiere sie durch die Fallzeit, so erhalte ich für jeden Augenblick des Falles die gleiche Zahl g (also $v/t = g$ oder $v = g{\cdot}t$). Ganz allgemein sagt jedes Naturgesetz aus, dass eine gewisse Kombination von Größen während eines Naturvorganges unveränderlich (konstant) bleibt, obgleich die Größen selber sich im Laufe des Vorganges ändern. Bezeichnet man die variablen messbaren Größen, durch die irgendein Naturvorgang bestimmt wird, mit x, y, z, t, u, v ..., so nennt man ja einen aus ihnen gebildeten Ausdruck eine Funktion dieser Größen und bezeichnet ihn in mathematischer Schreibweise mit f (x, y, z, t, u, v...). Bedeutet ferner c eine konstante Größe, so lässt sich also jedes Naturgesetz in der Form f (x, y, ...) = c darstellen. Im obigen Beispiel waren v und t die Veränderlichen, die Funktion f war ihr Quotient, und dieser bleibt konstant gleich

g. So kommt es, dass jedes Naturgesetz mathematisch als eine Gleichung formuliert werden kann.

Über die verschiedenen Arten der Naturgesetze und der in sie eingehenden Größen können wir erst später nähere Bestimmungen machen, wenn wir die Anwendungen des Gesetzesbegriffes auf besondere Bereiche der Natur betrachten.

In dem soeben gegebenen Beispiel des Fallgesetzes scheint die Anwendung des Gesetzesgedankens auf den vorliegenden Tatbestand erst möglich zu werden unter Voraussetzung des Substanzbegriffes. Denn damit vom Fallen gesprochen werden kann, muss etwas da sein, das da fällt und dessen Geschwindigkeit und Fallzeit gemessen werden kann. Es muss, so scheint es, identisch dasselbe sein, was sich nacheinander an den verschiedenen Punkten der Fallbahn befindet. Dies Identische, das sich als solches wiedererkennen lässt, wäre aber eben Substanz nach der dafür gegebenen Definition. Ist es etwa in allen Fällen so, dass der Gesetzesbegriff immer in Gemeinschaft mit dem der Substanz und nur unter seiner Voraussetzung Anwendung findet? In der Tat schien es den Denkern früherer Zeiten allgemein so, weil es einer großen Vorurteilslosigkeit bedarf und daher sehr schwer ist, ohne die Substanzvorstellung einen Angriffspunkt für den Gesetzesbegriff zu finden.

Es ist dem Verständnis der Sache förderlich, den Weg, den das naturwissenschaftliche Denken der Menschheit beschritten hat, zunächst einmal zu verfolgen, und so wollen wir die Rolle der Substanzvorstellung in der Naturerklärung in ihren verschiedenen Ausprägungen näher betrachten und zusehen, wie weit man mit ihrer Hilfe allein kommt.

1.2   Das Wesen der Naturgesetze

1.2.1   Das Kausalprinzip. Makro- und Mikrogesetze

Jede wissenschaftliche Betrachtung der Wirklichkeit — wie übrigens auch alles praktische Verhalten in der Welt — ruht auf der Voraussetzung, dass alles Geschehen in der Natur sich gesetzmäßig abspielt. Die Behauptung, dass diese Voraussetzung erfüllt sei, macht den Inhalt des Kausalprinzips aus. Dieses Prinzip ist auf verschiedene Weise formuliert worden, meist mithilfe der Begriffe von Ursache (causa) und Wirkung, z. B. „Alles, was geschieht, hat eine Ursache" oder „Keine Wirkung ohne Ursache" oder „Auf gleiche Ursachen folgen gleiche Wirkungen".

Die Untersuchung, ob dieser Satz wirklich allgemein oder notwendig gilt, gehört in die allgemeine Erkenntnislehre. Sie stellt fest, dass eine Wissenschaft von Wirklichem jedenfalls nur insofern möglich ist, als der Kausalsatz gilt. Stieße man irgendwo auf einen Fall, oder gar auf einen ganzen Bereich von Fällen, in denen der Kausalsatz auch bei sorgfältigster Prüfung aller Umstände verletzt erschiene, so stünde man zugleich an einer Grenze der Forschung, wo es keine Erkenntnis mehr gibt und das Wissen aufhört. Die Geltung der Kausalität ist also eine Voraussetzung, nicht ein Gegenstand der Naturwissenschaften, und die Naturphilosophie kann daher die Frage der Geltung des Satzes der Erkenntnistheorie zur Behandlung überlassen (die freilich ihre Entscheidung aufgrund der Ergebnisse der Naturforschung fällen muss). Wohl aber muss sie sich über den Inhalt des Kausalprinzips klar werden, sie hat den genauen Sinn festzustellen, der mit diesem Satz auf dem Gebiet des Naturgeschehens verknüpft ist.

Der Kausalsatz, in einer beliebigen der soeben aufgeführten Formulierungen, sagt aus, dass zu jeder bestimmten Wirkung eine ganz bestimmte Ursache gehört, und umgekehrt. Wenn irgendein Ereignis vorliegt, so kann man also aus dem Kausalsatz nur schließen, dass es irgendeine ganz bestimmte Ursache haben muss, er sagt aber nichts darüber, welches denn diese Ursache war. Das Kausalprinzip hat also nur dann einen Sinn, wenn es gewisse Regeln gibt, die da angeben, was für eine Ursache zu einer bestimmten Wirkung gehört und umgekehrt; da das eine durch das andere bestimmt sein soll, so müssen Regeln da sein, durch welche die Bestimmung vollzogen wird. Diese Regeln sind nun eben die Naturgesetze, und so sehen wir, dass den Inhalt des Kausalsatzes in der Tat die Behauptung bildet: Alles Naturgeschehen vollzieht sich nach Gesetzen. Kausalität und Naturgesetzlichkeit sind ein und dasselbe.

Die Begriffe Ursache und Wirkung sind übrigens zur Darstellung des Tatbestandes nicht besonders gut geeignet und daher nur mit Vorsicht zu gebrauchen. Zunächst ist zu bemerken, dass beide Begriffe nur auf Vorgänge anwendbar sind, nur auf Prozesse, nicht etwa auf Dinge, nur auf Geschehen, nicht auf Sein. Nicht der Ofen ist die Ursache der Stubenwärme, sondern das Brennen des Feuers ist die Ursache der Erwärmung. Dies erscheint für uns bereits selbstverständlich, da wir ja längst einsahen, dass nach gegenwärtiger Auffassung das Sein der Dinge auf ein Geschehen von Ereignissen zurückgeführt werden muss. Damit stimmt überein, dass wir nur eine Aussage über den Ablauf von Prozessen, niemals aber eine Aussage über das Dasein von Dingen ein „Naturgesetz" nennen.

Aber auch wenn wir daran festhalten, dass nur Naturvorgänge als Ursache und Wirkung bezeichnet werden dürfen, stoßen wir auf Schwierigkeiten in der Anwendung, dieser Begriffe. Betrachtet man nämlich einen beliebigen physischen Prozess, etwa das Fallen einer Münze, die ich auf den Tisch werfe, so ist es streng genommen unmöglich, die genaue und vollständige Ursache für diesen Vorgang anzugeben. Sie liegt nicht in der Bewegung meiner Hand allein, denn die Münze würde nicht fallen ohne die „Anziehungskraft" der Erde, die also auch mit zur Ursache gehört. Der Fallvorgang wird ferner bestimmt durch die umgebende Luft, deren Bewegung bis ins kleinste bekannt sein müsste, wenn man den Vorgang völlig exakt beschreiben wollte; ja, wenn wir genauer zusehen, finden wir eine unendliche Menge von Vorgängen in der ganzen Welt, von denen der betrachtete Prozess in irgendeiner Weise abhängig ist. Denn man muss bekanntlich annehmen, dass schließlich auch die fernsten Gestirne auf den Vorgang noch einen Einfluss haben, der zwar für unsere Sinne unmerklich, aber prinzipiell doch vorhanden ist.

So schiene es hoffnungslos, jemals irgendeine Ursache oder Wirkung mit annähernder Sicherheit und Vollständigkeit zu umgrenzen wegen der durchgehenden Abhängigkeit der Naturereignisse voneinander, wenn nicht zum Glück die Naturgesetze selber von solcher Beschaffenheit wären, dass jene Abhängigkeit in gewisse Schranken geschlossen wird. Erstens nämlich lehrt die Erfahrung, dass es zur Bestimmung des Ablaufes eines Vorganges genügt, die unmittelbar vorhergehenden Vorgänge zu kennen, während weiter zurückliegende nicht bekannt zu sein brauchen. Mit andern Worten: Es gibt keine Wirkungen in die zeitliche Ferne; alle Abhängigkeiten lassen sich zurückführen auf solche zwischen Prozessen, die zeitlich unmittelbar aneinandergrenzen. Daraufhin könnte man den Kausalsatz bereits so aussprechen: Die Vorgänge des gesamten Universums während eines Zeitteilchens sind völlig bestimmt durch die Vorgänge während des voraufgehenden Zeitteilchens. Diese Aussage wäre aber praktisch ganz bedeutungslos, da wir den Gesamtzustand des Kosmos natürlich nicht feststellen können.

Zweitens jedoch hat sich erfahrungsmäßig und mit immer größerer Sicherheit herausgestellt, dass nicht bloß zeitliche, sondern auch räumliche makroskopische Fernwirkung in der Natur nicht vorkommt; das heißt: Für das, was in einem kleinen Bereich während des nächsten Zeitteilchens geschieht, sind allein die Prozesse in unmittelbarer Nachbarschaft von Belang, entferntere Vorgänge gewinnen nur durch die Vermittlung der räumlich zwischen ihnen gelegenen Geschehnisse Einfluss aufeinander, und diese Vermittlung gebraucht Zeit.

Beide Einschränkungen zusammenfassend können wir sagen:

> *„Das Geschehen an irgendeiner Stelle der Natur in einem kleinen Zeitabschnitt hängt nur davon ab, was in der nächsten räumlichen und zeitlichen Nachbarschaft jener Stelle geschieht.“*

Diese Form des Kausalsatzes entspricht denn auch der Form, in welcher die klassische theoretische Physik die Naturgesetze in der vollkommensten Weise ausspricht. Diese Aussage gilt nur unter der Voraussetzung, dass es keine räumlichen und zeitlichen Fernwirkungen gibt. In atomarer Größenordnung liegen die Verhältnisse allerdings anders, denn für Quanten (= kleine Energiepakete) wurde eine Fernwirkung nachgewiesen („spukhafte Fernwirkung", wie Albert Einstein verächtlich anmerkte). Dazu später mehr.

In der klassischen Form geben die Naturgesetze an, was an einem Punkt geschieht, wenn bekannt ist, was in der unmittelbaren räumlichen und zeitlichen Umgebung sich abspielte. Hier fragt es sich noch, wie der Begriff der „Umgebung" gefasst werden muss. Rechnet man zur Umgebung nur, was sich in verschwindenden, „mathematisch unendlich kleinen" Abständen befindet, so treten in der strengen Formulierung der Naturgesetze die räumlichen und zeitlichen Abstände nur als mathematisch (nicht physikalisch) unendlich kleine Größen, als sogenannte „Differenziale" auf, die Abhängigkeit des Geschehens wird durch „Differenzialgleichungen" ausgedrückt. Von solcher Art sind z. B. die früher erwähnten „Eulerschen Gleichungen" der Hydrodynamik; sie geben den Bewegungszustand eines Flüssigteilchens in seiner Abhängigkeit von den Bewegungen der benachbarten Teilchen im vorhergehenden Zeitmoment an. Ferner die gleichfalls erwähnten Maxwellschen Grundgleichungen der Elektrodynamik, die uns gestatten, die Änderungen der elektrischen und magnetischen Kräfte an einer Stelle aus den Werten dieser Größen in der Nachbarschaft jener Stelle abzuleiten.

Solche Differenzialgesetze stellen das klassische Ideal der Naturbeschreibung dar, auf welches der Physiker hinzielt. Er sucht die Welt aufzufassen als ein Feld von Zustandsgrößen, deren gesetzmäßige Abhängigkeit voneinander durch Differenzialgleichungen ausgedrückt werden kann, und zwar durch möglichst wenige. Er sucht also die Natur als ein vollkommen stetiges Gebilde, als ein Kontinuum zu denken.

Doch das beschriebene Ideal kann ein Trugbild sein. Es ist aufgrund der Erkenntnisse der Quantenphysik möglich, dass die Welt diskontinuierlich gedacht werden muss, dass man zwischen „unmittelbar benachbarten" Punkten der Natur eine zwar äußerst geringe, aber doch endliche Entfernung anzunehmen hätte; es ist ferner möglich, dass das Geschehen während eines „Zeitdifferenzials" nicht genügt, um daraus das folgende Geschehen abzuleiten, sondern dass die Vorgänge während einer endlichen, wenn auch kurzen Zeit bekannt sein müssen, damit die folgenden Ereignisse bestimmt sind. In diesen Fällen — zu deren ernster Erwägung die später zu erwähnende „Quantentheorie" uns nötigt — würden die Naturgesetze nicht in der einfachen Gestalt von

Differenzialgleichungen formuliert werden können, sondern vermutlich wesentlich komplizertere Gestalt annehmen.

Wie aber auch Erfahrungen zwischen diesen verschiedenen Möglichkeiten entscheiden werden:

Auf jeden Fall sind die fundamentalen Naturgesetze, zu denen die klassische Physik als letzten Erklärungsprinzipien oberhalb der Quantenebene hinstrebt, Gesetze des Verhaltens der Natur in kleinsten raumzeitlichen Bezirken, deren Größe weit unter der Grenze unmittelbarer Wahrnehmung liegt. Wir wollen sie daher Mikrogesetze nennen und von ihnen die Makrogesetze unterscheiden als solche, welche die Abhängigkeit der Naturprozesse voneinander über größere, wahrnehmbare und daher direkter Messung zugängliche makroskopische Größenordnungen wiedergeben.

Ein Makrogesetz Gesetz ist z. B. das Coulombsche, nach welchem zwischen zwei Elektrizitätsmengen eine Anziehungs- oder Abstoßungskraft wirkt, die dem Quadrat ihrer gegenseitigen Entfernung umgekehrt proportional ist. Ähnlich das Newtonsche Gravitationsgesetz. Es ist klar, dass bei der geschilderten Sachlage die Makrogesetze nicht als letzte Erklärungsprinzipien dienen können (es sei denn, dass sie zugleich auch Mikrogesetze sind, also in gleicher Form auch für beliebig kleine Entfernungen gelten), sondern dass sie als Folgen verborgener Nahewirkungen, als Äußerung von Mikrogesetzen aufzufassen sind. Das Makroverhalten der Natur ist natürlich durch die Mikrovorgänge eindeutig bestimmt; kennt man die Mikrogesetze, so kann man daraus die für endliche Entfernungen geltenden Abhängigkeiten rein rechnerisch ermitteln, es geschieht durch die mathematische Operation der „Integration". Auf diese Weise lässt sich z. B. das eben erwähnte Coulombsche Gesetz aus den Mikrogesetzen ableiten, welche durch die Maxwellschen Gleichungen dargestellt sind.

Da der direkten Beobachtung nur das Makroverhalten zugänglich ist, so können die zugrunde liegenden Mikrogesetze immer nur aus jenen erschlossen werden, und das Schlussverfahren ist dabei streng genommen niemals zwingend und eindeutig, da man den beobachteten Makroprozessen stets durch verschiedene Annahmen über die dahinter steckenden Mikrogesetze gerecht werden kann. Deshalb darf die Richtigkeit der aufgestellten Mikrogesetze im Grunde nie mit derselben Sicherheit, sondern immer nur mit geringerer Wahrscheinlichkeit behauptet werden. Diese kann freilich sehr hohe Grade annehmen, wenn sich immer wieder herausstellt, dass alle aus jenen Gesetzen abgeleiteten Makrofolgen sich in der Erfahrung bestätigen.

Das Streben der Physik, alles Geschehen in letzter Linie durch Mikrogesetze darzustellen, ist, wie bemerkt, ein Ausdruck der Erfahrungstatsache, dass es nur N a h e wirkungen in der Natur gibt. Dennoch kann man mit dem Kausalitätsgedanken auch bei Makrovorgängen einen guten Sinn verbinden, indem man z. B. ein abgeschlossenes System betrachtet, welches in so großer Entfernung von allen übrigen Dingen isoliert gedacht wird, dass es von ihnen keine merklichen Einflüsse erfährt. Dann können wir den Gesamtzustand dieses Systems während eines Zeitteiles als Wirkung des voraufgehenden und als Ursache des folgenden Gesamtzustandes ansprechen. Dies ist aber nur eine von beliebig vielen möglichen Arten, die infolge der gegenseitigen Abhängigkeiten bestehende eindeutige Bestimmtheit zu formulieren: Ebenso gut können wir irgendeinen Zustand des Systems als Ursache eines beliebig später folgenden ansehen, wenn unser Interesse sich gerade auf diese beiden und nicht auf die zeitlich dazwischen liegenden Zustände richtet. Ja, man kann sogar einen früheren Zustand als durch einen beliebigen späteren bestimmt auffassen, denn jener lässt sich aus diesem genau so leicht berechnen wie umgekehrt. Der Astronom kann z. B. aus der gegenwärtigen Stellung der Planeten ganz ebenso leicht die Stellung ableiten, die sie vor tausend Jahren hatten, wie die, welche sie nach tausend Jahren haben werden. Die Physik findet es ferner oft zweckmäßig, die Naturgesetze so auszusprechen, dass sie den Anfang und das Ende eines Naturprozesses als gegeben annimmt und daraus den dazwischen liegenden Verlauf dieses Prozesses herleitet; sie behandelt diesen Verlauf also gleichsam als etwas von Vergangenheit und Zukunft zugleich Abhängiges. Ein Gesetz von dieser Form ist das Hamiltonsche Prinzip oder das „Prinzip der kleinsten Wirkung", und es ist für den formalen Aufbau der Physik von hoher Bedeutung, dass gerade dieses Prinzip der universalsten Anwendung fähig ist.

Bei allen Fortschritten der Physik hat sich gezeigt, dass das Wirkungsprinzip im Gegensatz zu manchem anderen Ge-

setz seine Geltung unerschütterlich bewahrt: Alle neu aufgefundenen Naturgesetze, auch diejenigen der Relativitätstheorie, können aufgefasst werden als Folgerungen eines Prinzips
der kleinsten Wirkung, welches dadurch den höchsten Rang
formaler Allgemeinheit einzunehmen scheint. Es ist hierzu offenbar deshalb befähigt, weil in seiner Formulierung die wenigsten Voraussetzungen über die besondere Art der gegenseitigen Abhängigkeit der Naturprozesse gemacht werden.
Hinsichtlich dieser Abhängigkeiten besteht eben eine be-
trächtliche Willkür der Auffassungen; die eine ist so gut berechtigt wie die andere, sofern sie nur dem Gedanken der
durchgängigen vollkommenen Bestimmtheit des Ganzen entspricht.

1.2.2   Notwendigkeit und Kraft

Auf früheren Stufen des Denkens, da man den Inhalt der
Naturbegriffe in vermenschlichender Weise auffasste, dachte
man sich die Ursache als eine Art Streben, das die Wirkung
zwangsweise aus sich hervortreiben sollte, man betrachtete
die Kausalität als ein reales Band, das Ursache und Wirkung
miteinander verknüpft, und konnte dann unter Ursache und
Wirkung nur unmittelbar aufeinander folgende Vorgänge verstehen. Unsere eben gewonnene Einsicht, dass dies Letztere
nicht die einzig mögliche Auffassungsweise ist, zeigt schon
den Irrtum jener primitiven Ansicht, gegen die bereits Hume
ankämpfte. In der neueren Zeit hat E. Mach jene mystische
Vorstellung, wonach die Wirkung aus der Ursache wie durch
eine Art von Willensentschluss hervorgezwungen werde, als
einen Rest von „Fetischismus" bezeichnet und daraufhin den
Ursachenbegriff überhaupt verworfen. Er wollte dafür (in An-
lehnung an die Sprechweise der Mathematik) von einer
„funktionalen" Abhängigkeit reden. Aber dies ist schließlich
nur eine Umnennung; es ist nicht einzusehen, warum man
die wirklichen Abhängigkeiten in der Natur im Gegensatz zu
den bloß logisch-begrifflichen der Mathematik nicht als „kausale" bezeichnen sollte, und dass die Begriffe von Ursache
und Wirkung sich in einer von Fetischismus freien Weise definieren lassen, dürfte in unseren Betrachtungen klar geworden sein.

Ungleich gefährlicher erscheint der Anthropomorphismus
oder Fetischismus, der sich leicht mit dem Begriff des Naturgesetzes verknüpft. Das Wort „Gesetz" ist irreführend, denn

es ist dem Gebrauch in der menschlichen Gesellschaft entnommen und bezeichnet ein Gebot der Regierung, welche die Regierten damit zu einem bestimmten Verhalten zwingen will. Ein Naturgesetz aber ist keineswegs ein Gebot, das über die Natur gesetzt ist und gleichsam auf die Dinge einen Zwang ausübt und Gehorsam fordert. Es ist einfach eine Formel, die das tatsächliche Verhalten der Natur be-schreibt, nicht also ihr ein Verhalten vorschreibt.

Gewiss enthält der Begriff der Kausalität, und folglich der des Naturgesetzes, auch den Begriff der Notwendigkeit — aber welches ist die wahre Bedeutung dieses Ausdrucks? Er bedeutet nimmermehr eine Art von Zwang (was der Gegensatz zu „Freiheit" wäre und das Streben eines bewussten Wesens voraussetzt), sondern nur Regelmäßigkeit (was der Gegensatz zu „Zufall", d. h. Gesetzlosigkeit ist). Notwendigkeit heißt hier nichts anderes als Allgemeingültigkeit; der Satz: "A folgt notwendig auf B" ist inhaltlich völlig identisch mit dem Satz: „In jedem Fall , wenn der Zustand B sich abspielt, folgt der Zustand A" und sagt nicht das geringste mehr. Hieraus sieht man, dass in der Natur von Kausalität, Gesetz und Notwendigkeit nur die Rede sein kann, wenn in irgendeinem Sinne Wiederholung des Gleichen im Geschehen stattfindet. Nur wenn gleiche (oder wenigstens ähnliche) Prozesse zu verschiedenen Zeiten und an verschiedenen Orten möglich sind, hat es ja einen Sinn, zu sagen, es folge A jedes Mal auf B. Die Einsicht, dass Gleichartigkeit der Natur eine notwendige Bedingung für den Gesetzesbegriff bildet, darf uns nicht wundern, denn alles Erkennen, und folglich auch das Aufstellen von Naturgesetzen, beruht ja immer einzig auf dem Entdecken von Gleichheiten in der Welt.

Zu ähnlichen Irrungen wie die Begriffe der Ursache und der Notwendigkeit hat ein anderer Begriff häufigen Anlass gegeben, der sogar mit dem Ursachenbegriff nicht selten gleichgesetzt wurde: Es ist die „Kraft". Auch heute denkt man sich noch manchmal die „Kräfte" als eigentliche Ursachen des Naturgeschehens, und unwillkürlich stellt man sich darunter etwas Strebendes, auf ein Ziel Gerichtetes, Willenähnliches vor. Man beobachtet, dass ein losgelassener Stein mit einer bestimmten Beschleunigung zur Erde fällt und schreibt dies einer „Anziehungskraft" der Erde zu, die den Stein an sich zu ziehen „sucht" — Besonders G. Kirchhoff und E. Mach haben mit Recht darauf hingewiesen, dass solche vermenschlichenden Vorstellungen, so sehr sie durch den Ursprung des Kraftbegriffes erklärlich sind, in der Physik nichts zu suchen haben. Der Ursprung des Kraftbegriffes nämlich liegt zweifellos in den Erfahrungen, die der Mensch bei der Bewegung von Körpern durch seine Muskelanstrengungen macht. Man beobachtete, dass die Muskelanstrengung, die man zur Bewegung eines Körpers aufwenden muss, um so größer war, je mehr man den Körper beschleunigen will, und außerdem von einem Faktor abhängt, der durch die Natur des Körpers bestimmt ist und den man „Masse" nannte; und so definierte man (es war Newton, der dies tat) als Maß der Kraft die Größe: Masse mal Beschleunigung.

Stellte man nun z. B. fest, dass ein elektrisch geladenes Körperchen von bekannter Masse an einer bestimmten Stelle eines elektrischen Feldes eine gewisse Beschleunigung erfährt, so durfte man aufgrund jener Definition sagen: Es wirkt dort auf das Probekörperchen eine Kraft, die gleich dem Produkt aus seiner Masse und Beschleunigung ist. Man durfte aber offenbar nicht glauben, dass an jener Stelle des Feldes irgendein Streben säße, das unter Anstrengungsgefühl das Teilchen wegzuschieben oder zu ziehen suche. Was man behaupten kann, ist nur dies, dass an jener Stelle irgendein Zustand herrscht, irgendwelche Prozesse sich abspielen, die als Ursache des Beschleunigungsvorganges anzusehen sind. Wollte man die „Kraft" mit dieser Ursache identifizieren, so würde sie ein Name für jene Feldprozesse selbst sein, aber dies wäre eine höchst unzweckmäßige Terminologie; es entspricht viel besser dem Sinn der physikalischen Begriffsbildung, wenn wir unter dem Worte Kraft nicht selbst einen Vorgang verstehen, sondern es zur Bezeichnung einer bestimmten Gesetzmäßigkeit des Vorganges verwenden. Dies wird sogleich klar werden.

Man hat gelegentlich gemeint, Kraft sei nichts anderes als ein bloßes willkürliches Maß der Bewegung, sie sei identisch mit dem Produkt Masse mal Beschleunigung und bedeute weiter nichts. Aber diese Auffassung ist nicht wohl haltbar. Kraft ist nicht selbst ein bloßes Maß, sondern wird ihrerseits durch jenes Produkt gemessen; man denkt sich unter Kraft (in unserem Beispiel) nicht etwas an der Bewegung des Körpers selber, sondern etwas an ihrer Ursache, an dem Feldvorgang, von dem die Bewegung abhängt. Dies geht z. B. daraus hervor, dass die gegenwärtige (Einsteinsche) Mechanik die Gleichung Kraft = Masse * Beschleunigung gar nicht mehr als allgemein richtig betrachtet, sondern ihr nur angenäherte Gültigkeit für kleine Geschwindigkeiten zuschreibt. Das wäre nicht möglich, wenn es sich bei dieser Gleichung um eine gänzlich willkürliche Definition handelte. In Wahrheit stützt man sich auf ganz bestimmte Erfahrungstatsachen, etwa auf folgende (in idealisierter Darstellung): Bringt man zwei Körperchen von verschiedener Masse und Geschwindigkeit nacheinander unter dieselben äußeren Umstände — z. B. an dieselbe Stelle eines elektrischen Feldes —, so werden sich beide ganz verschieden verhalten. Da man aber unter Kraft eben etwas an dem Zustand des Feldes verstehen will, so darf man sagen: Beide Körperchen stehen an jener Stelle unter dem Einfluss derselben Kraft (wobei noch vorausgesetzt wird, dass ihre Anwesenheit den Zustand des Feldes nicht merklich modifiziert).

Um für die Kraft ein Maß zu finden, muss man also zusehen, welche Größe in dem verschiedenen Verhalten beider Körper eine und dieselbe bleibt. Da findet man denn, dass eine solche Größe in erster Näherung das Produkt Masse * Beschleunigung ist, und nur hierin liegt die Berechtigung der älteren Mechanik, die Kraft durch diese Größe zu messen (etwaige Schwierigkeiten bei der Definition des Massenbegriffes übergehen wir hier). Und die neue Mechanik ersetzt jenes Produkt durch einen komplizierteren Ausdruck auch nur aus dem Grund, weil sie erkannt hat, dass eben dieser neue Ausdruck die einfachste Größe darstellt, die in beiden Fällen denselben Wert erhält. — Wem das Beispiel der elektrischen Kraft zu ungewohnt ist, möge sich vorstellen, dass die beiden Körperchen etwa in Berührung mit einer sich entspannenden, beide Male im gleichen Zustand befindlichen Feder gebracht werden. Wir sagen dann, auf beide Körper wirke in beiden Fällen die gleiche Kraft (nämlich die der Feder), und suchen wiederum die Größe auf, die beide Male den gleichen Wert hat; dann haben wir das Maß der Kraft gefunden. Die Gleichheit einer solchen Messungsgröße ist aber der Ausdruck einer Gesetzmäßigkeit, und zwar einer Gesetzmäßigkeit derjenigen Vorgänge in der Feder (bzw. in dem elektrischen Felde des ersten Beispiels), die wir als die Ursache der beobachteten Beschleunigung der Probekörper, auf welche „die Kraft wirkt", ansehen durften. Damit ist bestätigt, dass wir die „Kräfte" keineswegs als Ursachen, wohl aber als Ausdruck einer Gesetzmäßigkeit der verursachenden Vorgänge aufzufassen haben.

Unsere Interpretation des Kraftbegriffes wurde aufgrund der Erfahrungstatsache durchgeführt, dass es keine „Fernkräfte", sondern nur kontinuierlich von Ort zu Ort sich fortpflanzende Wirkungen gibt. Wir brauchen da zur Analyse des Kraftbegriffes nur die unmittelbare Umgebung des Teilchens zu berücksichtigen, auf welches, die Kraft ausgeübt wird, und können die Abhängigkeit der dort herrschenden Zustände von der ferneren Umgebung außer Betracht lassen. Ganz anders wäre es, wenn im makroskopischen Bereich unvermittelte Fernwirkungen in der Natur vorkämen. In diesem Fall müsste zur Festlegung des Kraftbegriffes die Gesamtkonstellation aller beteiligten Körper herangezogen werden, er wäre aufzufassen als Beschreibung einer Gesetzmäßigkeit ihres Gesamtverhaltens. Die Schwierigkeit dieser Vorstellung hat wohl dazu beigetragen, dass die Naturforscher schon früh eine Abneigung gegen die Annahme von Fernkräften hegten, ja, sie wohl gar a priori für unmöglich erklärten unter Berufung auf solche Sätze wie: „Wo ein Körper nicht ist, da kann er auch nicht wirken." Demgegenüber ist daran festzuhalten, dass die Unmöglichkeit der Fernkräfte gewiss nicht philosophisch bewiesen werden kann. Nur die Erfahrung scheint zu lehren, dass Derartiges nicht existiert, dass es vielmehr möglich ist, den Zusammenhang des Geschehens in der Natur vollständig und eindeutig unter der Annahme zu beschreiben, dass die Ereignisse an jeder Stelle immer nur von denen der räumlich-zeitlichen Nachbarschaft abhängen.

1.2.3 Die Relativität der Zeit und der Bewegung

Die eben erwähnte Tatsache, dass es keine Fernkräfte, keine mit unendlich großer Geschwindigkeit sich ausbreitenden Wirkungen gibt, hat im Verein mit anderen Erfahrungstatsachen außerordentlich weittragende Folgen, von denen man wohl sagen darf, dass mit ihrer Erkenntnis eine neue Epoche der Naturphilosophie eingeleitet ist. Sie sind durch die „Relativitätstheorie" von Einstein aufgedeckt worden.

Im. Fall der Existenz von Fernkräften wäre ein Vorgang an einem Ort von einem anderen an einem weit entfernten Ort stattfindenden gleichzeitigen Vorgang abhängig. Was ist hier unter „Gleichzeitigkeit" zu verstehen? Dieser Begriff bedarf keiner Definition, wenn es sich um das zeitliche Zusammenfallen zweier Ereignisse handelt, die (nahezu) am gleichen Ort stattfinden. Denn in diesem Fall ist der Sinn des Wortes uns durch ein Erlebnis unseres Bewusstseins unmittelbar gegeben: Jeder weiß ohne Erklärung oder Messung, was es heißt, „gleichzeitig" den Mund auf und die Augen zuzumachen, oder den Einsatz einer Note „gleichzeitig" mit dem Wink des Dirigenten zu beginnen. Ganz anders, wenn die beiden Geschehnisse, deren Gleichzeitigkeit ich beurteilen soll, räumlich weit auseinanderliegen. Da ich mich nicht an beiden Orten befinden kann, so vermag ich nicht beide Ereignisse und ihre Gleichzeitigkeit unmittelbar zu erleben — was also denke ich mir dabei? Nun, ich stelle mir etwa vor, dass ich zunächst einem der beiden Ereignisse beiwohne und mich dann mit unendlich großer Geschwindigkeit an den Ort des anderen begebe und dann auch dieses gerade noch miterlebe. Oder ich stelle mir vor, dass, während ich dem ersten Ereignis anwohne, ein von dem zweiten mit unendlich großer Geschwindigkeit ausgesandtes Signal mich in demselben Augenblick erreicht, in welchem das erste stattfindet. In beiden Fällen würde ich die Ereignisse für gleichzeitig erklären müssen. Gäbe es also unvermittelte makroskopische Fernwirkungen und folglich unendlich schnelle Übertragungen von Ort zu Ort, so wäre der Begriff der Gleichzeitigkeit ganz allgemein in absoluter Weise (d. h. gültig für alle Standpunkte) definiert, in zweifelfreier Art auf die Gleichzeitigkeit am gleichen Ort zurückgeführt.

Da nun aber momentane makroskopische Fernwirkungen nicht vorkommen, so ist man für diese Zurückführung in Wahrheit auf die Benutzung von Signalen angewiesen, die eine gewisse Zeit gebrauchen, um von dem einen Ereignis zum andern zu gelangen, und diese Zeit muss irgendwie in Rechnung gestellt werden. Beobachte ich z. B. ein Ereignis auf dem Mond in demselben Augenblick, in dem eine neben mir stehende astronomische Uhr tickt, so werde ich natürlich nicht das Ereignis auf dem Mond und das Ticken der Uhr als gleichzeitig ansetzen, sondern werde behaupten, dass ersteres um so viel früher stattgefunden hat als das Licht, das mir vom Mond Kunde gibt, Zeit gebraucht, um von dort zu mir zu gelangen. Da die Lichtgeschwindigkeit 300.000 km pro Sekunde beträgt und der Mond etwa 380.000 Kilometer entfernt ist, so muss ich also sagen: Das Ereignis dort oben war gleichzeitig mit denjenigen Ereignissen meiner Nachbarschaft, die ich vor etwa $1^1/_4$ Sekunde erlebte. Dies scheint aber nur zu gelten, wenn die Erde als ruhend angenommen wird; denn wenn etwa die Erde sich in der Richtung Mond—Erde mit großer Geschwindigkeit bewegte, so würde sie ja vor den vom Mond kommenden Lichtstrahlen forteilen, das Licht würde mithin längere Zeit gebrauchen, um von dort zu ihr herabzugelangen — das Mondereignis wäre also mit solchen irdischen Geschehnissen gleichzeitig, die länger als $1^1/_4$ Sekunde zurückliegen. (Auf die etwaige Bewegung des Mondes kommt es dabei gar nicht an, da erfahrungsgemäß die Geschwindigkeit des Lichtes unabhängig ist von der Bewegung der Quelle, die es aussendet.) Um also festzustellen, welche Ereignisse denn nun „wirklich" gleichzeitig sind, müsste man wissen, ob und mit welcher Geschwindigkeit die Erde sich bewegt. Nun läuft die Erde um die Sonne, aber die Sonne bewegt sich ja auch mitsamt der Erde in dem Milchstraßensystem, und dieses steht gewiss auch nicht still — welche ist also die wahre Bewegung der Erde? Die Frage hat nur einen Sinn, wenn es eine „absolute" Bewegung gibt. Besteht aber Bewegung nur in einer Lageänderung relativ zu anderen Körpern, so wird die Frage sinnlos, und mit ihr alle anderen Fragen, die ihre Beantwortung voraussetzen. Und so verhält es sich nun in der Tat, zunächst sicherlich für geradlinig-gleichförmige Bewegungen. Es gelingt auf keine Weise, eine absolute geradliniggleichförmige Bewegung zu beobachten oder zu definieren, und damit verliert dann auch die Frage ihren Sinn, welche Ereignisse an verschiedenen Orten denn nun „wirklich" oder „absolut" gleichzeitig sind. Wird die Erde als ruhend betrachtet, so sind eben andere Ereignisse gleichzeitig, als wenn sie als bewegt angesehen wird, und darin liegt kein innerer Widerspruch, sondern höchstens ein Widerspruch zu unserer unberechtigten Denkgewohnheit, beliebig große Signalgeschwindigkeiten stillschweigend für möglich zu halten.

Der Gedanke, alle Bewegung als relativ aufzufassen, ist recht alt und für geradlinig-gleichförmige Bewegungen bereits in der Mechanik von Newton heimisch gewesen; aber die gewaltigen Konsequenzen, welche Einstein in seiner Theorie daraus zog, konnten sich erst ergeben, nachdem er die Vorstellung eines substanziellen Äthers aufgegeben hatte. Gäbe es nämlich einen das ganze Weltall erfüllenden Stoff, so könnte man die Begriffe Ruhe und Bewegung naturgemäß auf ihn beziehen, und trotz des Fehlens einer unendlich großen Übertragungsgeschwindigkeit würde man zur Definition einer absoluten, für beliebig bewegte Beobachter gemeinsamen Gleichzeitigkeit gelangen. Man könnte, wenn eine solche Substanz vorhanden wäre, ihre mit sich selbst identisch bleibenden Teilchen ins Auge fassen und die Geschwindigkeit des Lichtes relativ zu ihnen als seinen Trägern feststellen. Einen relativ zum Äther ruhenden (d. h. einen „absolut" ruhenden) Körper würde man daran erkennen, dass das Licht sich in Bezug auf diesen Körper gerade mit jener Geschwindigkeit fortpflanzt; relativ zu „bewegten" Körpern müsste die Lichtgeschwindigkeit dann eine andere sein, und die unter Berücksichtigung dieses Umstandes ausgeführte Bestimmung der Gleichzeitigkeit zweier Ereignisse müsste immer eindeutig zu demselben Ergebnis führen, unabhängig vom Bewegungszustand des Messenden: Der Gleichzeitigkeitsbegriff hätte universale, absolute Bedeutung. Nun zeigte aber die physikalische Erfahrung, dass trotz allem Suchen keine Möglichkeit bestand, etwas über den Bewegungszustand eines Körpers relativ zum „Äther" zu ermitteln. Es hat sich vielmehr herausgestellt, dass man bei der Messung der Lichtgeschwindigkeit stets auf dieselbe Zahl stößt, ganz unabhängig vom Bewegungszustand des Körpers, in Bezug auf welchen die Geschwindigkeit festgestellt wird; d. h., jeder beliebige Körper verhält sich so, als ob er im Äther ruhte. Dies wäre natürlich ein Widerspruch; und wenn man den Tatbestand nicht durch ganz willkürliche und unberechtigte Hypothesen umdeuten will, so folgt daraus ...

1. dass das Kontinuum oder Vakuum (wie wir statt „Äther" besser sagen) keine Substanz ist, denn man kann ja nicht relativ zu ihm irgendwelche Bewegungen feststellen, also nicht irgendein Teilchen in ihm, als mit sich selbst identisch durch die Zeit hindurch verfolgen; und es folgt hiernach ...

2. dass die Feststellung der Gleichzeitigkeit zweier Ereignisse an verschiedenen Orten zu verschiedenen Resultaten führen muss, wenn sie von Körpern vorgenommen wird, die sich zueinander bewegen. Da nicht der geringste Grund besteht, irgendeine von diesen Feststellungen vor den übrigen zu bevorzugen, so müssen alle als rechtmäßig, alle als gleich richtig betrachtet werden, und die Aussage: „Zwei räumlich

entfernte Ereignisse sind gleichzeitig", gilt nie absolut, sondern immer nur für eine bestimmte Gruppe von Beobachtern, die zueinander in Ruhe sind.

Wir wiederholen: Dies Resultat ist eine Folge davon, dass es keine unendlich große Signalgeschwindigkeit gibt, und dass keine überall gegenwärtige Substanz existiert, auf die man die Begriffe Ruhe und Bewegung beziehen könnte.

Es gibt in der Natur keine größere Geschwindigkeit als die des Lichtes; und die Einsteinsche Theorie, in der alle diese Gedanken zum ersten Male durchgeführt wurden, liefert zugleich die Einsicht in den physikalischen Grund dafür. Es ergibt sich nämlich aus ihr, dass man einem Körper, und sei es der kleinste, eine Geschwindigkeit gleich der des Lichtes nur mit Aufwendung einer unendlich großen Kraft erteilen könnte, d. h. überhaupt nicht. Jene stellt also die äußerste, unüberschreitbare Grenze aller physikalischen Geschwindigkeiten überhaupt dar. — Diese Ausbreitungsgeschwindigkeit des Lichtes (d. h. der elektromagnetischen Vorgänge, denn das Licht ist ein solcher) spielt also in der Natur eine ganz besondere Rolle. Es ist die Geschwindigkeit, mit der alle Wirkungen sich durch das Vakuum fortpflanzen.

Da nach der Relativitätstheorie, wie schon früher bemerkt, auch die Materie als Energie aufgefasst werden darf, so gibt es zwei Möglichkeiten, wie Energie von einem Ort zum anderen gelangen kann: 1. „diffuse" Energie schreitet mit Lichtgeschwindigkeit fort, und dieser Prozess heißt „Strahlung"; 2. konzentrierte, zusammengeballte Energie mit beliebiger geringerer Geschwindigkeit, und dieser Vorgang heißt „Transport von Materie". Dieser prinzipielle Gegensatz kann zur Definition der „Materie" zum Unterschied vom reinen „Feld" benutzt werden, und jede Theorie der Materie wird von ihm Rechenschaft geben müssen.

Die weiteren wesentlichen Ergebnisse der speziellen (d. h. für geradlinig-gleichförmige Bewegungen gültigen) Relativitätstheorie dürfen schon als allgemein bekannt vorausgesetzt werden; es sei nur kurz daran erinnert: Nicht nur die Gleichzeitigkeit zweier Ereignisse an verschiedenen Orten ist relativ, sondern auch die Dauer eines Ereignisses ist keine absolute Größe; sie ist gleichfalls abhängig vom Bewegungszustand des Bezugskörpers, von dem aus sie gemessen wird. Dasselbe gilt von der Längenausdehnung jedes Körpers in der Bewegungsrichtung; sie ergibt sich um so kleiner, je schneller der

Körper sich relativ zum Bezugskörper bewegt, und würde für Lichtgeschwindigkeit zu Null werden. — Diese Abhängigkeit der Längen und Zeiten vom Bewegungszustand bedeutet nicht etwa, dass sie für einen nicht mitbewegten Beobachter kürzer „erscheinen", sondern sie sind es für ihn wirklich; gibt es doch für den Physiker keine fester begründete Wirklichkeit als die durch seine Messungen festgestellte.

Die gewaltige philosophische Bedeutung dieser Erkenntnisse, durch die Raum und Zeit einer bis dahin ungeahnten Analyse unterworfen werden, darf nicht missverstanden und in der falschen Richtung gesucht werden. Keineswegs wird durch die besprochenen Relativierungen irgendeine Art von Willkür oder Subjektivismus eingeführt, die Gesetzmäßigkeit der Natur wird nicht gelockert, sondern im Gegenteil verschärft: Die Theorie lehrt ja, dass auch dort noch Zusammenhänge bestehen, wo man bisher keine vermutet hatte, nämlich zwischen Raum- und Zeitmessungen. Die Relativität bedeutet nicht eine Abhängigkeit vom „wahrnehmenden Subjekt", sondern es handelt sich durchaus um objektive Zusammenhänge, die streng exakt zu errechnen sind. Auf jeden Fall gibt es für die Relativitätstheorie eine objektive, für alle Beobachter gleich wirkliche und ihnen allen gemeinsame Welt, die deswegen auch mit Recht „absolut" genannt werden darf. Hierauf muss mit größtem Nachdruck hingewiesen werden gegenüber allen Versuchen, die Anschauung der Relativitätstheorie mit der Monadenlehre von Leibniz in Parallele zu setzen, also die verschieden bewegten Beobachter als Monaden aufzufassen, von denen jede ihren eigenen Kosmos hat, mit den anderen aber in keiner realen Verbindung steht, mit ihnen nicht zu einem gemeinsamen objektiven Universum vereint ist.

Um die Wirklichkeitsbedeutung der neuen Ideen recht zu würdigen, fragt man am besten nicht: „Was wird hier alles relativiert?", sondern: „Was bleibt von der Relativierung unberührt?" Da sieht man denn, dass Raum- und Zeitgrößen einzeln genommen verschieden sind, je nach dem Bewegungszustand des Systems, in dem sie gemessen werden, dass es aber gewisse Kombinationen der in jeden Vorgang eingehenden Raum- und Zeitgrößen gibt, die in jedem beliebigen Bezugssystem ohne Ausnahme denselben Wert behalten. Man muss also diese Kombinationen (die sogenannten „Invarianten") als diejenigen Begriffe betrachten, welche die objektive

Wirklichkeit beschreiben. Räumliche und zeitliche Bestimmungen getrennt geben nur eine einseitige Darstellung der Ordnung der objektiven Welt; aber in bestimmter Vereinigung kommt ihnen eine vom Standpunkt und Bewegungszustand des Messenden unabhängige Bedeutung zu. Dies Ergebnis steht im besten Einklang mit der früher gewonnenen Einsicht, dass als letzte Elemente des Universums nicht „Dinge", sondern vielmehr „Vorgänge" aufzufassen sind. In der Tat kann durch eine Kombination von Raum- und Zeitgrößen immer nur ein Vorgang, ein Geschehen bezeichnet werden, nicht ein ruhendes Sein von Dingen.

1.2.4 Die vierdimensionale Welt

Der beste Weg, sich den durch die Relativitätstheorie aufgedeckten Naturzusammenhang klarzumachen, besteht in der Anwendung gewisser mathematischer Kunstgriffe, durch welche die Verschmelzung und Einheit der räumlichen und zeitlichen Größen sehr deutlich illustriert werden kann. Wir betrachten zunächst eine Analogie. Wenn ich auf einer Papierfläche, also auf einem Gebilde von zwei Dimensionen, ein Abbild eines körperlichen, also dreidimensionalen Gegenstandes entwerfen will, so ist das nicht mit vollkommener Treue möglich, sondern ich kann nur eine perspektivische Ansicht darstellen, und diese gibt den Körper nur so wieder, wie er von einem bestimmten Punkt gesehen sich ausnimmt; für alle übrigen Punkte würde die Ansicht eine andere sein müssen. Um einen Körper adäquat abzubilden, ist ein dreidimensionales Modell nötig, man bedarf eines Bildhauers statt eines Malers. Die Wirklichkeit nun kann durch ein dreidimensionales Modell nicht vollkommen dargestellt werden, denn sie ist nicht nur räumlich in drei Dimensionen ausgedehnt, sondern viertens zugleich auch zeitlich bestimmt; die Körper, aus denen sie besteht, sind in Wahrheit Vorgänge. Man kann daher bei der Herstellung eines physikalischen Weltbildes so verfahren, dass man die zeitliche Erstreckung der Welt, die ja, wie gesagt, mit der räumlichen zu einer untrennbaren Einheit zusammenfließt, als eine vierte, den drei räumlichen nebengeordnete Dimension auffasst und die Welt als ein vierdimensionales Gebilde betrachtet — ein Gedanke, dessen mathematische Behandlung keine Schwierigkeiten bietet, so große Hindernisse er auch unserem Anschauungsvermögen entgegenstellen mag. Es ist sogar ein Vorteil dieser Darstellung, dass sie uns nicht in Versuchung führt, das Physikalische anschaulich vorstellen zu wollen. — So baut die Physik ein vierdimensionales Modell des Universums auf, welches vermöge der in ihm durchgeführten Vereinigung von Zeit und Raum ein getreues Bild der objektiven, aus Vorgängen bestehenden Natur darstellt. Der Begriffsbildhauer, der zuerst ein solches Modell schuf, nachdem bis dahin die Physik die Welt gleichsam nur gemalt hatte, war der Mathematiker Minkowski. Seine mathematische Abbildung des Weltgeschehens ist in rein formaler Hinsicht von einer solchen Harmonie und Durchsichtigkeit, dass ihre Schönheit und ihr Erkenntniswert gleichermaßen gepriesen werden.

Zerlegt man dies einheitliche Modell, um die räumlichen und die zeitlichen Bestimmungsstücke gesondert erscheinen zu lassen, so fällt diese Zerlegung nicht für alle Beobachter gleich aus. Man erhält eben gleichsam perspektivische Ansichten, nur dass sie nicht von der Lage des Betrachters abhängen — diese kommt in der physikalischen Naturbeschreibung nicht mehr vor —, sondern von seinem Bewegungszustand. Wie aber ein Zeichner, dem ein perspektivisches Bild eines Körpers gegeben ist, daraus alle übrigen Ansichten desselben Körpers rekonstruieren kann, so genügt dem Physiker eine Ausmessung der Natur von einem beliebigen Bezugskörper aus, um daraus die Maße abzuleiten, die sie relativ zu irgendeinem anderen Bezugskörper aufweist; denn er kennt die Gesetzmäßigkeit, die das eine mit dem anderen verbindet. Jedes perspektivische Bild ist natürlich trotz seiner Relativität durchaus „richtig". Vom Beobachter ganz unabhängig aber ist die vierdimensionale, räumliche und zeitliche Bestimmungen in einheitlicher Verschmelzung enthaltende, aus Ereignissen zusammengesetzte Welt; schon Minkowski selbst hat sie deshalb nicht mit Unrecht eine „absolute" genannt.

Betrachten wir nun die Struktur dieses vierdimensionalen Kosmos ein wenig näher! Sehen wir für einen Augenblick von der modernen Auffassung der Physik als einer reinen „Feld"-Theorie ab und stellen wir uns vor, die Natur bestände aus lauter in Bewegung befindlichen Teilchen (z. B. Elektronen), deren jedes mit sich identisch bleibt und stets als „dasselbe" wiedererkannt werden kann. Denken wir uns die verschiedenen Punkte, an die ein solches Teilchen nacheinander gelangt, im Raum eingezeichnet, so bilden diese zusammen eine kontinuierliche Linie, seine „Bahn", und diese Bahn zeigt uns, welche Raumstellen es nacheinander berührt hat, sie lehrt uns aber nichts darüber, zu welcher Zeit es an bestimmten Raumpunkten gewesen ist. Benutzen wir jedoch das vierdimensionale Modell und tragen in ihm die Raum-Zeit-Punkte ein, die es durchlief, so erhalten wir die sogenannte „Weltlinie" des Teilchens, deren Betrachtung uns nicht nur seine Bahn erkennen lässt, sondern auch zeigt, zu welchem Zeitpunkt es sich an einer bestimmten Stelle seiner Bahn befunden hat. Konstruiert man für jedes einzelne Teilchen seine Weltlinie, so erscheint die vierdimensionale Natur von einem Gewebe endloser Weltlinien durchzogen. Und dieses System der Weltlinien würde überhaupt alles Geschehen im Universum vollständig und restlos darstellen, wenn außer den bewegten Teilchen in der Welt gar nichts anderes vorhanden wäre. Dies entspräche einer rein „kinetischen" Naturauffassung (von Kinesis, die Bewegung), die eine Spezialform der mechanischen Weltansicht darstellt. — Kreuzen sich zwei Weltlinien in einem Punkt, so bedeutet dies, dass zwei Teilchen zu gleicher Zeit am gleichen Ort zusammengetroffen sind, und diese Begegnung stellt ein objektives Ereignis dar, denn nach dem früher Gesagten ist Gleichzeitigkeit am gleichen Ort ein absolutes Geschehnis, d. h., die raumzeitliche Begegnung kann von jedem Bezugssystem als solche konstatiert werden. Da nun bei näherer Betrachtung jede physikalische Messung auf nichts anderes hinausläuft als auf die Feststellung der raumzeitlichen Koinzidenz zweier Körperpunkte (nämlich einer Zeigerspitze oder einer Quecksilberkuppe mit einem Skalenstrich usw.), so ergibt sich, dass durch jede Messung in der Tat ein objektives, nicht relatives, vom Bezugskörper unabhängiges Geschehen konstatiert wird. Punktkoinzidenzen sind überhaupt das Einzige, was physikalisch beobachtbar und messender Bestimmung in letzter Linie zugänglich ist; aus Punktkoinzidenzen allein ist das objektive, vierdimensionale Modell, die „absolute Welt" aufzubauen, und alle Naturgesetze müssen so formuliert werden, dass sie bei der Übertragung von einem Bezugssystem auf das andere diese Koinzidenzen unberührt lassen. Alles, was die Naturgesetze sonst noch enthalten mögen, ist vom Bezugssystem abhängig und verfällt der Relativierung.

Einige Folgerungen hieraus sind im nächsten Kapitel zu besprechen; hier aber muss eine prinzipielle Bemerkung gemacht werden, damit das vierdimensionale Weltbild mit seinen Weltlinienzügen im rechten Licht erscheine. Wäre alles Geschehen im Kosmos restlos durch das System von Koinzidenzen substanzieller Punkte darstellbar, so bedeutete dies die Realisierung des Ideals einer rein kinematischen Naturauffassung, denn das raumzeitliche Zusammenfallen von Punkten ist ja ein rein kinematischer Begriff; alles wäre durch Bewegung erklärt. Nun haben wir aber gesehen, dass die gegenwärtige Physik den Begriff der Substanz als eines identisch bleibenden Materieteilchens aufgegeben hat: Indem sie sich aus einer Physik der Materie in eine „Feldphysik" verwandelt, führt sie die Materie auf Zustandsgrößen im Vakuum zurück, und der Bewegungsbegriff wird unanwendbar. Zwar bleibt es möglich, ein Elektron z. B. als „ein und dasselbe" im Auge zu behalten und seine Ortsveränderung mit der Zeit zu verfolgen, und für diese Teilchen bleibt die Weltlinie das passende Darstellungsmittel des Geschehens; aber für das zwischen den Teilchen befindliche und sie verbindende „Feld" schwindet jede Möglichkeit, die Ereignisse mit derartigen Hilfsmitteln zu beschreiben. Und da die Feldvorgänge gerade das Wesentliche sind, in das alles andere sich auflöst, und das durch die Mikrogesetze der Physik beschrieben wird, so folgt, dass die Darstellung des Geschehens durch Weltlinien überhaupt kein adäquates Bild der Wirklichkeit liefert. Sie gibt nur einen gewissen Aspekt des Wirklichen wieder, nämlich dasjenige, was sich mit bloßen Bewegungsbegriffen beschreiben lässt (das Kinematische), aber sie gibt kein eigentliches Verstehen oder Erklären, da sie gegenüber den Feldzuständen als dem eigentlich Letzten versagt. Die Erklärung des physikalischen Geschehens bleibt den Mikrogesetzen vorbehalten; sie haben die vollständige Beschreibung der Naturzusammenhänge zu liefern.

In diesem vollständigen Naturbild behält der Begriff der zeiträumlichen Koinzidenzen seinen vollen Sinn und seine fundamentale Bedeutung: Alle Raum- und Zeitbestimmungen haben nur den Sinn, Koinzidenzen von Ereignissen auszusagen — aber das Wort „Ereignis" ist hier ganz allgemein zu verstehen, Koinzidenz heißt nicht mehr Begegnung zweier substanzieller Punkte bzw. Schnitt zweier Weltlinien. — Da es nun unzweifelhaft ist, dass für uns nie etwas anderes als das Zusammenfallen „materieller Punkte" unter die messende physikalische Beobachtung fällt (wir müssen z. B., um zu messen, die Marken eines Maßstabes als „dieselben" im Auge behalten können), so öffnet sich eine große Kluft zwischen den Erfahrungsgrundlagen der Physik und den letzten Ergebnissen und Mitteln, durch die sie die Erfahrungstatsachen beschreibend erklärt. Man geht in der Erfahrung aus von den Koinzidenzen materieller Teilchen und endet in der Theorie mit der Annahme eines Kontinuums unanschaulicher Quantitäten oder Größen (Vektoren, Tensoren), in welchem keine identischen Teile existieren, sondern nur durch eine eigentümliche Gesetzmäßigkeit mit gewisser Annäherung vorgetäuscht werden; man beobachtet, anders ausgedrückt, nur die Schnittpunkte von Weltlinien und konstruiert dazu ein Naturbild, in dem diese Schnitte nicht nur nicht als letzte Konstruktionselemente auftreten, sondern überhaupt keine streng gültigen Naturbegriffe darstellen, vielmehr nur mit einer gewissen Annäherung, für eine Makrobetrachtung, Bedeutung besitzen. Man gibt mithin den so klaren, anschaulichen und einfachen Gedanken der kinematischen Naturbeschreibung auf zugunsten eines verhältnismäßig verwickelten Systems von niemals gegebenen, in letzter Linie also hypothetischen Elementen, und dadurch scheint man sich von der Erfahrung ins Ungemessene zu entfernen, und die physikalische Theorie scheint keine Beschreibung des Vorgefundenen mehr zu sein.

Aber man darf hierüber nicht erstaunen; bei näherer Betrachtung zeigt sich vielmehr, dass die physikalische Naturbeschreibung letzten Endes immer so verfährt, und nicht etwa aus leichtfertiger Freude am Hypothesenmachen und Konstruieren, sondern unter dem unentrinnbaren Zwang des Einheitsbedürfnisses unserer Erkenntnis. Die Tatsachen lehren eben, dass man das Gegebene nur dann befriedigend erklären (d. h. durch ein geschlossenes Begriffssystem bezeichnen), kann, wenn man sich zunächst einmal von ihm entfernt, auf die Gefahr hin, niemals wieder völlig bis zu ihm zurückkehren zu können. Man hat im Gegenteil nicht den geringsten Grund, zu erwarten, dass die im Makroverhalten (als dem allein der Beobachtung zugänglichen) sich zunächst darbietenden Größen nun auch geeignet seien, bei den Mikrovorgängen die Rolle der letzten Elementargrößen zu spielen. Wo dies der Fall zu sein scheint (wie z. B. beim Begriff der elektrischen Feldstärke, die zunächst durch Makrovorgänge definiert ist, dann aber auch in den Mikrogesetzen der Elektrodynamik als Zustandsgröße auftritt), ist eher Misstrauen am Platz, ob die endgültige Form der Gesetze schon gefunden ist.

Mit Unrecht hat man daher von der Seite des strengen Positivismus (d. h. derjenigen philosophischen Ansicht, welche möglichst vollkommene Beschränkung aller Wissenschaft auf das Reich des unmittelbar Gegebenen fordert) den physikalischen Theorien vorgeworfen, dass sie mit ihren Hypothesen die Wirklichkeit, die letzten Endes aus Gegebenheiten sich aufbaue, vergewaltige. Die physikalische Wirklichkeit baut sich eben nicht aus direkt erlebbaren, beobachtbaren Daten auf, sondern ist nur an sie angeschlossen, und der Physiker hat allein dafür zu sorgen, dass dieser Anschluss an die Erfahrung jederzeit für alle Beobachtung aufrechterhalten bleibt.

1.2.5   Die Relativität des Raumes und die Gravitation

Wenn es wahr ist, dass die Messung aller physikalischen Größen nur durch Beobachtung von Punktbegegnungen geschieht, und wenn die Richtigkeit der Naturgesetze in letzter Linie nur darauf beruht, dass sie jene Koinzidenzen richtig wiedergeben, so lassen sich daraus Konsequenzen von höchster Wichtigkeit für die Naturphilosophie herleiten.

Erstens die physikalische Relativität aller Bewegungen. Denn wenn ich nur feststellen kann, dass die Punkte A und B sich begegnen, so ist es ein und dasselbe, ob sich A zu B oder B zu A hin bewegt hat, und dies muss offenbar für beliebige; Bewegungen gelten, d. h., in der Formulierung der Naturgesetze muss jede Bewegung, nicht bloß die geradlinig-gleichförmige, als etwas Relatives aufgefasst werden können. Durch diese Überlegung gelangt man mit Einstein zur „allgemeinen Relativitätstheorie", die nun auch krummlinige und beschleunigte Bewegungen ihres absoluten Charakters entkleidet. In der alten Physik und in der „speziellen Relativitätstheorie" waren beide Arten von Bewegung dadurch unterschieden, dass die geradlinig-gleichförmige Bewegung diejenige war, in der ein bewegter Körper „von selbst" verharrte, während er jeder Änderung der Richtung oder Geschwindigkeit seiner Bewegung einen Widerstand entgegensetzte, den man als „Trägheitswiderstand" bezeichnete, und der seiner „trägen Masse" proportional war; eine krummlinige oder ungleichförmige Bewegung konnte ein Körper daher nur ausführen, wenn „Kräfte" auf ihn wirkten. Unter diesen ist nun die

Schwerkraft, d. h. die allgemeine Massenanziehung oder Gravitation, dadurch ausgezeichnet, dass sie ebenfalls jener „Masse" genau proportional ist. Mit anderen Worten: Schwere und träge Masse, obwohl ursprünglich auf ganz verschiedene Weise definiert, sind vollständig äquivalent, sind im Grunde eines und dasselbe. Dies ist nur dadurch zu erklären, dass Trägheit und Schwere als Äußerungen einer und derselben Naturtatsache aufgefasst werden. Dies tat Einstein und gelangte dadurch auf einem hier nicht näher zu schildernden Wege zu folgendem Ergebnis: Wie es nach der speziellen Relativitätstheorie erlaubt war, einen Körper mit gleichem Recht als ruhend oder als geradlinig-gleichförmig bewegt anzusehen, so darf er nach der allgemeinen Theorie mit gleichem Recht als beschleunigt oder unbeschleunigt betrachtet werden, indem man zugleich eine bestimmte Gravitationskraft je nach den Umständen hinzu- oder hinwegdenkt. Das heißt: Mit der Beschleunigung wird zugleich die Gravitation oder die Schwere relativiert. Sie ist nicht etwas Absolutes, sondern ob sie als vorhanden anzusehen ist oder nicht, hängt von dem zugrunde gelegten Bezugskörper ab. (Wem es sonderbar vorkommt, dass die Existenz einer Kraft vom Zustand des Betrachters abhängen soll, möge daran denken, dass die „Zentrifugalkraft", deren sehr reale Wirkungen jeder von uns tausendfach erfahren hat, bereits von Newton als nur für einen krummlinig bewegten Beobachter vorhanden, nicht als objektiv existierend betrachtet wurde.) Die Gravitationskraft ist nicht als eine physikalische Realität aufzufassen, die den Körper aus seiner Bahn „zieht", sondern er bewegt sich nach der neuen Anschauung durchaus „von selbst" krummlinig bzw. beschleunigt seine Bewegung unter dem Einfluss der „Schwere" ist eine kräftefreie, „natürliche"; sie ist dem Raum angepasst, in dem die Bewegung stattfindet.

Damit kommen wir zu der zweiten Folgerung, die sich aus der geschilderten Grundauffassung ergibt. Sie betrifft das Wesen des Raumes und der Wissenschaft vom Raum, die Geometrie. Die größten Mathematiker und Physiker des 19. Jahrhunderts hatten bereits die Einsicht gewonnen, dass man aus erkenntnistheoretischen Gründen nicht wohl vom „Raum" schlechtweg ohne jede Bezugnahme auf Körper oder physikalische Gegenstände sprechen könne, dass folglich die Geometrie, sofern sie Wissenschaft vom Raum sein wolle, keineswegs von physikalischen Erfahrungen unabhängig sei, dass sie also nicht etwa einen „reinen" Raum untersuche, sondern vielmehr gewisse Seiten des Verhaltens der Naturkörper beschreibe. So sagte Helmholtz, die Geometrie spreche in Wahrheit „über das mechanische Verhalten unserer festesten Körper bei Bewegungen". Newton schon erklärte sie für „denjenigen Teil der gesamten Mechanik, welche die Kunst des Messens genau feststellt und begründet" und Einstein nennt sie die Wissenschaft von den „Lagerungsmöglichkeiten der Körper". Das Wesentliche dabei ist, dass die Raumlehre als Ernährungswissenschaft erkannt wird; d. h. die Axiome der Geometrie sind uns nicht durch irgendeine, „reine Anschauung" oder sonst wie von vornherein als notwendig gegeben, sondern erst die Erfahrung belehrt uns über ihre Gültigkeit für den Raum. Und die Erfahrung, die Beobachtung zeigt uns, dass unter Zugrundelegung der Grundgedanken der allgemeinen Relativitätstheorie die Lagerungsmöglichkeiten der Körper nicht genau durch die uns von der Schule her vertraute, seit den Tagen des Euklid überlieferte Raumlehre — die „euklidische" Geometrie — dargestellt werden, dass also die Eigenschaften des wirklichen Raumes nicht den euklidischen Axiomen entsprechen. Ein ideal genaues Lineal, ein Lichtstrahl, hat niemals vollkommen exakt die Eigenschaften, welche Euklid der geraden Linie zuschreibt: Wir leben in einer nicht euklidischen Welt.

Nehmen wir wie früher die Zeit als viertes Bestimmungsstück zu den drei Raumdimensionen hinzu, so kommt in dieser vierdimensionalen Welt, die nun ganz unabhängig vom Beobachter ein Bild der objektiven Wirklichkeit darstellt, der nicht euklidische Charakter des Raumes in ganz besonderer Weise zum Ausdruck. Es gibt nämlich einen gewissen mathematischen Ausdruck, dessen Wert im Allgemeinen von Punkt zu Punkt wechselt, und der die sogenannte „Krümmung" der vierdimensionalen Mannigfaltigkeit angibt. Darunter ist nun aber durchaus nicht etwas zu verstehen, das in irgendeinem Sinne wahrnehmbar-anschaulich gekrümmt wäre, sondern nur eine Größe, die rein mathematisch-formal Ähnlichkeit hat mit einem Ausdruck, der bei krummen Flächen als Maß der Krümmung dienen kann. Dies muss man sich vor Augen halten, dann wird man durch das Wort „Krümmung" nicht zu dem oft gehörten Einwand verführt werden, es könnten wohl Gegenstände im Raum krumm sein, niemals aber der Raum selbst.

Und nun das Merkwürdige: Dasjenige, was durch den Begriff der „Krümmung" in der objektiven Welt bezeichnet wird, entspricht der „Gravitation" bzw. einer beschleunigten Bewegung. Mit andern Worten: Wenn ein Beobachter in seiner Umgebung ein „Gravitationsfeld" oder — relativ zu einem andern Bezugskörper — ein „Beschleunigungsfeld" konstatiert, so bedeutet dies in dem objektiven Naturbild der Physik, dass dort eine „Weltkrümmung" vorhanden ist. Damit erscheint das Wesen der Schwere in einer überraschenden Weise aufgeklärt: Sie ist nicht eine „Kraft", welche die Körper gleichsam äußerlich miteinander verbindet, sondern sie gehört in demselben Sinne zur Natur der Körper wie deren räumliche und zeitliche Erstreckung und Ordnung, sie ist selbst nur ein Ausdruck des räumlich-zeitlichen Zusammenhanges der Dinge. Körper, Raum, Zeit, Schwere: Alles dies ist in der absoluten Welt zu einer in Wirklichkeit untrennbaren Einheit verflochten, und die Unterscheidung der durch jene Worte bezeichneten Seiten der einheitlichen Wirklichkeit hat nur einen relativen oder vorläufigen, vom Bezugssystem und vom Zweck der Beschreibung abhängigen Sinn. Während in allen früheren Weltbildern die Natur aus Dingen bestand, die sich in einem Raum befanden, während einer Zeit existierten und durch angreifende Kräfte irgendwie verbunden waren, ist in der Einsteinschen Physik eine solche Trennung und gesonderte Betrachtung prinzipiell unmöglich. Unsere frühere Erkenntnis, dass die Natur nicht aus Dingen, sondern aus Vorgängen besteht, wird durch diese Einsicht präzisiert, vertieft und erweitert.

So erscheint die Welt von unerhörter Harmonie durchwaltet. Von der grandiosen Geschlossenheit und überirdischen Schönheit des Naturbildes der neuen Physik lässt sich durch eine gedrängte Darstellung ihrer Grundgedanken kaum eine Vorstellung geben; sie erschließt sich nur dem eindringenden Studium. Ein solches aber offenbart hinter der scheinbaren Kompliziertheit des neuen Naturbegriffs eine so wundervolle Einheit feinster Zusammenhänge, dass man tief in das innerste Herz der Natur zu blicken glaubt, während die vorschnelle Einfachheit früherer mechanischer Naturbilder roh und oberflächlich sich ausnimmt.

1.2.6   Bau und Entwicklung des Kosmos

Die Raumlehre der relativitätstheoretischen Naturauffassung führt zu einem höchst bemerkenswerten Ergebnis in Bezug auf den Bau des Kosmos als Ganzen. Spekulationen über die Struktur des Weltganzen sind von jeher ein Lieblingsgegenstand der Naturphilosophie gewesen. Der Grundgedanke, der diese Spekulationen etwa von der Renaissance bis in die neueste Zeit beherrschte, war die Idee der Unendlichkeit des Weltraumes.

Die neuere Astronomie hatte erkannt, dass alle sichtbaren Sterne (von denen einer unsere Sonne ist) einem einzigen großen Sternsystem, dem „Milchstraßensystem", angehören und innerhalb seiner, zu Sternhaufen und -strömen zusammengeballt, in gesetzmäßiger Bewegung begriffen sind; sie hatte ferner vermutet, dass manche der am Himmel zahlreich vorhandenen „Spiralnebel" in Wahrheit Milchstraßensterne darstellen, die dem unsrigen an Größe und Struktur ähnlich sind. Da lag es für die kosmologische Fantasie nahe, alle diese Milchstraßensysteme ihrerseits als zusammengehörig und als mit vielen andern ein höheres System bildend zu betrachten — dann weiter anzunehmen, dass zahllose solcher höheren Systeme wiederum zu einem nächstgrößeren und nächsthöheren sich zusammenschließen — und so fort. Man gelangte auf diese Weise zu der Vorstellung einer Hierarchie der Sternsysteme, die ins Unendliche fortgesetzt gedacht werden konnte, denn es schien keinen Grund zu geben, irgendeines dieser Systeme als das schlechthin größte und letzte zu betrachten. — Bedachte man ferner, dass nach den Lehren der Physik jedes einzelne Atom als eine Art kleines Planetensystem aufgefasst werden durfte, so lag der Gedanke nicht allzu fern, es möchte jener astronomischen Unendlichkeit im Großen eine Unendlichkeit im Kleinen entsprechen; das heißt, man fragte sich: Ist nicht vielleicht jedes Elektron wiederum ein Weltsystem für sich und jeder Elementarkörper eines solchen Mikro-Weltsystems wiederum ein kleineres System höherer Ordnung und so fort ins Unendliche?

Hiermit ist nur eines von verschiedenen möglichen kosmologischen Bildern angedeutet, welche die konstruierende Fantasie sich aufbauen und an denen sie ihren Unendlichkeitsdurst stillen kann. So lockend und großartig derartige Gedankengänge sind, so ist doch klar, dass ihnen irgendein positiver Erkenntniswert kaum zugemessen werden kann. Ihnen gegenüber glaubte die neueste Astronomie bereits manche empirischen und theoretischen Anzeichen dafür zu haben, dass das Universum, dem unser Sonnensystem angehört, in Wahrheit nur eine endliche Anzahl von Sternen enthalte, wenn auch natürlich eine ganz ungeheuer große. Auf diese Frage der Endlichkeit der Welt hat die Einsteinsche Theorie überraschend ganz neues Licht geworfen. Es ergibt sich nämlich aus ihr mit einer äußerst hohen Wahrscheinlichkeit, dass der Kosmos nicht unendlich ausgedehnt ist, aus dem einfachen Grund, weil der Raum selber nur eine endliche Ausdehnung besitzt. Die Theorie führt auf einem Wege, der hier nicht näher geschildert werden kann, zu dem Ergebnis, dass der Weltraum, von dem wir ja bereits wissen, dass er kein euklidischer ist, annähernd die Eigenschaften eines sogenannten „sphärischen Raumes" hat. Ein derartiger Raum, dessen Gesetzlichkeit von den Mathematikern des 19. Jahrhunderts bereits genau untersucht worden war, ist nicht etwa, wie der Laie glauben könnte, kugelförmig, sondern er trägt seinen Namen deshalb, weil seine Eigenschaften sich zu denen des euklidischen Raumes analog verhalten wie die geometrischen Eigenschaften einer Kugelfläche zu denen der Ebene. Der sphärische Raum hat zwar eine endliche Größe, aber er ist schlechthin unbegrenzt, darf also nicht etwa als ein begrenztes Stück eines unendlichen Raumes aufgefasst werden. Wenn ich im Universum in irgendeiner Richtung unaufhörlich geradeaus weiter schreite, so komme ich nirgends an eine Grenze, an welcher die Erfüllung des Raumes mit Sternen oder gar der Raum selber aufhörte, aber ich gelange auch nicht ins Unendliche, sondern kehre schließlich in die Gegend zurück, von der ich ausgegangen bin — und dies, wohlgemerkt, ohne je von der geradesten Richtung abgewichen zu sein. — Diese Eigenschaften des sphärischen oder vielmehr annähernd sphärischen Weltraums sind dem Ungeübten schwer begreiflich, ja, die Attribute der Unbegrenztheit und Endlichkeit erscheinen ihm vielleicht widersprechend — aber die Mathematiker sind mit diesen Begriffsbildungen längst vertraut, und zweifellos ist der geschilderte Bau des Kosmos völlig widerspruchsfrei und auch mit unserer Anschauung schließlich nicht unverträglich; es bedarf nur einiger Gewöhnung, um sich in die zunächst fremdartigen Vorstellungen einzuleben. Wer den Weg zu einer solchen Gewöhnung finden will, möge die erkenntnistheoretischen Schriften von Helmholtz und die Einsteinsche Abhandlung über „Geometrie und Erfahrung" studieren; auch die Bücher von H. Poincaré können gute Dienste leisten.

Trotz der räumlichen Endlichkeit steht das neue Weltbild keinem früheren an Großartigkeit nach. Der moderne Naturphilosoph begeistert sich nicht weniger an der harmonischen Schönheit des geschlossenen Universums und an der Kühnheit des menschlichen Gedankens, der zu seiner Erkenntnis führte, als sich einst Giordano Bruno an der mächtigen Idee der Unendlichkeit der Welten berauschte.

*

In ein ganz anderes Gebiet naturphilosophischer Fragen als die Räumlichkeit des Kosmos führt das Problem der zeitlichen Entwicklung des Universums. Zwar in manchen populär-astronomischen Darstellungen des Weltbaues stellt sich die Sache einfach genug dar. Die Astrophysik unterscheidet verschiedene Entwicklungsstadien der Sterne.   Sie nimmt an, dass die Fixsterne durch Zusammenballung kosmischer Nebelmassen entstehen, dass sich auf diese Weise hell glühende Gaskugeln und Sonnen bilden, die allmählich in einen immer festeren Zustand übergehen und erkalten, was sich darin äußert, dass das weiße Licht, welches sie ausstrahlen, allmählich immer gelblichere Färbung annimmt, dann rötlich wird und endlich ganz erlischt. Dass die Sterne derartigen Entwicklungsprozessen unterworfen sind, darf in der Tat als gesichert angenommen werden; aber es erhebt sich die Frage: Wo kommen die ursprünglichen Gasnebel her? Am befriedigendsten würde die Annahme erscheinen, dass die erkalteten Himmelskörper auf irgendeine Weise wieder in Gasnebel zurückverwandelt werden — dann würde alle Entwicklung im Universum sich darstellen als ein ewiger gewaltiger Kreislauf von Nebel zu Stern und von Stern zu Nebel. Aber es ist sehr schwer, eine mit den physikalischen Gesetzen verträgliche Hypothese darüber aufzustellen, wie die Umwandlung der festen Himmelskörper in Nebel vor sich gehen soll. Und selbst wenn man mit manchen Forschern annehmen dürfte, dass etwa durch einen zufälligen Zusammenstoß zweier Himmelskörper infolge der dabei entstehenden Hitze eine Verflüchtigung der beiden in den gasförmigen Zustand stattfinde, so fragt sich doch, ob ein solches Geschehen sich beliebig oft wiederholen könne, ob also die kosmische Entwicklung wirklich als ein ewig in ähnlicher Weise wiederholter Kreisprozess gedacht werden dürfe. Dem scheint nämlich ein ganz bestimmtes physikalisches Gesetz entgegenzustehen. Es ist das „Gesetz von der Vermehrung der Entropie", häufig auch als „zweiter Hauptsatz der Wärmetheorie" bezeichnet (der „erste Hauptsatz" ist nichts anderes als das Energieprinzip).

Es steht den bisher besprochenen Naturgesetzen als ein ganz neuartiges gegenüber und verlangt aus mehr als einem Grund eine naturphilosophische Betrachtung.

Verneinte der Energiesatz die Möglichkeit der Erzeugung von Energie aus nichts, so leugnet der Entropiesatz die beliebige Verwandelbarkeit der Energien ineinander seine Behauptung läuft im wesentlichen darauf hinaus, dass Wärmeenergie nur unter ganz bestimmten Bedingungen in Arbeit umgesetzt werden kann, während die entgegengesetzte Umwandlung andrer Energiearten in Wärme völlig unbeschränkt möglich ist. Die Folge davon ist, dass im Universum fortwährend Energie zu Wärme wird, die sich nie mehr restlos in Arbeit zurückverwandeln lässt.   Bei den vorhin geschilderten kosmischen Prozessen nun müsste auch mehr und mehr Wärme auf Kosten der lebendigen Kraft der Massenbewegungen erzeugen, der Prozess der Sternbildung würde bei Wiederholung weniger energisch verlaufen und schließlich erlahmen. Allgemein hat man aus dem Entropieprinzip schließen können, dass die Welt einst den „Wärmetod" erleiden, d. h. in einen Zustand gelangen wird, in dem unter Ausgleichung sämtlicher Temperaturunterschiede alle Energie in Wärme übergegangen ist und aus dieser Form nicht mehr befreit werden kann. Dann wäre alles Geschehen in der Welt zum Stillstand gekommen; es hätte sich in jene zitternde Bewegung der kleinsten Teilchen aufgelöst, die wir „Wärme" nennen. Ähnlich wie auf ein „Weltende" hat man aus dem Entropiesatz auch auf einen „Weltanfang" zu schließen versucht und eine Reihe weiterer Spekulationen angeschlossen, die für den Naturphilosophen einen Anlass bilden, das Wesen des Entropieprinzips etwas genauer in Augenschein zu nehmen.

Zunächst darf gesagt werden, dass die durch den Entropiesatz ausgedrückten Tatsachen es in der Tat verbieten, sich das Weltgeschehen in der oben angedeuteten einfachen Weise als einen wechselnden Kreislauf von Nebeln zu Sternen und umgekehrt vorzustellen in Wahrheit werden die Entwicklungsprozesse des Kosmos außerordentlich viel komplizierter sein. Andrerseits aber ist es nach unserer gegenwärtigen Kenntnis und Auffassung des zweiten Hauptsatzes mit seinem Wesen dennoch nicht unverträglich, dass das Weltgeschehen im großen Ganzen zyklischen Charakter trage. Dies würde nicht zutreffen, wenn das Entropieprinzip wirklich ein streng exaktes Naturgesetz von ausnahmsloser Gültigkeit wäre, denn dann wären die Weltvorgänge nicht umkehrbar (irreversibel), und dadurch wäre eine bestimmte Richtung des Geschehens als möglich vor der entgegengesetzten als unmöglich ausgezeichnet.

Jedoch seit den Untersuchungen Ludwig Boltzmanns darf man glauben — und diese Überzeugung ist in der gegenwärtigen Naturforschung herrschend — dass der Entropiesatz gar keine notwendige, sondern nur eine wahrscheinliche Geltung besitzt; anders ausgedrückt: ...

> *Nicht in allen Fällen, sondern nur durchschnittlich*
> *in der weitaus überwiegenden Zahl der Fälle spielt*
> *sich das Geschehen in der vom Entropieprinzip an*
> *gegebenen Weise ab.*

Wenn dieses Prinzip z. B. behauptet: „Bei Berührung zweier Körper von verschiedener Temperatur geht die Wärme aus dem wärmeren in den kühleren Körper über, nicht aber umgekehrt", so ist dieser Satz in demselben Sinne gültig wie etwa die Behauptung: „Niemand wird mit einem normalen Würfel eine Million mal hintereinander eine Sechs werfen." Obgleich ein millionenfacher Sechserwurf keinem Naturgesetz widerspricht und daher nicht schlechthin ausgeschlossen ist, erwarten wir doch mit Recht niemals, ihn zu erleben.

Nun ist nach den Überlegungen Boltzmanns (auf die wir im nächsten Kapitel kurz zurückkommen) die Wahrscheinlichkeit eines im Widerspruch zum Entropiesatz verlaufenden Geschehens im Allgemeinen noch eine sehr viel kleinere als die des besprochenen Würfelfalles, obgleich sie nie absolut zu null wird; aus diesem Grund bleiben wir mit allen vom Entropiesatz beherrschten Erfahrungstatsachen genau so gut   im Einklang, wenn wir ihm nur eine sehr hohe (im Einzelfall zahlenmäßig bestimmbare) Wahrscheinlichkeit zuschreiben, als wenn wir ihn für ein strenges Naturgesetz erklären würden. Das letztere aber verbietet sich, und das erstere empfiehlt sich aus Gründen, die wir noch kurz zu erwähnen haben.

Ist jedoch das Entropieprinzip nur ein Wahrscheinlichkeitsgesetz, sind also ihm widersprechende Prozesse nicht schlechthin unmöglich, so müssen derartige Prozesse schließlich doch in der Wirklichkeit vorkommen, zwar überaus selten, aber mit um so größerer Wahrscheinlichkeit, je längere Zeiträume verstreichen.

Da nun dem Universum beliebig lange Zeiten zur Verfügung stehen, so wird es, prinzipiell gesprochen, keinen Zustand der Welt geben, der nicht wiederkehren, keinen, der nicht rückgängig gemacht werden könnte. Sollte also einmal so etwas wie ein Wärmetod im Universum eingetreten sein, so wird, wenn auch nach unermesslichen Zeiten, schließlich einmal wieder von selbst (durch „Zufall") eine neue Differenzierung des allgemeinen undifferenzierten Zustandes stattfinden, eine Umwandlung der überall gleichmäßig verteilten Wärme in andre Energieformen eintreten müssen; es müssen sich dann die Naturvorgänge in umgekehrter Reihenfolge oder Richtung abspielen, als wir es im gegenwärtigen Zustande des Kosmos gewöhnt sind. Damit werden alle jene kosmologischen Spekulationen hinfällig, die auf der Voraussetzung des Entropiegesetzes als eines absolut gültigen Naturgesetzes beruhen. Diese Feststellung genügt hier für unsere Zwecke; es erübrigt sich daher eine Betrachtung darüber, ob die erwähnten Spekulationen nicht vielleicht auch bei Aufrechterhaltung jener Voraussetzung auf schwachen Füßen ruhen.

Mit der durch den „zweiten Hauptsatz" bedingten Einseitigkeit des Ablaufs der Naturvorgänge hängt zweifellos die Auszeichnung der Zeitrichtung von der Vergangenheit zur Zukunft zusammen, d. h. die merkwürdige Tatsache, dass die Richtung vom Früher zum Später völlig verschieden von der umgekehrten Richtung und mit ihr nicht vertauschbar erscheint; oder vielmehr: Die Nichtumkehrbarkeit der Vorgänge und die Einseitigkeit der Zeitrichtung sind im Grunde eine und dieselbe Tatsache. Bereits Boltzmann hat hierauf aufmerksam gemacht. Wenn einmal in der Welt oder einem Teil der Welt alle Vorgänge dem Entropiesatz zuwiderlaufen, so haben dort Vergangenheit und Zukunft ihre Rollen vertauscht, und man darf sagen, dass der Zeitlauf selbst dort die umgekehrte Richtung habe. Vielleicht würde uns ein derartiges Geschehen, wenn wir darin lebten oder hineinversetzt würden, überaus sonderbar erscheinen, wie ein verkehrt ablaufender Film; es wäre aber auch möglich, dass wir gar nichts davon merken, sondern in der gewohnten Welt zu leben glauben Würden. Denn wir nennen „vergangenes" Geschehen offenbar dasjenige, wovon wir „Erinnerungsvorstellungen" haben, und „Zukünftiges" dasjenige, wovon wir noch keine Kenntnis besitzen. Die Erinnerung bildet im Grunde das einzige Kriterium, ist aber nur ein subjektives; welches Geschehen „objektiv" und „in Wirklichkeit" vorausgeht, würden wir gar nicht beurteilen können, ja vielleicht hätte die Frage gar keinen Sinn, ob das, was uns als „Vergangenheit" erscheint, wirklich „vergangen" oder in Wahrheit etwa „zukünftig" ist und uns nur durch den verkehrten Ablauf aller Prozesse (zu denen ja auch unsere Gedächtnisprozesse gehören) als vergangen vorgetäuscht wird.

Solche Betrachtungen lehren uns zum Mindesten, dass es nur unter ganz besonderen Vorsichtsmaßregeln oder Voraussetzungen möglich ist, zwischen „vorwärts" und „rückwärts" verlaufenden Prozessen zu unterscheiden und der Zeitrichtung eine objektive Bedeutung zuzumessen aber die weitere Verfolgung dieser Gedanken würde rein erkenntnistheoretischen Charakter tragen und gehört nicht mehr in die Naturphilosophie.

Dagegen möge noch kurz die diesseits der Erkenntnistheorie gelegene Frage besprochen werden, woher es überhaupt kommt, dass wir im Allgemeinen nur über vergangene, nicht aber über zukünftige Geschehnisse genau Bescheid wissen. Man hat wohl gelegentlich bemerkt, dass die Erklärung dafür im Entropieprinzip liegen müsse, und dies muss natürlich der Fall sein, da ja dies Prinzip erst den Grund der fraglichen Unterscheidung abgibt. In der Tat ist bei reversiblen Naturvorgängen, bei denen keine merkliche Wärme erzeugt wird und mithin der Entropiesatz keine Rolle spielt — so bei den Bewegungen der Himmelskörper — die Zukunft genau so gut erschließbar wie die Vergangenheit. Aber über den wahren Zusammenhang herrscht im Allgemeinen keine Klarheit.

Eigentlich sollte man sogar erwarten, es sei leichter, mithilfe des Entropiesatzes die Zukunft als die Vergangenheit zu errechnen, denn es ist offenbar eher möglich, den undifferenzierten Zustand anzugeben, nach welchem ein Zustand ungleichmäßiger Energieverteilung hinstrebt, als zu sagen, aus welchen stärker differenzierten Zuständen sich ein weniger differenzierter entwickelt hat. Das Paradoxon löst sich, wenn man beachtet, dass die Struktur der Vergangenheit nicht aus dem Grade der Energieverteilung, sondern aus der Raumgestalt der Gegenstände erschlossen wird. Vergangenes ist nämlich deshalb erkennbar und rekonstruierbar, weil es „Spuren" hinterlässt. Ich kann dem Meeresstrand ansehen, dass kurz vorher ein Mensch darüber geschritten ist, ich kann ihm aber nicht ansehen, ob nächstens ein Mensch dort wandeln wird. Die Erzeugung von „Spuren" im weitesten Sinne geschieht nun stets in der Weise, dass eine Energie in differenzierter Form (in unserem Fall die kinetische Energie der Fußbewegungen des Menschen) eine Umlagerung körperlicher Teilchen (der Sandkörner des Strandes) bewirkt und ihnen so eine bestimmte Form (den Eindruck eines Fußes) aufprägt, welche eben dadurch dauernd erhalten bleibt, dass die Energie dabei gemäß dem Entropiesatz in eine zerstreute Form (ungeordnete Bewegung der Sandkörnchen-Moleküle) übergeht, also keine weitere Lageänderung der groben Teilchen mehr bedingt. Bliebe die Energie in geordneter Form (als lebendige Kraft der Sandkörner), so würden die Körner nach Empfang des Fußtritts nicht in Ruhe verharren, und es würde keine bleibende Spur hinterlassen. — Da gewiss auch unser „Gedächtnis" auf gewissen, im Gehirn zurückgebliebenen Spuren beruht, so gilt die hier gegebene Erklärung ganz allgemein und macht plausibel, warum auch unsere Erinnerung sich nur auf die (mithilfe des „zweiten Hauptsatzes" definierte) Vergangenheit, nicht aber auf die Zukunft erstreckt.

1.2.7 Statistische und ontologische Gesetze. Quantentheorie

Der Entropiesatz ist ein Makrogesetz. Seine Erklärung, d. h. die Erklärung des „Strebens" der Natur nach Energiezerstreuung oder ihrer „Vorliebe" für Zustände größeren Wärmeausgleichs, hätte die dazu gehörenden Mikrogesetze aufzusuchen. Die Mikrogesetze aber, die sonst in der ganzen Physik bewährt waren, sind lauter Gesetze für reversible Vorgänge: Sie sind von der Art, dass mit ihnen die Umkehrung jedes Naturvorganges verträglich ist, in ihnen selbst ist kein Grund gegeben, warum irgendein Geschehen sich eher in der einen als in der andern Richtung abspielen sollte, in ihnen ist also die Irreversibilität nicht enthalten. Wie also kommt sie in das Makroverhalten der Natur hinein?

Hier bestehen zwei Möglichkeiten. Die erste ist natürlich die, dass die bis jetzt bekannten Mikrogesetze eben nicht die endgültig wahren sind, sondern nur angenähert gelten und auf andere von gänzlich verschiedener Struktur zurückgeführt werden müssen. Die zweite Möglichkeit besteht darin, den Grund der Nichtumkehrbarkeit der Naturvorgänge überhaupt nicht in einem Naturgesetz zu suchen, sondern in den Anfangsbedingungen, von denen wir ja gesehen haben (S. 17 ff), dass erst in Gemeinschaft mit ihnen die Naturgesetze eine vollständige und eindeutige Bestimmung der Weltprozesse liefern. Der letztere Weg besitzt neben dem rein empirischen Vorzug, dass er die wohlbewährten Mikrogesetze nicht antastet, auch noch allgemeine erkenntnistheoretische und naturphilosophische Vorzüge und ist, wie bereits angedeutet, von L. Boltzmann durch Einführung des Gedankens der „Wahrscheinlichkeit" beschritten worden. Sein Grundgedanke war folgender: Nach der kinetischen Wärmetheorie ist die Wärme eine Art kinetischer Energie, nämlich die Energie der ungeordneten Bewegung der Atome bzw. Moleküle. Wäre die Bewegung der Moleküle geordnet, hätten sie also z. B. alle die gleiche Richtung und Geschwindigkeit, so würde sich offenbar der Körper als Ganzes in dieser Richtung und Geschwindigkeit bewegen, wir hätten kinetische Energie in Makroform vor uns. Das ist also ein eigentümlicher Unterschied.

Wenn man (die folgende Erwägung ist, um nicht weitschweifig zu werden und möglichst anschaulich zu bleiben, nicht in logisch korrekter Form gegeben) die Gesamtheit aller in einem Körper möglichen Molekularbewegungen ins Auge fasst, so befindet sich darunter augenscheinlich eine relativ sehr viel größere Zahl ungeordneter Bewegungen als geordneter. Da nun das Verhältnis einer besonderen Klasse von Fällen zur Gesamtzahl aller möglichen Fälle in der Mathematik die „Wahrscheinlichkeit" jener besonderen Fälle heißt, so kann man also auch sagen, ungeordnete Bewegungen der kleinsten Teilchen seien viel wahrscheinlicher als geordnete. Macht man jetzt die Hypothese, dass dasjenige, was die größere mathematische Wahrscheinlichkeit besitzt, in der Natur auch in entsprechendem Maße häufiger vorkommt, so lässt sich hieraus ableiten, dass geordnete Bewegungen die Tendenz haben, in ungeordnete überzugehen. Allgemeiner: Die Energie geordneter Vorgänge „strebt", bei gebotener Gelegenheit in die Energie nicht geordneter Prozesse sich zu verwandeln. Rührt man eine Flüssigkeit um, so kommt sie nach einiger Zeit „von selbst" zur Ruhe, indem die Bewegung ihrer Teilchen sich in ungeordnete Wärmebewegung umwandelt.

Das Umgekehrte aber, dass nämlich die ungeordnete Bewegung der Teilchen einer Flüssigkeit sich durch Zufall ordnen sollte, sodass die Flüssigkeit als Ganzes unter Abkühlung in Bewegung gerät, dies kommt nicht zur Beobachtung, weil ein derartiger Vorgang, obwohl nicht schlechthin unmöglich, so ungeheuer unwahrscheinlich wäre; noch viel unwahrscheinlicher als etwa der Fall, dass ein Felsblock durch das zufällige Wirken der Witterungseinflüsse genau die Gestalt eines Würfels annähme.

Betrachtet man dagegen einen ganz winzigen Bereich einer Flüssigkeit, so ist innerhalb eines solchen die Wahrscheinlichkeit, dass einmal zufällig die Bewegung der Moleküle sich vorübergehend ordne, gar nicht mehr so gering; und in der Tat kann man unter dem Mikroskop beobachten, dass in einer Flüssigkeit schwebende Körperchen unter den Einfluss von Molekularstößen in Bewegung geraten. Hier finden also in kleinstem Bezirk fortwährend wirkliche Verstöße gegen den „zweiten Hauptsatz", kleine Umwandlungen von Wärmeenergie in lebendige Kraft statt: Ein zwingender Grund, dem Entropiesatz keine absolut genaue Gültigkeit zuzuschreiben, sondern diese Mikrovorgänge von ihm auszunehmen. Für alle Makrovorgänge aber ergibt sich unter den angegebenen Voraussetzungen seine Geltung mit überaus hoher Wahrscheinlichkeit, und zwar, wie Boltzmann zeigte, in völliger quantitativer Übereinstimmung mit dem beobachteten Verhalten der Natur.

Jene Voraussetzung, dass die molekulare Unordnung den Gesetzen der mathematischen Wahrscheinlichkeit folge, ist so naheliegend, dass sie gar nicht als eine besondere Hypothese erscheint und auch von Boltzmann nicht als solche aufgefasst wurde; aber unzweifelhaft liegt eine ausdrückliche Annahme vor, und zwar nicht eine Annahme über die Gesetzmäßigkeit der Vorgänge, sondern über die jeweiligen Anfangszustände, über die Konstellationen der Natur. Denn da das Verhalten durch Anfangsbedingungen und Naturgesetze bestimmt ist, letztere aber als mit beliebiger Richtung des Geschehens verträglich vorausgesetzt sind, so kann nur die Besonderheit des Anfangszustandes daran schuld sein, dass die Energie sich zu zerstreuen strebt. Die gemachte Hypothese lautet also etwa: „In der Welt überwiegen bei Weitem diejenigen Konstellationen, die zu einer Entropievermehrung führen." Es ist sehr leicht möglich, sich einen Anfangszustand zu denken, aus dem ein Geschehen gegen den Entropiesatz entspringen würde: Man braucht sich nur in dem betrachteten

Beispiel der umgerührten und dann erwärmt zur Ruhe gekommenen Flüssigkeit plötzlich die Wärmebewegung aller Moleküle in der Richtung genau umgekehrt zu denken; dann müsste der ganze Prozess genau entgegengesetzt verlaufen, die ungeordnete Bewegung der Teilchen müsste von selbst in eine Makrobewegung der gesamten Flüssigkeit übergehen. Aber das natürliche Vorkommen eines derartigen Anfangszustandes ist eben unsagbar unwahrscheinlich.

So enthält der Entropiesatz eine Aussage über Dinge, die in den bisher besprochenen Naturgesetzen überhaupt nicht vorkommen. Diese Naturgesetze geben ja immer nur an, welches Geschehen sich abspielt, nachdem einmal ein bestimmter Ausgangszustand gegeben ist; welcher Zustand aber zu irgendeiner Zeit vorliegt, in welcher Konstellation etwa die Naturkörper, seien es Planeten oder Moleküle, sich in irgendeinem Augenblick befinden, das sagt uns kein Gesetz, sondern es ist Sache des Zufalls (— ebenso, wie es Zufall ist und nicht selbst wieder als Folge eines Gesetzes gedeutet werden kann, dass in der Welt überhaupt bestimmte Naturgesetze herrschen —). Anders ausgedrückt: Die Gesetze bestimmen nur, was aufeinanderfolgt, nicht, was gleichzeitig ist (wobei noch dem Begriff der Gleichzeitigkeit mit Rücksicht auf die Relativitätstheorie eine gewisse weitere Bedeutung zukommt). Denken wir an das vier-dimensionale Weltbild, so dürfen wir sagen: Nur in der Zeitrichtung herrscht Kausalität, nicht in den Raumrichtungen. Dort haben wir Gesetze, hier zunächst nur Tatsachen.

Der Entropiesatz deutet darauf hin, dass es auch im Reich der Tatsachen allgemeine Hypothesen gibt, dass auch auf diesem Gebiet allgemeines Wissen denkbar ist, und es liegt die Frage nahe, ob es nicht auch auf diesem Felde Regeln gebe, die dann freilich keine Kausalgesetze (nicht „nomothetisch") wären, sondern auf das Nebeneinander in der Natur Befindliche bezüglich („ontologisch"). Die durch den Entropiesatz oder die Hypothese der molekularen Unordnung angenommene Regel hat „statistischen" Charakter, sie handelt von der Häufigkeit des Vorkommens gewisser Zustände und ist von derselben Art wie etwa die Behauptung, dass in einer Großstadt sich jährlich durchschnittlich so und so viele Selbstmorde ereignen. Die statistische ist also eine besondere Art der ontologischen Regelmäßigkeit. Gibt es noch andere Arten?

Auf den ersten Blick scheint es, dass die reinen Tatsachen, die Anfangszustände, auch sonst nicht jeder Regelmäßigkeit entbehren auch im Raum finden wir Wiederholungen des gleichen zur selben Zeit: In den verschiedensten Gegenden des Weltraumes sind die gleichen chemischen Elemente vorhanden, und wir haben Grund zu der Annahme, dass die letzten Bausteine der Materie, die Elektronen, überall einander gleich sind, wo sie sich auch befinden mögen. Es sind eigentümliche Probleme, auf die sich hier ein Ausblick öffnet. So viel ist sicher: Jene uns bekannten Bruchstücke einer ontologischen Regelmäßigkeit reichen nicht entfernt hin, um irgendeine Seite der Natur vollständig zu bestimmen. Wenn ich weiß, was für ein Zustand in einem Teile der Welt herrscht, so kann ich daraus nicht die Zustände ableiten, die zur gleichen Zeit in andern Teilen bestehen. Aber der Gedanke ist nicht gänzlich von der Hand zu weisen, dass spätere Forschung einmal bisher unbekannte Wege entdeckt, um auch dieses Gebiet, das ganz im Dämmer des Zufalls zu liegen scheint, durch den Gesetzesbegriff zu erhellen.

Die äußerste Grenze, bis zu welcher die Durchdringung der Natur mithilfe des Gesetzesbegriffes ausgedehnt werden könnte, wäre dann erreicht, wenn sich die prinzipielle Möglichkeit ergäbe, aus dem Zustande eines beliebigen, noch so kleinen Teiles der Natur während einer beliebigen, noch so kleinen Zeit den Gesamtzustand der Welt zu allen Zeiten zu errechnen. Damit wäre ein Gedanke von Leibniz, der in jeder „Monade" ein vollständiges Spiegelbild der ganzen Welt zu erblicken glaubte, in einer wundersamen Form verwirklicht: In jedem noch so kleinen Volumenelement der vier-dimensionalen Welt wäre alles Naturgeschehen in nuce vollständig enthalten. Ob es jemals gelingen wird, eine solche alles durchdringende Gesetzmäßigkeit zu finden, wissen wir nicht. Nach unserem gegenwärtigen Wissen deutet kaum etwas darauf hin, dass sie überhaupt vorhanden ist.

Es wird heute sogar angenommen, dass selbst die kausalen Gesetze gar nicht so weit reichen, wie man allgemein annimmt und wie der Leser nach den bisherigen Ausführungen glauben muss. Nachdem nämlich einmal die statistische Betrachtungsweise in die Physik eingeführt war, konnte der Gedanke auftauchen, ...

> *... dass die letzte Gesetzlichkeit der Natur selber statistischen Charakter trägt, dass die wahren Mi-*

krogesetze selber Wahrscheinlichkeitsgesetze seien.

Zu dieser Konzeption gehört eine große Kühnheit des Gedankens, denn an dieser Stelle würde die Einführung des Wahrscheinlichkeitsprinzips eine völlig andre Bedeutung haben als beim Makroverhalten der Natur. Beim letzteren handelte es sich, wie wir sahen, um absolut strenge kausale Gesetzmäßigkeit, und die Wahrscheinlichkeit bezog sich nur auf die zufällige Häufigkeit der Anfangszustände — glaubt man aber, dass die letzten Mikrogesetze für sich Wahrscheinlichkeitscharakter tragen, so wird dadurch das Geschehen selbst zu etwas Zufälligem, es wäre der Kausalität entzogen und nicht mehr restlos erkennbar. Nach den Ergebnissen der sogleich zu erwähnenden „Quantentheorie" gehorchen die Vorgänge, durch welche die einzelnen Atome elektromagnetische Strahlung aussenden und empfangen, gewissen Wahrscheinlichkeitsregeln, und je besser es gelungen ist, diese Vorgänge in das Innere des Atoms hinein zu verfolgen, um so mehr, scheint es, muss damit gerechnet werden, dass sich dies Verhalten nicht weiter, etwa auf dem ontologischen Wege, verständlich machen lässt. Damit wäre die erste der oben beim Entropiesatz (Seite 49) erwähnten Möglichkeiten gewählt, es wäre der Zufall in das Mikroverhalten eingedrungen, der Entropiesatz selber könnte für Strahlungsprozesse zum Rang eines Mikrogesetzes erhoben werden.

Schreibt man dergestalt den elementaren, nicht mehr weiter reduzierbaren Mikrogesetzen statistisches Wesen zu, so wäre damit die theoretische Grundlage des klassischen Weltbildes gänzlich aufgehoben, es wäre auf restlose Erkennbarkeit der Natur grundsätzlich verzichtet, weil eine eindeutige Zuordnung unserer Begriffe zum Geschehen bei den Elementarvorgängen nicht mehr möglich wäre.

Es ließe sich für das Geschehen prinzipiell niemals ein zureichender Grund angeben. Man würde z. B. nur sagen können, dass irgendein Atom unter bestimmten Umständen in bestimmter Zeit durchschnittlich so und so oft ein „Quantum" Strahlungsenergie aussendet; fragt man aber nach der Ursache, warum es gerade in einem bestimmten Zeitpunkt strahlt, in andern nicht, so gibt es darauf keine Antwort, das Einzelgeschehen wäre völlig ursachlos.

Die Zukunft wäre nicht genau vorausbestimmbar, sie wäre eben nicht bestimmt, sondern zukünftiges Geschehen wäre innerhalb weiter Grenzen schlechthin zufällig. Und dies würde auch für das Makrogeschehen gelten, denn es setzt sich ja aus Mikrovorgängen zusammen und kann durch kleine Änderungen in den letzteren schließlich ein ganz anderes Gesicht bekommen.

Übrigens wäre auch, wie wohl ohne Weiteres einleuchtet, in ganz gleicher Weise die Vergangenheit aus der Gegenwart nicht mehr vollständig errechenbar. Die Welt wäre in letzter Linie dem Zufall ausgeliefert. Es wäre also nicht bloß das Vorhandensein der Natur in ihrer bestimmten Konfiguration und mit ihren bestimmten Gesetzen als schlechthin grundlos, zufällig zu betrachten, sondern auch ihre Entwicklung wäre ein Werk des Zufalls.

Mit andern Worten: Nicht bloß das Ontologische, sondern auch das Nomothetische, nicht nur das Sein, sondern auch das Geschehen wäre nicht mehr streng determiniert; der alte Traum einer „Weltformel", mittels deren ein Laplace jeden künftigen und vergangenen Weltzustand zu errechnen hoffte, wenn nur ein einziger Zustand ihm gegeben wäre, dieser Traum wäre endgültig vorüber (siehe „Laughlin: *Abschied von der Weltformel*").

Nach allem diesem ist klar, dass der Naturforscher oder der Philosoph sich nur im äußersten Notfall zur Annahme rein statistischer Mikrogesetze entschließen kann, denn die Tragweite einer solchen Annahme ist ungeheuer: Das Kausalprinzip wäre aufgegeben, es würde nur eine angenäherte Geltung für Makrovorgänge noch behalten, das feinste Geschehen aber wäre dem Zufall unterworfen, und damit müsste auf restlose Erkennbarkeit verzichtet werden. Gewiss ist eine derartige Stellungnahme nicht unmöglich, denn ein durch die Erfahrungswissenschaften geschulter Denker wird weder den Kausalsatz noch die Forderung der restlosen Begreiflichkeit der Natur für schlechthin notwendig und unaufhebbar halten — er wird aber doch diese sonst so gut bewährten Voraussetzungen aller Forschung nur dann fallen lassen, wenn der Zwang der Tatsachen unausweichlich ist.

Dass die soeben angedeuteten Möglichkeiten heute eingetreten und zur Realität der modernen Physik geworden sind, daran ist, wie schon erwähnt, die Quantentheorie schuld. Diese wundersamste Theorie der modernen Wissenschaft, die

Schöpfung M. Plancks, bedeutet überhaupt die Einführung einer ganz neuen Betrachtungsweise der Natur. Ihr wesentlicher Kern ist die Übertragung des Gedankens der Diskontinuität auf das Geschehen. Während für die ontologische Konstitution der Welt der Unstetigkeitsgedanke in der Form der Atomtheorie längst eingebürgert war, wurde doch das Geschehen selbst, entsprechend der Stetigkeit, die man dem Raum und der Zeit zuschrieb, als ein kontinuierlicher Prozess aufgefasst; „natura non facit saltus" hieß es von alters her.

Planck aber gelangte durch eine geniale Schlussweise zunächst zu dem Ergebnis, dass bei gewissen Vorgängen (Prozessen der Licht- und Wärmestrahlung usw.) die Energie nicht in beliebig kleinen Beträgen auftritt, sondern nur in unteilbaren „Quanten" von bestimmter endlicher Größe ausgetauscht wird, und er entdeckte die Existenz einer universellen, absolut unveränderlichen Größe, des sogenannten „Wirkungsquantums", das alle Vorgänge der erwähnten Art beherrscht und seinen Namen deshalb trägt, weil es die Natur einer „Wirkungs"größe (nämlich Energie multipliziert mit Zeit) hat. Es ist der völlig neue Gedanke einer Atomistik des Geschehens, der uns hier entgegentritt, die Naturvorgänge spielen sich nicht stetig, sondern sprunghaft ab.

Ungeheure Fruchtbarkeit hat die Quantentheorie in Verbindung mit der Elektronentheorie gezeigt, auf welche sie durch Niels Bohr übertragen wurde. Es ist auf diesem Wege eine so ins Einzelne gehende Erklärung feinster und kompliziertester Erscheinungen geglückt, so viele Voraussagen der Theorie haben sich bestätigt, dass kein Zweifel sein kann: Die Quantentheorie enthüllt wirklich eine ganz fundamentale Gesetzmäßigkeit des Naturgeschehens. Sie nötigt aber zu einer Revision der „klassischen" Physik; es ist sicher, dass die Mikrogesetze der Elektrodynamik und wohl auch der Gravitation, wie wir sie besprachen, noch nicht die letzte Lösung, sondern nur eine Annäherung darstellen.

Die im Atom den Kern umkreisenden Elektronen gehorchen durchaus nicht den bekannten (Maxwellschen) Differenzialgesetzen der Elektrodynamik, sondern vollführen unter der Herrschaft der Quanten die merkwürdigsten instantanen Sprünge: So steht die neue Theorie an bestimmten Stellen mit den alten Gesetzen im Widerspruch. Und dieser Widerspruch ist nicht nur ein Gegensatz von Stetigkeit und Unstetigkeit, sondern er scheint viel tiefer zu liegen.

Die Quantentheorie einerseits und die „klassische" Theorie andererseits stellen offenbar zwei verschiedene Seiten des Naturgeschehens dar und beide bis zu einer gewissen Grenze mit großer Vollkommenheit und Exaktheit. Diese beiden Seiten zu vereinen, ist wohl die vornehmste Aufgabe der gegenwärtigen Physik, und nur auf dem Wege empirischer Forschung kann sie gelöst werden; ohne deren Hilfe vermag auch der Naturphilosoph hier nicht weiter zu schauen. Es ist aber wohl so, dass die diskontinuierliche Auffassung der Natur den Sieg davonträgt. Zurzeit hat es den Anschein, dass es ganz neuer Denkmittel bedürfe, um die Schwierigkeit zu überwinden; so könnte möglicherweise eine noch tiefer gehende Modifikation der Begriffe von Raum und Zeit die Lösung bringen.

2. Die biotechnischen Gestalten des Weltgeschehens

von Raoul H. Francé

2.1 Die Daseinsstufen der Welt

Das Erleben spiegelt sich in unserem Bewusstsein, als ob uns eine Welt umgäbe, die als ein ungeheuerlicher und verwickelter Stufenbau von sehr verschiedenen Dingen erscheint.

Das ist das Ergebnis von Untersuchungen, die an Hand der gegenwärtigen Naturerkenntnis, geleitet von einer biozentrischen Erkenntnismethode, herausgefunden wurden.

Es gibt nicht viele Kategorien dieser Daseinsstufen, wenn man nur die wesentlichen unter ihnen betrachtet. Etwa sechzehn davon haben wir unterschieden. Diese waren: das Quantum, das Elektron, Atom und Molekül, die geformte Materie in ihren Ausprägungen als Kristall, Zelle und Zellengemeinschaft verschiedenster Art und als Organismenstaat. Dann die Weltkörper, Sonnensysteme, die Fixsternsysteme, der Kosmos, die Vorstellungen, Ideen, Werke und die belebte Welt als das Gesamtsystem der Erlebnisse. Umso größer war die Mannigfaltigkeit, in der das Sein auf jeder dieser Stufen aufblüht. Aber ließ man sich nicht von ihr verwirren, so erhielt man jede wünschenswerte Sicherheit darüber, dass zwischen diesen Daseinsformen stets wiederkehrende, ganz bestimmte Beziehungen herrschen. Die eine dieser Beziehungen war, dass sich eine Zuordnung aufstellen lässt, in der sich die Stufen in solcher Reihenfolge anordnen, dass jede von ihnen die gesamten vor ihr genannten in einer Vielheit in sich schließt, ihnen also übergeordnet ist. Die zweite war, dass jede Stufe durch besondere, nur ihr zukommende Eigenschaften ausgezeichnet ist, die den untergeordneten Stufen nicht zukommen. Wir drückten das so aus, dass den Integrationsstufen auch spezifische Eigenschaften zukommen. Und ein Vergleich dieser Eigenschaften zeigte, dass auch sie eine Stufenfolge ergeben, die allerdings nicht so lückenlos zu verfolgen ist wie die der Dinge, die aber schon in der Teilreihe: Gestalt, Personalität, Leben, Bewusstsein, Dauer (Harmonie) die Vermutung wecken, dass auch sie zwar nicht den Stufen unter ihnen eigen sind, dagegen insgesamt denen über ihnen, dass also die oben gefundene Überordnung auch in den Integrationseigenschaften besteht. Das war der wesentliche Inhalt des Integrationsgesetzes.

2.2   Der Weltprozess

Damit war zugleich festgestellt, dass in unserem Erleben kein Sein ohne Eigenschaften sei, oder noch allgemeiner ausgedrückt, dass allem Seienden gesetzmäßig Zuordnungen eigen sind. Diesen sehr farblosen Satz kennt die Analysis schon seit sehr langem und hat ihn in der Funktionenlehre auf die Form gebracht, wonach sie, wenn man im Zahlenkontinuum einer Zahl x eine zweite Zahl y nach irgendeinem beliebigen Gesetz zuordnet, dieses y als eine Funktion von x bezeichnet wird [y = f(x)].

Mit anderen Worten:

Alles, was in unserem Erleben ein Sein besitzt, besitzt es nur durch seine Funktionen. Unter Funktionen versteht man hierbei die gesetzmäßige Beziehung zwischen Größen, Gebilden oder Vorgängen.

Noch einfacher ausgedrückt: Zwischen den Dingen bestehen stets wiederkehrende Verbindungen oder Gesetze. Das Sein ist Gesetzen unterworfen. Diese Formulierung hat den Vorteil, dass sie es auffällig sichtbar macht, wie diese Verbindungen nur zweierlei sein können. Entweder sie ändern den Charakter der ruhenden Dinge in der Richtung auf „Anderswerden", oder sie führen „andersgewordene" Dinge wieder zu ihrem Ruhestand zurück. Beide Änderungen zusammen beschreiben eine aneinander knüpfende und ineinandergreifende Bewegung, die zum ruhenden Sein zurückleitet. Funktion bedeutet demnach eine Störung des Seins oder deren Wiederbehebung durch einen Ausgleichsvorgang. Und so entsteht aus der „Welt" der „Weltprozess", der erhalten wird durch Ausgleichsvorgänge, die hiermit als das wahre Wesen aller Funktionen erkannt werden. Der Weltprozess scheint demnach das Mittel zu sein, durch das die Welt auf allen ihren Integrationsstufen im Sein beharren kann. Durch ihn überwindet sie die Störungen und erreicht wieder den Dauerzustand.

Die Funktionen werden stets zu Bewegungen führen, wenn eine Bedingung des ruhenden Seins nicht erfüllt ist. Und das ist die Harmonie der wechselseitigen Funktionen. Wie das vorzustellen sei, mag durch ein Beispiel besser erläutert werden, als durch abstrakte Sätze. Nach dem uns bereits bekannten Gesetz von Gay-Lussac ist das Volumen der Gase eine Funktion ihrer Temperatur. Das heißt, der gesetzmäßige Zusammenhang ist so eingerichtet, dass im Gas sofort Bewegungen, ein Auseinanderstieben der Moleküle erfolgen muss, wenn die Temperatur steigt. An sich ist der Satz ja eine ziemlich überflüssige Feststellung, da Wärme (Temperatur = ein Wärmegrad) nur ein Sammelwort für einen Bewegungsgrad der Moleküle ist, der Satz demnach eigentlich lautet, das Auseinanderfliegen der Gasmoleküle hängt vom Auseinanderfliegen der Moleküle an sich ab. Aber in dem geringen Inhalt, der übrig bleibt, ist immerhin ausgedrückt, dass in diesem Fall die Funktion keine Bewegung auslöst, wenn eine andere Ursache, z. B. ein entsprechender Druck die Ausdehnung des Gases hindert. Dieser Druck muss sich mit der Temperatur ausgleichen; diese beiden müssen zueinander in einem harmonischen Verhältnis stehen, dann bleibt zwar die Funktionsbeziehung zwischen Gas und Temperatur erhalten, doch es erfolgt keine Änderung. Funktionen, die einander widerstreben, sich aber im Gleichgewicht erhalten, sind auf diese Weise mit einem dauernden Zustand vereinbar. In einem derartig konstruierten Dauerzustand befindet sich nun die Welt. Ihre Dauer beruht nicht auf absoluter Funktionslosigkeit, sondern auf der Harmonie. Ihr „Sein" ist schon durch seine Mannigfaltigkeit ständig zahllosen Störungen ausgesetzt; darum besteht es in zahllosen durch und gegen einander wirkenden Funktionen und Bewegungen, die ununterbrochen einreißen und wieder aufbauen, Entwicklung um Entwicklung auf jeder der Integrationsstufen auslösen und nur dort in das starre System ruhender Funktionen übergehen, wo sie sich im Gleichgewicht halten, das heißt, zu einer Harmonie gelangt sind.

> *Würde die Welt auf allen ihren Stufen zur Harmonie gelangen, dann wäre der Weltprozess aus, d. h. es gäbe dann keine Ausgleichsvorgänge mehr.*

Das sind Sätze von einer fundamentalen, alles erschütternden, in unser tiefstes Sein, Verstehen und Verhalten hineingreifenden Bedeutung. Gelänge es, sie zu erweisen, so wäre damit einer der brennenden Wünsche alles Denkens erfüllt: Ein einheitliches Verstehen des Weltprozesses wäre erreicht. Wer würde sich da nicht gerne der Arbeit unterziehen, diesen Beweis wenigstens zu versuchen? An diese Arbeit soll hier nun, durch eine Untersuchung der Funktionen auf den verschiedenen Daseinsstufen gegangen werden, um so vor allem die Gesetze des Funktionierens zu ergründen.

2.3 Energie

Von der höchsten Daseinsstufe, nämlich dem Kosmos, gibt es nun in der Naturlehre eine allgemein anerkannte und in ihren Folgen unschätzbare Anschauung, die besagt: Der Kosmos befindet sich in jenem harmonischen Gleichgewicht der Funktionen, das seine Beständigkeit garantiert. Diese Ansicht kursiert allgemein unter der Bezeichnung: das Gesetz von der Erhaltung der Energie. Es will eigentlich besagen, dass eine Bewegungsfunktion die andere bedingt, jede in die andere übergehen kann, sodass alle zusammen einen Kreislauf ohne Ende darstellen. Dieses Gesetz knüpft sich bekanntlich an den Namen des Heilbronner Arztes Robert Mayer, von dessen Auftreten her tatsächlich die gesamte moderne Physik datiert. Es ist sehr merkwürdig, dass die Menschheit darauf bis zum Jahre 1842 gewartet hat, in dem Mayers erste Schrift erschien, da doch schon jeder bei der Arbeit heiß gewordene Bohrer oder Hobel, ja das primitive Feuermachen durch Reiben von Hölzern ihr die Grundtatsache des Gesetzes vor Augen geführt hat.

Diese Grundtatsache ist, dass durch Arbeit[1] Wärmemengen entstehen. Da nun alles, was aus Arbeit entsteht, Energie genannt wird, ist auch die Wärme als eine Energie durch diese Terminologie miterfasst. Und das hat Mayer erkannt, dessen Satz lautete:

Mechanische Arbeit, kinetische (= Bewegungs-) Energie, potenzielle Energie und Wärmemengen sind nur Energieformen und können ineinander verwandelt werden.

---

1   Der Begriff der Arbeit geht auf den der lebendigen Kraft zurück. Lebendige Kraft eines bewegten Körpers (ohne Bewegung keine Arbeit) heißt die halbe Masse des Körpers multipliziert mit dem Quadrat seiner Geschwindigkeit. Diese lebendige Kraft ist gleich der Arbeit der Kraft.

Von da aus wurde rasch weiter gebaut. Das mechanische Wärmeäquivalent, eine der großen Konstanten der Natur, steht, wenn auch unsichtbar, über den Türen aller Ingenieurbüros aufgeschrieben, denn von ihm gehen alle Rechnungen der modernen Industrie aus. Diese Formel lautet:

$$J = 4,1861*10^7 \text{Erg/cal.}$$

Sie ist in ihrer Hieroglyphik der Schlüssel zu der gesamten Energiewirtschaft der Völker von heute, von der allerdings der weit über Völkern und Zivilisationen stehende Denker kalt und unbeirrbar im Angesicht des Weltengeistes sagen muss, sie sei derzeit das größte Hindernis, um die Menschheit auf den Weg zur Harmonie zu führen. Der wahre Sinn dieser Formel ist, dass das mechanische Wärmeäquivalent beliebig in Licht, Elektrizität, mechanische Wirkungen, magnetische Erscheinungen verwandelt und aus ihnen auch zurückgewonnen werden kann. Seit dieser Formel, die sich in der Elektrotechnik, bei der Schaffung aller Wärmekraftmaschinen, bei der Ausnutzung der Wasserkräfte, kurz im gesamten industriellen Leben bewährt hat, hat sich die Überzeugung festgesetzt, dass es Lichtenergie, elektrische Energie, mechanische Energie usw. gibt, kurz, dass das Treibende bei allen Vorgängen in der Welt die Energie sei, die in einem unbeschreiblich vielfältigen Kreislauf durch die ganze Welt proteusgleich strömt, sich niemals mindern noch mehren, sondern so wie die Materie nur ihre Formen ändern kann.

In dieser Fassung, als Erhaltung der Energie ist der Satz allerdings erst von Helmholtz formuliert, und daher datiert erst von ihm die allgemeine Überzeugung, dass auch das Leben sich dem allgemeinen energetischen Kreislauf, einem der großartigsten von sämtlichen in der Natur sich abspielenden Kreisläufen, einfügt, zum mindesten in der Form, dass die Nahrung durch ihre chemische Energie den Körper zur Arbeit befähigt, gleich wie die in den Kohlen gespeicherte Wärme durch die Dampfmaschine in die Form mechanischer Energien verwandelt wird.

Von da ab datiert aber auch der unglückliche Vergleich des Organismus mit einer Maschine, die Wiedererweckung des Lamettrie'schen „l'homme machine" erbärmlichen Angedenkens, der eine ganze Naturforschergeneration geradezu blind gemacht hat. Die davon Geblendeten haben immer wieder übersehen, dass es im Menschen als Integrationseigenschaft auch eine abstrakte Energie gibt (die seelische oder, wenn man will, die Nervenenergie), die sich dem Gesetz des energetischen Kreislaufes nicht fügt, d. h. keine physikalische Energie ist. Man kann Willen und Vorstellung nicht in Elektrizität verwandeln und Kohle nun einmal nicht in Gedanken. Wenn Ostwald in seiner Naturphilosophie meint, der Tag werde kommen, an dem sich auch die Verwandlung der Nervenenergie in die übrigen Energieformen vollziehen lassen werde, so drückt er damit nur einen frommen Wunsch aus, von dessen Verwirklichung man weit entfernt ist. Würde es gelingen, dann wäre allerdings seine Energetik gerechtfertigt, die insofern eine große Denkökonomie bedeutet, als sie an Stelle der üblichen drei Kategorien: Materie, Energie und Psyche nur mehr die Energie als einziges Prinzip in die Erklärungen einführen würde.

Weil aber die Energetik der Vorstellungen sich nicht in die der Außenwelt überführen lässt, erschien das Welträtsel absolut unlöslich. Darum ist auch Wissenschaft in ihrem letzten und höchsten Sinn schlechterdings unmöglich und muss sich darauf beschränken, relative Wahrheiten zu finden, die nur orientierende, nicht aber absolute und erklärende Bedeutung haben. Deshalb kann es für einen nicht voreingenommenen Kopf nur eine objektive Philosophie geben, die von dem Wahn geheilt ist, „Wahrheiten“ finden zu können, sich vielmehr mit allem Können und Streben darauf wirft, die Beziehungen der zwei Welten: Der inneren und der äußeren Energetik, wenn man es so nennen darf, festzustellen, um das Denken und das daraus folgende Handeln in Einklang mit den Gesetzen der Außenwelt, der Objektwelt zu bringen, damit Reibung und somit Zerreibung vermieden werde.

Dieses Verhalten ist möglich, weil es sich herausgestellt hat, dass die Relationen der Innenwelt den gleichen Gesetzen unterworfen sind, wie die der physikalischen Energien. Die zeitgenössische Philosophie will das seit G. Th. Fechner mit dem Satz vom psychophysischen Parallelismus ausdrücken. Im Weltbild der objektiven Philosophie ist dieser Parallelismus, richtiger gesagt: Die Gemeingültigkeit der Naturgesetze für Natur und Kultur eine logische Notwendigkeit, die sie ebenso wie den absoluten und universellen Relativismus gefordert hätte, wäre sie heute noch nicht entdeckt. Denn es ist ihr methodologische Voraussetzung, dass für den

Teil die Gesetze gelten müssen, die der ganzen Seinsstufe eignen, in die er gehört. Die Besonderheit der menschlichen „Seelenenergie" (um die Sache mit dem Ausdruck Ostwalds zu bezeichnen), liegt unter anderem eben darin, dass sie nicht unmittelbar, sondern erst durch die Vermittlung[2] des teleologischen Geschehens wieder in die rein physikalischen Energien übergeht. Diese Besonderheit (eine zweite ist das Bewusstsein bei bestimmter Integrationsart und Höhe) ist eine Integrationseigenschaft, so wie das Leben eine solche ist, oder das Zonengesetz eine solche für die Kristalle, ohne dass deswegen die übrigen physikalischen Gesetze für die Denkenden, die Lebenden oder die Kristalle aufgehoben wären. Die gleiche Forderung nach Einheit und Einklang der inneren und äußeren Energetik und damit die objektive Philosophie würde übrigens auch dann gelten, wenn die psychischen Kräfte in mechanische Leistungen überführt werden könnten, wie das in wachsendem Maße die okkultistische Forschungsrichtung behauptet.

Unsere geistige Welt bleibt daher, wenn sie auch nur eine Besonderheit des Erlebens ist, den allgemeinen Naturgesetzen, damit auch den Gesetzen der Funktionen und der Weltmechanik unterworfen, denn sie ist ein Teil der Welt und ihr untergeordnet. So gilt denn logischer, und damit notwendigerweise auch für sie, der erste Hauptsatz der mechanischen Wärmetheorie (Konstanz der Energie), der da lautet, dass der ganze Betrag der Energie eines abgeschlossenen Systems trotz aller Verwandlungen derselbe bleibt. Es wird eine Aufgabe der objektiven Kulturwissenschaft sein, die Gültigkeit dieses Satzes sowie die restlose Verwandlung der geistigen Energien ineinander zu erweisen.[3]

Vollständig durchgeführt ist sie dagegen auf dem Gebiet der physikalischen Energien, wobei es sich herausgestellt hat, dass diese Umwandlungsprozesse nicht absolut umkehrbar (reversibel) sind.

---

2   Mittelbar lassen sich ja die psychischen Energien in Licht, Wärme, Bewegung umwandeln. Jede unserer Handlungen zeigt das. Nur die Methode ist eine andere als in der Technik der Physiker. Die Umwandlung geschieht nach teleologischem Gesetz, zielstrebig und regulatorisch, eben als menschliche (organische) „Handlung" mithilfe von Werkzeugen, und darum ist der Organismus keine Maschine im klassischen Sinn, sondern ein System, d. h. eine Zusammenfassung von Dingen, Funktionen, Beziehungen und Eigenschaften zu einem einheitlichen Ganzen.

3   Siehe auch „Äquivalenz von Information und Energie" von Klaus-Dieter Sedlacek, ISBN 978-3-7431-1014-4

2.4 Entropie und Harmonie

Es ist zwar praktisch möglich, durch mechanische Arbeit, z. B. also Reiben, eine bestimmte Arbeitsmenge restlos in Wärme zu verwandeln, nicht aber diese in gleichem Maße wieder mechanisch nutzbar zu machen. Mit anderen Worten, es sind nicht alle Formen von Energie gleichwertig. Ein krasses Beispiel für diesen bedauerlichen Tatbestand bieten die Dampfmaschinen, denn sie versetzen uns ja in die ungünstige Lage, aus Wärme Bewegungsenergie gewinnen zu müssen. Ihr Nutzeffekt ist stets nur von der Temperatur des Kesseldampfes und des Kondensators abhängig, wobei die Wärme des letzteren ungenutzt bleibt, ganz unabhängig davon, wie vollkommen oder unvollkommen die Konstruktion der Maschine ist. Durch keine Verbesserung daran lässt sich dieses Manko einbringen. Die unvermeidlichen Unvollkommenheiten der Maschinentechnik drücken diesen sogenannten Nutzeffekt nun noch mehr herab. Der maximale Nutzeffekt einer Dampfmaschine beträgt denn auch nur etwas über 27 Prozent, das heißt, nur ein Viertel der aufgenommenen Wärme wird wirklich in Arbeit verwandelt. Drei Viertel der aufgewandten Wärme gehen in den Kondensator über; sie können von dort aus zwar wieder nutzbar gemacht werden, aber wieder nur mit einem Verlust, sodass auch im günstigsten Fall ein Defizit bleibt. Diese ungünstige Sachlage drückt sich auch darin aus, dass wohl Wärme von selbst und allenthalben von höherer Temperatur in niedere übergeht, niemals aber umgekehrt. Es entsteht durch alle diese Prozesse eine stets wachsende Menge von geringwertiger Energie, eine Zerstreuung, eine Größe im Naturhaushalt, die stets wächst und von der Wärmetheorie als Entropie bezeichnet wird.

Der zweite Hauptsatz der Wärmelehre sagt hierüber, dass bei allen Prozessen die Entropie des an dem Prozess beteiligten Systems wächst. Das ist der berüchtigte Clausius'sche Satz vom Wärmetod des Universums. In der Form, wie man sich ihn vorstellte, bedeutet er eine einseitige Richtung des Weltprozesses, ein Streben nach einem Ende, das sich als Umwandlung der gesamten Weltenergie in einen definitiven und allgemeinen Ausgleich kundgibt, wodurch alles Geschehen aufhört. Man hat hieraus einen entropischen Gottesbeweis gemacht, denn, so sagte man, ein Weltprozess, der ein Ende haben kann, muss auch einen

Anfang gehabt haben. Da aber die zur Ruhe gekommene Molekularbewegung sich nicht von selbst neuerdings bewegt, muss eine außerweltliche Ursache stets von Zeit zu Zeit den Anstoß gegeben haben.

Dieser Entropiegedanke hat die ganze Generation seit der Mitte des 19. Jahrhunderts beunruhigt und die gesamte Philosophie, soweit sie die Naturerkenntnis überhaupt in den Kreis ihres Denkens zog, zu pessimistischen Folgerungen verleitet. Es ging daher wie ein Aufatmen durch die wissenschaftliche Welt, als der berühmte Wiener Physiker Boltzmann seine „statistische Theorie" der Mechanik entwickelte und darin dem düsteren Entropiesatz auf folgende Weise die Zähne auszubrechen suchte. Nach ihm ist der zweite Satz der Thermodynamik kein Gesetz, sondern nur ein Wahrscheinlichkeitssatz. Tatsächlich wird die Entropie nach den Prinzipien der Wahrscheinlichkeitsrechnung festgestellt, und ihr Satz lautet in strenger Formulierung eigentlich so, dass Anhaltspunkte vorhanden seien, wonach jedes System seinem wahrscheinlichsten Zustand zustrebe. Sein berühmt gewordenes „H-Theorem" brachte den Entropiesatz wieder in Einklang mit der Mechanik. Es war allerdings damit der Weg beschritten, der bei der Untersuchung der Wärmestrahlung auf absolut schwarze Körper geradewegs zu den Aufstellungen der Quantentheorie führte. Und ein Widerspruch blieb auch dadurch bestehen, dass, von den Anschauungen Poincarés ausgehend, Zermelo zeigen konnte, dass sich in allen energetischen Vorgängen Periodizität kundgebe, mit anderem Ausdruck, dass entweder die Entropie zurecht besteht oder alle Zustände periodisch wiederkehren.

Von anderer Seite (Sv. Arrhenius) wurde die Frage allerdings anders, kühner und bestechender „erledigt". Es wurde einfach zugegeben, dass sich alle Energie ständig verschlechtere. Jawohl — so sagte man — aber nur in unserem Sonnensystem. Von der Sonne stammt alle Energie, die wir kennen (man beachte, dass die geistige inbegriffen ist). Sie, die jedem Quadratzentimeter der Erdoberfläche in der Minute drei Grammkalorien liefert, also ein Energiequantum, zu dessen Herstellung auf jedem Quadratmeter eine Maschine von 43 Pferdekräften aufgestellt sein müsste, sie ist die Urheberin von Elektrizität, Licht, Wärme und jeder Art von Bewegung und Leben in einer wundervollen Verkettung der Prozesse, die allerdings zu einer steten Verschlechterung dieser uns geschenkten Energie führen. Diese „latent gewordene Wärme" strahlt wohl in den eisigen Weltraum hinaus, wird von seinem dunklen Abgrund verschluckt und scheint für immer verloren zu sein. Das sei aber nur trügerischer Schein; in Wirklichkeit wird draußen im Fixsternsystem in der Region der kalten Nebel auch die deklassierte und zerstreute Wärmeenergie aufgefangen und wieder verbessert. Denn diese dunklen Nebel beginnen nach und nach zu glühen und verwandeln sich in neue Sonnen. Man sieht sowohl dunkle, wie glühende Nebel am Himmel, und dazu sei diese die Gemüter so beunruhigende Wärmeausstrahlung einfach nötig — sonst würde die durch die Sonnenwärme ununterbrochen angereicherte Temperatur der Erde bis zur Unerträglichkeit, nämlich zur vollendeten Sonnenhaftigkeit, steigen. Die Dampfmaschine ist darin gewissermaßen nur die biotechnische Kopie der Erde. Denn auch diese leistet Arbeit nach dem Prinzip der Dampfmaschine, weil sie Wärme aufnimmt, sie in allerlei andere Energien verwandelt und dann das nicht Ausgenützte an Wärme an den Weltraum abgibt, der gewissermaßen den Kondensator darstellt. Allerdings fügt diese Anschauung, als ob sie ihren Argumenten selbst nicht ganz traue, noch zur Sicherheit hinzu, dass das gefürchtete Maximum der Entropie doch niemals erreicht werden könne, sonst wäre es ja schon längst eingetreten.

Im Licht der biozentrischen Erkenntnis sieht sich das Entropieproblem ganz anders an. Vor allem erblickt man ganz andere, viel tiefere Beziehungen zwischen den Begriffen Wärme und Leben als gemeinhin. Wärme bedeutet doch in diesem Sinne einen disharmonischen Zustand der Vorstellungswelt, nämlich Bewegung und stete Zustandsänderungen. Das aber gerade war es, was die Physik mit jeder gewünschten Deutlichkeit bestätigte. Wärme ist Bewegung, „Revolution der Materie"; nicht umsonst kann man die Zerstörung eines ruhigen, ausgeglichenen Zustandes als ein „Aufflammen" bezeichnen, und nicht zufällig nennt man einen disharmonischen Menschen einen Hitzkopf. Leben aber ist ebenfalls stete Bewegung, ein niemals stillstehendes Aufbauen und Zerfallen, ein Wechselspiel gegeneinander wirkender Kräfte, ein „Kampf der Teile" und wie die gebräuchlichen Bestimmungen für den Lebenszustand sonst noch lauten. Da ist der Zusammenhang jetzt sehr durchsichtig, warum die Lebenden Temperaturwesen sind und Leben so eng an die Wärme gebunden ist. Die Beobachtung von keimenden Samen im Lenz hält jedem darüber ein Privatissimum von eindringlichster Sprache, wenn nicht schon seine eigene Empfindlichkeit für die leisesten Temperaturschwankungen ihn über diese Zusammenhänge aufgeklärt hätte. Es ist nicht übertriebene Gewissenhaftigkeit, sondern bittere Notwendigkeit, die den Arzt zwingt, an dem Fieberkranken bei Temperaturen über 40° sogar die Zehntelgrade der Bluttemperatur zu beobachten. Ohne Wärme käme das Leben zu seinem Ausgleich, der Tod heißt. Wärme, und zwar nicht nur die äußere, sondern auch die in Kalorien verwandelte Nahrung verlängert die Lebensprozesse immer wieder und hindert sie an dem Ausgleich, nach dem sie gerichtet sind. Das Leben ist wie eine Uhr, die fortwährend stehen bleiben will, und die immer nur durch Stöße dazu gebracht wird, wieder einige Zeit das Räderwerk zu drehen. Eine solche Uhr ist die „Weltmaschine" selbst. Wir nehmen in der Wärme und ihren Konsequenzen, nämlich im Weltprozess, nicht die Urheber dieser Störungen, nicht einmal die Uhr selbst, sondern nur die steten Veränderungen der Teile wahr, so wie eine dunkle Sonne erst dann merkbar wird, wenn sie „Störungen" im Gang der Gestirne ausübt oder ihren Ruhezustand verlässt und zu strahlen beginnt. Wir erleben nicht die Welt, sondern nur die Relationen des Weltprozesses, nennen die stattfindenden Störungen Wärme und die aus ihr hervorgehenden Energieformen Materie, Leben, empfinden sie als Innenleben, machen uns aus der Vielheit dieser Erlebnisse ein „Weltsystem" zurecht und haben uns mächtig gewundert, ja wir sind von heimlichem Grauen durchrieselt worden, als einer eines Tages die bei dieser Sachlage gar nicht verwunderliche Tatsache entdeckte, dass allen diesen Vorgängen eine „Richtung" nach der gegenseitigen harmonischen Bindung (Entropie genannt) innewohnt.

Man möge dabei aber keinen Widerspruch darin sehen, dass die Harmonie hier scheinbar zwei verschiedene Deutungen erfahren hat. Das eine Mal (vgl. S. 4) wurde sie doch als die Grundlage des Gesetzes von der Erhaltung der Energie bezeichnet, als Harmonie der Funktionen; das andere Mal erschien nun Harmonie als der Dauerzustand absoluter Ruhe. Beides ist durchaus möglich, da Harmonie ja nicht die Konstatierung eines Systems bestimmter Teile, sondern ein Schema von Beziehungen beliebiger Faktoren darstellt. Harmonie ist weder von Bewegung noch von Ruhe abhängig, sondern regelt nur die internen Verhältnisse komplexer Systeme im Sinne von Dauerhaftigkeit. Harmonie ist ein lebenswichtiger Begriff: Wir müssen das, was uns dauerhaft vorkommt, unter dem Gesichtspunkt der Harmonie durchordnen. Ein System harmonischer Funktionen ist im ganzen nun weit mehr Störungen ausgesetzt und leichter zerstörbar, also durchaus labiler als ein solches von ruhenden Teilen; das eine ist die Harmonie des Weltprozesses, das andere die der Welt. Da der Prozess das Werden ist, das nach dem Sein strebt, wird durch diesen Gedankengang dies von den Physikern im Geschehen konstatierte „Gerichtetsein" verständlich, und darum war es auch gerechtfertigt, zu sagen, aus der Tatsache der Harmonie selbst ergebe sich bereits die Entropie. Die weniger gesicherten Formen harmonischer Zustände werden abgelöst von absolut gesicherten, das ist die „Richtung", in der sich der Weltengang zu bewegen scheint.

2.5 Gestalt einer Funktion

Der an dieser Stelle sich aufdrängende Begriff der Gestalt ist der nächste, der einer Erörterung bedarf, da er an sich weder durch den Begriff der Funktion noch den der Energie oder der Entropie verständlich ist. Überdenkt man die Art, in der sich gesetzmäßige Beziehungen zwischen zwei Größen abspielen können, so wird man finden:

> *... dass das Bestehen einer Funktion überhaupt nur im Zusammenhang mit einer Gestalt[4] und ihren spezifischen Eigenschaften und ihrer äußeren Form, erkannt werden kann, die diese Größen unter dem Einfluss ihres Funktionierens annehmen.*

Daher sieht sich auch die Mathematik genötigt, in ihrer Symbolik der Funktion ein besonderes Symbol zu verleihen, das von ihr als eine Variable erkannt ist. In der Formel $y = f(x)$ ist y die Funktion, zugleich die Variable, die abgeänderte Form von x. Oder wenn das ganze Verhältnis grafisch dargestellt wird durch ein Koordinatensystem, dann bildet die Funktion darin eine jeweils verschieden verlaufende Kurve. Der Prozess ist das, was die Funktion zur Ausführung bringt,

---

4   Unter einer **Gestalt** versteht man eine „gegliederte Ganzheit" der Form von Objekten, Funktionen, Prozessen, Systemen und der äußeren Form (Def. d. Hrsg.)

denn ohne Ausführung der Funktionen gibt es kein Leben in der realen Welt und die Gestalt sagt dann etwas über den Prozess und die Funktion aus.

Es ist also nicht anzuzweifeln, dass jede Funktion der realen Welt gesetzmäßig ihre mit der Funktion zusammenhängende Gestalt nach sich zieht, die durch eine abhängige charakteristische äußere Form gekennzeichnet ist. Es ist demnach zu untersuchen und auch an sich sehr interessant, mit welchen Formen sich unser Erleben begegnet und mit welchen Prozessen und Funktionen die Formen zusammenhängen. Diese Untersuchung ist sogar eine Notwendigkeit, will man über die Funktionen Klarheit erlangen, da die Formen ja die einzige für uns verständliche Sprache sind, in der die Funktionen zu uns sprechen. Nur aus den Formen kann man die Kräfte des Seins erschließen, sie allein gewähren Aufschluss über die Veränderungen im Weltbild.

Bevor man sich dieser Arbeit hingibt, soll aber unzweideutig festgestellt sein, dass durchgängig an dem Begriff der Funktion selbst auch der der funktionsbedingten variablen Gestalt hängt, dass demnach funktionelle Anpassung keineswegs bloß eine den Organismen zukommende, sondern in unserem ganzen Weltbild wiederkehrende Erscheinung ist. Das bewundernswerte Lebenswerk von Wilhelm Roux, nämlich die Begründung der funktionellen Anpassung, hat daher eine weit umfassendere Bedeutung, als es ihrem Urheber selbst scheinen wollte, und es wird über das Forschungsfeld der Biotechnik (siehe S. 144) hinaus noch zahlreiche Kräfte auf dem ganzen weiten Gebiet der Weltforschung in Bewegung setzen, wenn erst einmal die wahre Bedeutung der Gestalt allgemein begriffen sein wird.

2.6 Gestalt der Massenwirkung

Die einfachste Gestalt von Funktion bieten die Erscheinungen, welche von dem Vorhandensein von Massen abhängen, die sich wechselseitig beeinflussen. Die Masse macht sich als Beeinflussung ihrer Umgebung nach außen als Gravitation, an ihr selbst aber als Trägheit bemerkbar. Es ist demnach auch wohl kein Zufall, dass in der gesamten modernen Physik gerade diese zwei elementaren Erscheinungen zuerst die Aufmerksamkeit der Forschung auf sich gezogen haben.

Bekanntlich hat Galilei nach einer artigen Legende an den Schwingungen einer Ampel im Dom zu Pisa zuerst die Erscheinungen der Schwerkraft erkannt, die heute als Spezialfall der Newton'schen Attraktion nach den Arbeiten von Kepler und Newton die Grundlage der noch geltenden Himmelsmechanik bildet. Ihr Kernsatz lautet, wie ja jedem Schüler gelehrt wird:

Die Planeten bewegen sich unter der Herrschaft der von der Sonne ausgehenden Gravitation. Diese hat die Richtung Planet-Sonne und ist durch folgende zwei Eigenschaften bestimmt: Sie ist dem Produkt der Massen von Sonne und Planet direkt proportional und dem Quadrat ihres Abstandes umgekehrt proportional. Vom Himmel aus wurde das Gesetz zu der Formel verallgemeinert, dass alle Massen in der Welt sich mit einer Kraft anziehen, die den obigen zwei Gesetzen gehorcht.

Das ist das Newton'sche Gravitationsgesetz, durch das die Bewegungen aller Massenteilchen erfasst werden konnten, weshalb sich auf ihm die gesamte moderne Physik aufbaut. Von diesem Boden aus wurde das Trägheitsprinzip erkannt, das mit der Gravitation zusammen die Basis der gesamten Newton'schen Mechanik ist, die jetzt durch die Relativitätsanschauung abgelöst wird.

Jeder Körper verharrt in Ruhe oder gleichförmiger Geschwindigkeit auf gerader Bahn, solange er nicht durch Kräfte gezwungen wird, diesen Zustand der Ruhe oder gleichförmigen Bewegung zu ändern. (Erstes Newton'sches Prinzip.) Die Kräfte aber, die auf andere einwirken, werden gemessen durch das Produkt aus der Masse des Körpers und der Beschleunigung, die er unter dem Einfluss der Kraft erhält. Sie wirkt immer in derjenigen Richtung, welche die Beschleunigung hat. (Zweites Newton'sches Prinzip.)

Es sind also an die Masse, die Bewegung (des Fallens), die Kraft jene Formen geknüpft, in denen sich am elementarsten Funktionen äußern, und eine Untersuchung des Funktionsgesetzes hat an sie anzuknüpfen. Unverkennbar sieht man da als erstes, dass allem Seienden, wenn es die Funktionen von Massigkeit, Bewegung oder Kraft ausübt, dadurch allein schon tiefe Spuren aufgeprägt werden. Eine umfangreiche Untersuchung für sich, eine ganze vielbändige Wissenschaft über das Formproblem müsste hier an Stelle dieser wenigen Sätze stehen, wollte man den Gegenstand auch nur in seinen wichtigsten Umrissen aufzeigen; die Menschheit, welche durch die Bedürfnisse des Lebens so bitter darauf angewiesen ist, die Eigenschaften der Welt zu durchschauen, um sie zu Schutz und Arbeit in den Dienst des Lebens zu stellen, wird auf die Dauer nicht daran vorübergehen können, alle Gestalten des Seins so genau kennenzulernen, wie sie einen kleinen Teil von ihnen, nämlich die Gestalten der Maschinen, schon heute mit befriedigender Genauigkeit beobachtet und durchgerechnet hat. Sie wird die objektive Philosophie einst dafür segnen und ihr Monumente errichten dafür, dass sie den Menschen Augen eingesetzt hat, um hier zu sehen, und sicherlich wird diese praktisch-technische Anwendung ihrer Denkungsart das Erste sein, was man von ihr annehmen, und was jeder von ihr auch begreifen wird.

In einem Werk aber, das unverrückt das Weltganze im Auge hat, darf dieser angesichts seiner Aufgabe geringfügigen praktischen Arbeit nur ein kurzer Abschnitt gewidmet sein, und so muss ich mich denn auf Beispiele beschränken dort, wo ein Archiv zu öffnen wäre.

So möge denn darauf nur hingewiesen sein, dass alle ruhenden Systeme die Eigenschaft der Massigkeit in der Form der Kugel verwirklichen, welche die elementarste Gestalt zu sein scheint. Es ist deshalb auch ein anerkannter Denkzwang, sich alle ruhenden „Masseteilchen" vor Einwirkung von Kräften auf sie, beziehungsweise im harmonischen Gleichgewicht der Kräfte als Kugeln vorzustellen. Das gilt heute von den Elektronen, wie es vordem von den Atomen und Molekülen, den Tropfen, Körnern und Granula galt und noch für das Weltsystem als Ganzes zutrifft. Die Kugel ist die optimale Gestalt[5] des Zustands „Masse", wenn diese in Ruhe oder gleichmäßig harmonisch Kräften unterworfen ist.

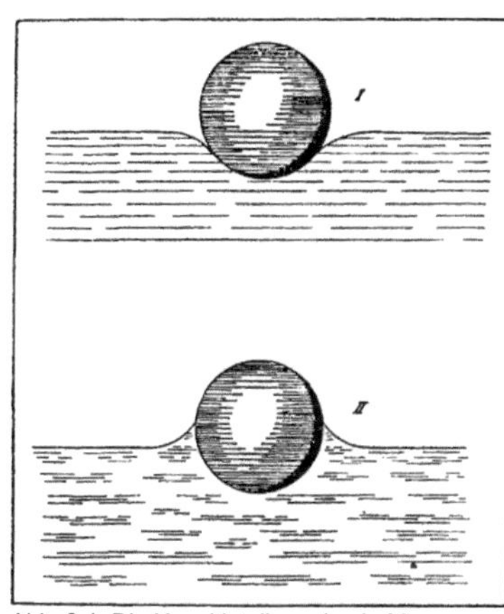

Abb. 2.1: Die Kugel ist die optimale Massenform. Sie sinkt in Wasser (I) tiefer ein als es ihrem Gewicht entspricht; auf Quecksilber (II) erfährt sie eine Hebung. Die Ursache liegt in der verschiedenen Oberflächenspannung und ihren Randwirkungen. Die Erscheinung beweist die Teleologie (Zweckmäßigkeit, Zielgerichtetheit) der Molekularkräfte; die Oberflächenspannung ist von den jeweiligen Verhältnissen abhängig.

Die Trägheit der Masse ist es, welche diese optimale Form von Raumerfüllung bewirkt, und es bleibt nun eine Untersuchung für sich, warum auch die äquipotenziellen Systeme gerade diese Grundform des Seins annehmen. Ist doch die Kugel auch die Urform des Protoplasten, beziehungsweise der Zelle im ruhenden Zustand. Kugelform nimmt die Zelle sowohl als Eizelle an, wie auch die ruhenden Amöben, die Ruhezustände der Einzeller (Cysten), die Grundformen der Algen überhaupt kugelig sind.

Es spricht vollkommen für die Richtigkeit der Anschauungen der objektiven Denkungsart, dass das Newton'sche Trägheitsprinzip für den Begriff Masse in jeder seiner Bedeutungen zutrifft, wofür man sich im kulturellen, sozialen und geistigen Leben die Belege leicht zusammensuchen kann.

Dasselbe gilt für den Begriff Bewegung, der ebenfalls sowohl in der physischen wie in der Vorstellungswelt dem gleichen Gesetz folgt.

---

5   Da die Technik kein anderes Ziel hat, als die optimalen Gestalten der Werkzeuge und Maschinenelemente zu finden, habe ich statt dem längeren „optimale Gestalt" den Ausdruck „technische Form" hierfür angewandt, der auch in diesem Werk im gleichen Sinn festgehalten werden soll. — Vgl.: Die Form des Erlebens und des Gestaltens (Österreich. Rundschau 1918) und: Die Grundprinzipien der Biotechnik (Technik und Industrie, Zürich 1918).

2.7   Die Wellengestalt

Dass eine Bewegung nur durch Vektoren ausgedrückt werden kann, deren elementarer Charakter durch Länge, Richtung und Richtungssinn festgelegt wird, hängt mit der euklidischen Vorstellung vom Raum zusammen; an sich bedeutet Bewegung, deren Form also die Linie ist, nichts anderes als die Folge unserer Erkenntnisbeschränktheit, die sich Erlebnisvielheiten hintereinander projizieren muss, um sie vergleichen zu können, und die diese lineare Projektion dann als Bewegung und Geschehen für einen selbstständigen Faktor im Weltbild hält, während sie doch nur „technische Mittel des Erlebens" sind.

Die verschiedenen Arten von Bewegung (gerade, kreisförmige, elliptische, parabolische, beschleunigte, gleichmäßige, harmonische, rhythmische usw.) sind die Formen, in denen sich die Kräfte äußern, deren Vorhandensein an nichts als an atomaren und molekularen Änderungen erkannt werden kann. Hier breitet sich das unübersehbare Gebiet der Morphologie der Funktionen aus, von dem für eine zusammenfassende Betrachtung, die das Ganze überblicken will, nur das Eine wesentlich ist, dass die Gesetze der periodischen Funktionen, der Beschleunigung, der Gleichmäßigkeit, der kreis- und geradlinigen Bewegung, der Wellen usw. für die Relationen der Elemente des Geistigen mit mathematischer Notwendigkeit zutreffen. Diese Erkenntnis ist allgemein, denn in allen menschlichen Verhältnissen bis zur Umgangssprache des Alltags herab wird sie angewendet. Neu ist nur die Einsicht, dass diese absolute Gültigkeit einer einheitlichen Relationslehre weder eine Übertragung des Physikalischen auf das geistige Gebiet ist, noch umgekehrt aus einer Vermenschlichung der Natur entsprang, sondern das Gesetz der Funktion überhaupt ist, nur in den Sprachen der Mathematik, Musik, Mechanik, Soziologie, Logik, Nationalökonomie wiederholt wird. Sein kann sich nicht anders entfalten als in Funktionen, und diese schwingen in jedem Sein nach dem Funktionsgesetz.

Wenn ich hierfür als Beispiel die sogenannte Sinusfunktion wähle, so geschieht dies, weil sie im gesamten Erlebnisinhalt in tausend Verwandlungen und Masken vor dem Intellekt tanzt, vielleicht überhaupt das häufigste Erlebnis ist. Die Sinusschwingung, mit tieferem Sinn auch die harmonische

Schwingung genannt, ist nichts als eine Bewegungsform, bei der ein Punkt an die gleiche Stelle zurückkehrt, nachdem er mit gleichförmiger Bewegung einen vollständigen Kreis beschrieben hat. Der Punkt vollführt hierbei eine Bewegung, für die man sich auf den Ausdruck Welle geeinigt hat.

In der Welle hat man eine periodische Funktion der Seinsstufen vor sich, die zugleich die einfachste periodische Schwingung ist.

Diese Gesetze der Welt zu studieren aber hat der Menschengeist allen Anlass, da ihn sozusagen alles Geschehen in Wellen, nämlich in Rhythmen umbrandet. Jene Entdeckung von Zermelo (deren scheinbares Ignorieren vorhin manchen befremdet haben mag), wonach alle Zustände periodische Funktionen des Seins seien und wiederkehren, ein Gedanke, der aus der Philosophie durch die großartige Vision Nietzsches von der „Wiederkehr des Gleichen" bekannt ist, dieser Zermelo'sche Satz macht das Wellenphänomen überhaupt zur Universalfunktion unserer Vorstellungswelt.

Ein Stein, der senkrecht ins Wasser eines Weihers fällt (vgl. Abb. 2.2) ist auch für den Physiker der Ausgangspunkt aller Wellenerkenntnisse. Man beobachtet an den Wasserteilchen besonders leicht, dass sie auf eine solche Verdrängung ihrer Gleichgewichtslage hin eine regelrechte Sinusschwingung ausführen. An einem im Wasser schwimmenden Körnchen sieht man, wie es eine Linie beschreibt, die zuerst ins Wellental hinabführt, dann aber den Wellenberg hochsteigt, um so durch einen richtigen Kreis wieder zu seinem Ausgangspunkt zurückkehren. Der kleine Schwimmer steigt auf und nieder, aber er rückt nicht von der Stelle. Was vor unseren Augen dahinwandert und viele Kreise beschreibt, das ist die Wellenbewegung selbst, die fortschreitet, bis sie am Ufer anprallt. Und nun beginnt das gleiche Spiel in der anderen Richtung und die rückkehrenden Wellen zerschneiden die langsam ausschwingenden primären Wellen. So entsteht das Schaukeln und Glitzern, das den bewegten See so reizvoll überflirrt. Wir, die wir dem Spiel mit scharf prüfendem Auge folgen, entdecken ab und zu, wie zwei Wellen so zusammenprallen, dass ein Wellenberg ein Wellental ausfüllt, und wie sie sich völlig aufheben und verschwinden. Da haben wir dann die Erscheinung der Interferenz erlebt, die jeder Wellenbewegung so wesentlich zu eigen sind, dass in allem, was sich in solche tote Lücken unter dem Einfluss zweier Kräfte auflöst, deren vektorielle Eigenschaften gegeneinander gerichtet sind, Wellenbewegung gesucht wird. Setzt man diese Wellenstudien fort, schreitet man von Entdeckung zu Entdeckung. Man findet zunächst, dass das Wasser in Transversalwellen schwingt, während im Wellengang des Schalles die Luft geradlinig fortschreitet, keine Berge und Täler hat, dafür Verdichtung und Verdünnung aufweist. Das sind dann Longitudinalwellen.

Aber dem Wellengesetz gehorcht jede Energie; aus Wellen der Elektrizität setzt sich auch das Scheinbild der Materie zusammen — die Wellenbewegung erscheint jetzt als die universale und wichtigste Gestalt der Funktionen. Ein Phänomen durchzieht das ganze physische Sein, und, wenn man es auf sein Innerstes prüft, ist es die Kreisbewegung, die sich als Periodizität kundgibt. Wunderbar ist diese Erscheinung des Periodischen, die auch aus unserem Herzschlag spricht, in unseren Pulsen klopft, in stummem Zug, von dem die Schule Freuds manchen Schleier abgerissen hat, durch das ganze Menschenleben geht, mit 28-tägiger Wiederkehr physiologischer Zustände (Menstruation), mit einer großen und kleinen täglichen Wachstumskurve bei Pflanzen, als Mauserung der Tiere im Ring der Monate, als Zeitempfinden und Zeitrechnung in unserem Innenleben abgeleitet aus der großen Periodizität am Firmament, als in ewigem Rhythmus daherrauschende Flutwelle und Luftdruckschwankung und als Gleichmaß der Jahreszeiten. Nach Rhythmusgesetzen formt der Künstler den Klang der Worte, nach ihnen tönen die süßen Zauberformeln der Musik. Periodizität und ihr Wellengesetz spricht aus Ornament und Architektur, aus dem Gang der Geschichte und der scheinbaren Regellosigkeit des Verkehrs der Güter und Werte. Wer seine Mechanik voll und ganz beherrscht, der ist auch Herr der Metrik, der Musik, der kulturellen Gesetze, so wie er der Herr der natürlichen ist, denn er hat eines der fundamentalsten Gesetze der Welt erkannt.

Wer ist nicht schon ins Innerste erschüttert vor dem donnernden Zerstäuben der Wellenberge gestanden, wer empfand nicht wenigstens für den Augenblick im ahnungsvollen Schauer etwas von dem Pathos der Distanz zwischen Mensch und Natur, wenn Welle um Welle daherrauschte und, wie berechnet, an gleicher Stelle sich aufbäumte als Schaumross

Abb. 2.2: Die Erscheinungen der Transversalwellen im Wasser. Die ringförmige Ausbreitung der Wellen um ihr Störungszentrum. Interferenzerscheinungen.

und taktmäßig niederfiel, zurückfließend in hundert kleinen Wellen, die dann im Intervall zwischen zwei hohen Wasserbergen ihr Lichterspiel trieben. In solcher Stunde spricht das Naturgesetz selbst zu den Wissenden, denn was hier in gewaltigen Massen, angetan mit dem Glanz hehrer Naturschönheit, unter Donnertosen und des Windes Rasen einherschreitet, das wiederholt sich bis in die leiseste Schwingung des verborgensten Elektrons tausendfach abgewandelt und doch als das ewig Eine im ganzen Welterleben!

Das Meer entbehrt niemals der Welle. Sogar bei Meeresstille und glücklicher Fahrt merkt ein kundiges Auge die leise Schwankung mächtiger, langer Wellen, der Dünung, deren letzte Ursache eigentlich noch entdeckt werden muss. Gerade an diesem „Parademarsch des Meeres" kann man sich am schnellsten davon überzeugen, dass sich die Wasserteilchen zwar ununterbrochen radförmig drehen, aber nicht von der Stelle rücken, was dem Unkundigen kaum glaublich erscheint. Von da bis zur „Kalema", der enormen Brandung an der afrikanischen Guineaküste, die die höchsten Wellen aufwirft — wenn nicht die 40 m, die man die Wellen am schottländischen Bell-Rock-Leuchtturm aufspringen sah, sie noch übertreffen —, sind zahllose Wellenformen des Meeres beobachtet. Schon auf dem schönen Gemälde von Eugen Bracht, dessen Reproduktion diesen Band ziert, sind nicht weniger als fünf Wellenformen zu sehen: die eigentliche Brandungswelle, davor gegen das Ufer zu die geschichteten Rückflusswellen, dann die kleinen Teilwellen in der Zone zwischen den

Wellenbergen, viertens die typische überbrechende Welle und ganz draußen eine Art hohler Dünung.

Im Allgemeinen sind freilich bisher Meereswellen mehr mit den Augen der Dichter als der Forscher gesehen worden, denn turmhohe Wellen gibt es auf freier See nicht; die höchste gemessene betrug nur 18 m Höhe, dagegen ihre Länge überraschender Weise von Kamm zu Kamm gemessen an 500 m. Das wird freilich von den Erdbebenwellen des Ozeans, dem gewaltigsten Wellenphänomen des uns bekannten Universums, weit in den Schatten gestellt. Sie, die wiederholt mehrfach die Erde umkreist haben, sind in diesem Sinn 900 km lang, und ihre Bewegung rast in der Sekunde 150 — 200 m vorwärts, wodurch sich ihre fürchterliche Zerstörungskraft erklärt. Bei Stürmen, die auch mehr poetisch als richtig beschrieben worden sind, übersteigt die Schnelligkeit der Wellenfortpflanzung nicht 28 m in der Sekunde.

2.8 Wasserwellenphänomene

Gerade an dem Phänomen der Meereswellen, dessen Betrachtung unerschöpflichen Genuss gewährt, glaubt man am ehesten unmittelbare Gewissheit zu erlangen, dass alle Wellen durch das Zusammenwirken einer großen Zahl elementarer Wellen zustande kommen (Huygens'sches Prinzip), und kehrt damit zum Ausgangspunkt dieser Beobachtungen, zur Theorie der Wellen zurück, die auch in der exaktesten Formulierung nicht anders lautet als: Wellen entstehen, wenn durch eine Kraft das Gleichgewicht eines Punktes gestört wird, dieser sich eine neue Gleichgewichtslage sucht und dann nach Aufhebung der Kraft wieder zurückwandert. (Schwingung.)

Es ist wieder der Ausgangspunkt unserer Analyse erreicht, wenn im Verfolg dieser Definition die Mathematik die Schwingung (= Welle) als einen zeitlich räumlich periodischen Vorgang bezeichnet und das in die Formel kleidet: p = die periodische Funktion von t.

Der Einklang zwischen der Auffassung vom Weltprozess als einem Ausgleichsvorgang zur Behebung von Störungen, welche die objektive Philosophie verkündet, und der modernen Physik ist also ein vollständiger. Von diesen einfachsten Wellen bis zu den letzten Konsequenzen der Wellentheorie ist allerdings der Weg ein ungeheurer.

Schon in der, wenn ich so mich ausdrücken darf, zweit-gröbsten Manifestation der Wellengesetze, nämlich in den Meeresströmungen und Luftwellen, welche durch die Temperaturstörungen der Atmosphäre als Winde und Depressionen ausgelöst werden, verwickelt sich die Erscheinung in zunehmendem Maße. Die Oberflächenwellen reichen im Meer nicht tief hinab. Schon in 30 — 33 m Tiefe ist das Wasser ruhiger, in 200 m vollkommen ruhig, mag auch oben der Wind, der die schmalen Kämme der Wellen schneller entführt als deren breite Basis, einen donnernden Zusammensturz nach dem anderen verursachen. Trotzdem ist das Wasser auch in der Tiefe nicht unbeweglich, sondern stets findet, wenn auch oft sehr langsam, eine ununterbrochene doppelte Wellenbewegung statt. Infolge des Gesetzes, dass kaltes Wasser schwerer ist als warmes, sinken in den Polarbreiten ständig von der durch starke Fröste abgekühlten Oberfläche breite Wassermassen in die Tiefe, und Oberflächen-Ströme verwandeln sich in Tiefenströmungen. Solches ist in größtem Maßstab der Fall an den Küsten von Neufundland, wo der aus der Baffinbai hervordringende Labradorstrom mit nullgradigem Wasser in die Tiefe sinkt und von da allmählich an den Ostküsten der Vereinigten Staaten bis zum mexikanischen Golf fließt, wo sich das Wasser wie in einer ungeheuren Warmwasserheizung bis auf 25° erhitzt und aufsteigt, allerdings auch wieder abströmt. Als sogenannter Golfstrom oder atlantischer Strom, das große Triebrad aller Meeresströmungen, fließt das warme Wasser durch die Straße von Florida, oberflächlich zuerst nach Norden (Floridastrom), wendet dann nach Osten, teilt sich: Ein Arm fließt zwischen den Azoreninseln und Spanien zurück, der andere bespült mit lauem Wasser von durchschnittlich 10° die englische und norwegische Küste, um sich einesteils an den isländischen Vulkanen, an der Treibeisgrenze, wieder mit den kalten Wassern des Ostgrönlandstromes zu vereinigen, anderenteils immer mehr abkühlend bis Spitzbergen und Nowaja-Semlja vorzudringen, wo dann alles in kaltem Wasser stockt. So stellte man sich das Phänomen bis zu der Zeit vor, da man bemerkte, dass die mexikanischen Wasser nicht unmittelbar nach Europa gelangen, sondern, dass aus dem Antlantik ein aufgelöster und mehrfach verzweigter Strom vergleichsweise warmen Wassers zu uns hereinströmt, der z. B. in Hoofden, wie die Seeleute die südliche Nordsee nennen, praktisch genommen aufhört. Er ist es, der als Irmingerstrom Islands Küsten eisfrei hält und sogar Spitzbergens Klima mildert. Von Jahr zu Jahr ändern sich diese Verhältnisse etwas und haben offenbar ihren Einfluss auf den europäischen Winter (auch auf die Fischereierträge.[6]

Mit anderen Worten: Die Verhältnisse haben sich als weit komplizierter erwiesen, als man anfangs dachte, aber das Gesetz, das wir dahinter sehen, ist dennoch nicht durchbrochen. Diese atlantische Trift, die freilich nicht das wärmste Wasser enthält (dieses findet sich mit 34,5° im Persischen Golf, mit 32° im Roten Meer), hat allein die europäische Kultur ermöglicht, denn sie verändert und bestimmt unser Klima dermaßen, dass es durchschnittlich um 5° wärmer ist, als ihm der geografischen Lage nach gebührte. Sie allein bestimmt den klimatischen Charakter Westeuropas durch das warme und regenreiche „Westwetter" und bewahrt so weite Länder vor steppenartiger Austrocknung. Was sie für Europa bedeutet, sind dem Japaner der warme Strom des Kuro-Schio, dem Südamerikaner die brasilianische Trift, der Menschheit überhaupt die fünf großen Ellipsen, in denen auf der Erdkugel die Wasser mit etwa zwei Meter Geschwindigkeit in der Sekunde dahintreiben. Ein solches gesetzmäßiges System der Zirkulation greift tief in die Ökonomie der Erde ein.

Gerade der Golfstrom, der daraufhin eingehend studiert ist, kann dem objektiven Philosophen als einer der wertvollsten Beweise für seine Behauptungen dienen, dass alle Vorgänge der Welt im Dienste eines Ausgleiches stehen. Dieser 37 — 640 km breite Wasserkreislauf, der zusammen 90 Milliarden Tonnen bewegt und bis 320 m Tiefe erreicht, (wo das Meer bei 26,5° Oberflächentemperatur noch immer 15,5° misst), der (nach Humboldt) in zwei Jahren und zehn Monaten einen Umlauf vollendet und dann in der Tiefe Wasser von —2° zurückbringt, ist ein Ausgleichsvorgang allergrößten Stiles. Schon dadurch, dass er, wie auch alle übrigen, stets paarweise auftritt, also gleich den Muskeln im Tierkörper seinen entgegenarbeitenden Antagonisten hat, ist ein genaues Kompensationssystem gewährleistet, das die Niveauunterschiede im Meer so vollkommen ausgleicht, dass der Golfstrom streckenweise sogar deswegen bergauf fließt. Die noch verbleibende Überschussenergie wird in großen Wirbeln, deren berühmtester der norwegische Malstrom ist, zerrieben.

---

6   Im Besonderen scheint der atlantische Hauptstrom aber jeweils im Herbst einen Höhepunkt seiner Entfaltung zu erreichen. (Nansen.)

An diesem Ausgleichvorgang nehmen selbst die fernsten Faktoren teil. So regelt sich seine Geschwindigkeit nicht nur durch die Winde, sondern auch durch die Rotation der Erde, die z. B. den europäischen wie den japanischen Heizstrom zwingt, bei 40° n. B. nach Osten abzuschwenken und langsamer zu fließen. Sogar der Luftdruck und in einer monatlichen Periode auch der Mond beteiligen sich an seiner Regelung, die dann wieder auf Pflanzen, Tiere und Menschen in einer wunderbaren Verkettung von Gesetzen zurückwirkt.

Die großen Äquatorialströme haben die Kokospalme von den Südseegestaden Mittelamerikas bis nach Ceylon verfrachtet und damit eine an dieser wichtigsten aller Tropenpflanzen hängende Kultur. Die Ausbreitung der Malayen und ihrer Kultur über den polynesischen Archipel hängt gesetzmäßig mit dem Uhrwerk der Ströme zusammen, die auch der Entdeckung Amerikas Vorschub leisteten und bis heute im Verkehr mit Amerika die große Schifffahrtsstraße auch für die Dampfer durch das Gesetz der kleinsten Kraftanwendung festlegen. Noch immer weicht man der schon für die Kolumbusschiffer so peinlichen Sargassosee aus, in der die Tange deswegen zusammengetrieben sind, weil sie eine Insel zwischen den zwei Armen der Golfdrift darstellt. Dagegen drängen sich Tausende und Abertausende von Schiffen — und das gesamte Aufblühen der Oststädte der Union hängt daran — an der Grenze der Labradorströmung und des Warmwassers, wo Wale und die unermesslichen Fischscharen der kühlen Wasser vor der „Flammenbarriere" zurückgescheucht werden und sich ansammeln. Für immer werden also der Golfstrom und seine Gefährten eines der Hauptbeweismittel meiner Weltauffassung bleiben, als Kronzeuge, wie die Ausgleichsvorgänge Mutterschoß aller Prozesse sind.

Neben diesen Oberflächenwellen und Ausgleichsvorgängen im Großen vollführt aber der Ozean als Ganzes noch eine sich in Wellen abspielende Funktion, die mit zu den folgenschwersten Erscheinungen gehört, die sich auf der Erde jemals abgespielt haben. Das ist die Transgression der Meere, eine Erscheinung, die noch nicht auf ihre Gesetzmäßigkeit von uns untersucht ist. Die Vorbedingung dieser Wanderung der Weltmeere ist die lebendige Kraft der Wellen, die sich in der Gegenwirkung an hartem Gestein zu gigantischen Leistungen aufbäumen kann. Unter den vielen felsigen Meeresküsten, an denen ich mir Erfahrung über diese Phänomene

Tafel 1: Eugen Bracht – Herbsttag an der englischen Südküste

erwarb, trug unbestreitbar der Steilabfall von Helgoland die tiefsten Spuren dieser Arbeit des Ozeanriesen, wenn auch der Felsenrand an der Azurküste, die gelbroten Felsenmauern Korsikas, gegen die wütende Brandung peitschte, die kleinen Inseln an der dalmatinisch-slawischen Küste oder die Riffe, an denen die langen Gischtkämme des Roten Meeres verschäumten, jedes in seiner Art, das Bild gleicher Zerstörungskraft anders aufstellte.

Stets ist die Bedingung der Brandungswellen die auch auf unserer Tafel 1 dargestellte Situation, dass die Wellen auf eine Untiefe aufprallen, wodurch die Unterseite in ihrer Bewegung gehemmt wird und die Wellen brechen. Dadurch wird das Kliff, wie der Seemann die Steilküste nennt, zertrümmert und unterwühlt, indem zunächst eine Hohlkehle ausgearbeitet wird, über der der Fels allmählich einstürzt. Die Trümmer werden weggespült, und nach und nach entsteht eine Brandungsterrasse, aus der nur die härtesten Gesteinstrümmer noch emporstehen. Wunderbare Tore und Höhlen bohrt sich das Wasser, wie sie den Besucher von Capri entzücken, abenteuerliche „Pilzfelsen", breite, glatt gescheuerte und zurechtgeschliffene Strandterrassen, vor denen Rollsteine liegen, verraten als Gestalten der Abrasion noch in späten geologischen Zeiten die Arbeit des Ozeans und geben dadurch der Forschung ein untrügliches Mittel an die Hand, in allen Gebirgen den Weg der Regressionen, nämlich das Zurückweichen der Meere festzustellen. Anders an den flachen Küsten.

Die Stoßkraft der brandenden Wogen trägt grobe Geschiebe bei den Sturmfluten weit landeinwärts. Man hat Fälle erlebt, in denen viele Zentner schwere Blöcke stundenweit von der Wut des Elementes ins Land gerollt wurden. Der Rückstrom hat dagegen nur wenig Kraft (man betrachte auch daraufhin die farbige Tafel), und so entsteht gesetzmäßig eine Aussiebung, von der sich jeder bei einem Gang über den Flachstrand mit Leichtigkeit überzeugen kann. Dem Meere zunächst liegt der feinste Sand, landeinwärts das gröbste Geröll. So wirft die See rastlos zerriebenes Gesteinsmaterial aus und häuft es an zu Schutt- und Sandbergen, aller Welt als Dünen bekannt.

Jeder Flachstrand hinterlässt bei der Regression des Wassers einen Dünengürtel. Und erfolgt sie im Laufe der Jahrtausende Schritt für Schritt, dann kann am Ende einer Epoche ein länderweites Sandhügelgebiet übrig bleiben, wofür die Sahara ein großes, die Norddeutsche Tiefebene oder Franken mit ihren sandigen Kiefernwäldern ein kleines Beispiel abgeben.

So verschlingen sich die Folgen der Abrasion zu wunderlichen länderumfassenden Wirkungen. Und da die Wanderung des Meeres von jenem Tage an, seitdem es ein Meer gab, niemals still stand, ist die ganze Oberfläche der Kontinente eine Hieroglyphenschrift, durch die das Meer tausendfach wiederholt: hier haben meine Wellen das Walten des Funktionsgesetzes verkündet. Im Allgemeinen schleift das Meer glatter ab als die denudierenden Kräfte des Festlandes, und die Spuren der Transgressionen sind besser zu erkennen als die der Rückzüge. Da das Meer überall, wo es war, außerdem noch seine Sedimente zurücklässt, ist seine Wellenbewegung auf diese Weise einer der einflussreichsten Faktoren, der das Antlitz der Erde ändert. Das menschliche Wissen hat ein ganz untrügliches Mittel dadurch, die Geschichte der Kontinente und Meere festzustellen. So ist dies eines der wenigen erfreulichen Kapitel der Wissensgeschichte, in dem wenigstens die Relationen einwandfrei und den Zweifeln entrückt sind.

Auf solche Weise ließ sich feststellen, dass der Pazifik seit Anbeginn der Erdgeschichte Meer gewesen ist. An seinen Küsten sind keine nennenswerten Strandterrassen vorhanden. Ganz anders aber alle übrigen Meere. So wie gegenwärtig ganz Europa in dieser Hinsicht in einer großen Erdrevolution begriffen ist, war es von je der Kontinent, der am ausgiebigsten dem Wellenspiel der Meeresbewegungen ausgesetzt gewesen. Ein Blick auf den Versuch, die Kontinente in vier geologischen Epochen zu rekonstruieren, wird zeigen, dass allerdings auch zwischen Asien und Amerika, zwischen Afrika und Indien sowie Australien große Landbrücken überflutet worden sind, dass auch die sagenhafte Atlantis des Plato dem Erdforscher kein ganz inhaltloser Begriff ist, dass aber immer wieder Europa bald nur ein Archipel von im blauen Weltmeer verlorenen Inseln war, bald ein mächtiger und ungefüger, mit kolossalen Gebirgen (Variskikum) bedeckter Kontinentblock, gegen den der heutige Erdteil nur schöne Reste bedeutet,

Im dritten Teil von Francés „Grundlagen" (München, Die Lebensgesetze einer Stadt), findet der Leser für die oberbayrische Hochebene und das Alpenland eine genaue Geschichte der Kette der Transgressionen, denen der Münchner Boden ausgesetzt war; hier aber, wo wir nach größeren Zielen blicken, kann ich solchen Detailschilderungen keinen Raum mehr gönnen, nachdem einmal das Gesetz erkannt ist. Nur daran sei erinnert, dass die Wellenbewegung des Meeresganzen, als welche man das Transgressionsphänomen sehr wohl bezeichnen kann, sehr häufig eine regelrechte Schwingung (Oszillation) ist, bei der die Rückzüge genau den Vorstößen entsprechen. Solches war auf der nördlichen Halbkugel im Kambrium, Karbon, Dyas und Trias der Fall. Oder, wie im europäischen Silur, Devon, in der Jura- und Kreidezeit, es erfolgte zuerst ein allgemeines Rückfluten und erst metachron erfolgte dann wieder das Ansteigen der Fluten. Die größte aller solcher Transgressionen in der oberen Kreide, im Cenoman, umfasste die ganze Welt. Ungeheure Erdräume wurden damals überflutet, sogar uralte Festländer. Aber im Senon trat die Regression ein, und wenn auch noch im Eozän Meereswellen über Nordfrankreich, Belgien und Südengland, über dem ganzen Südeuropa rauschten, wenn auch zur Zeit der Nummuliten Nordafrika mit dem unermesslichen Becken der Sahara überflutet war und Atlas, Himalaja, Alpen und Karpaten nur als flache Inseln aus einem tropischen Meere ragten, so nimmt doch trotz aller Schwankungen die Wasserbedeckung seitdem ab, und je genauer man Transgression und Regression gegeneinander abwägt, desto vollständiger überzeugt man sich, dass sie dem Wellengesetz entsprechen und das genaue Auspendeln und Ausgleichen einer Störung darstellen, gemäß dem Funktionsgesetz, das sich auch in ihnen verwirklicht. Und was sich hier im Wasser ereignet und wegen der Schifffahrtsinteressen auf das Genaueste erforscht ist, folgt dem gleichen Gesetz im Luftozean. Auch die Atmosphäre erleidet periodische Änderungen, die sich wellenförmig fortpflanzen und zusammen das Funktionieren eines Ausgleichsmechanismus bedeuten, der für die Dauer der Lufthülle sorgt. Aus dieser „Kette der einzelnen Wettertypen" aber setzt sich das zusammen, was man Klima nennt. Um das in jeder Einzelheit vollständig beweiskräftig zu machen, müsste man einen vollständigen Abriss der Klimatologie hier folgen lassen, was aber durch die Forderung nach Harmonie in diesem Werke verwehrt wird.

2.9 Wetterphänomene

Jedenfalls aber muss jeder, der die Gesetze der Welt wirklich kennen will, das eine wissen, dass Klima nichts anderes als die Kette von Witterungen ist und Witterung die jeweilige Ausgleichsphase zwischen den Einflüssen der Temperatur und dadurch von Wind, Luftdruck, Feuchtigkeit und Elektrizität. Mit anderen Worten, das Klima eines Ortes ist die Beschreibung der sich an ihm abspielenden Störungen, die sich in einer Reihe von periodischen Vorgängen vollziehen. Die Temperaturunterschiede sind die alleinige Ursache, warum es ein stets wechselndes „Wetter" gibt. Sie sind zunächst gegeben durch die Daseinsformen des Weltalls selbst. Schon dadurch, dass die Sonne eine spezifische Gestalt besitzt, ist die Ungleichheit der Erwärmung geschaffen. Wäre die Quelle der Wärmestrahlen nicht individuiert, so gäbe es auf Erden keine Wärmedifferenzen und damit kein „Wetter", das also zu den Funktionen der Sonne gehört.

Eine weitere Differenzierung schafft die Kugelgestalt der Erde. Sie bedingt durch rein geometrische Verhältnisse, dass, ideal genommen, nur dem engen Äquatorialgürtel ständig das Maximum der Erwärmung zuteilwird. Durch die Kugelkrümmung treffen die Wärmestrahlen unter einem immer ungünstiger werdenden Winkel auf und verteilen sich auf einer ständig sich vergrößern den Oberfläche. Durch die schiefe Stellung der Erdachse ist die Verteilung der Wärmemengen in der jedermann so wohlbekannten Weise geregelt, dass die europäische Zone sich mit einem periodischen Wechsel von Wärmemaximum und Minimum abfinden muss, durch dessen

Rhythmus das Jahr in die vier Zeiträume von Frühling, Sommer, Herbst und Winter zerfällt. Diese Temperaturschwankungen aus kosmischer Ursache sind so fein abgewogen, dass kein Tag im Jahr dem anderen völlig gleicht.

Zu diesen Temperaturunterschieden kommt noch der Einfluss der Erdrotation, durch den jeder Punkt der Erde in jeder Minute des Tages einem anderen Grad von Insolation ausgesetzt ist; auch des Nachts bleibt die Temperatur in allen Luftzonen keineswegs unverändert, sondern einem Wechselspiel vieler Faktoren unterworfen.

Durch dieses komplizierte und bewegliche System von Temperaturunterschieden entstehen die Winde in allen ihren Abstufungen von der leisesten Luftströmung bis zum tobenden Orkan. Denn die Temperatur entscheidet über die Auflockerung der Luft; das Gewicht einer gleich hohen Luftsäule ist geringer, wenn sie warm ist, als wenn sie kalt ist. Es wird also nahe dem Erdboden bei kalter Temperatur die Luft höhere Barometerstände (hohen Luftdruck) aufweisen, als bei warmer Temperatur. Von den kälteren Orten strömt nun die Luft dem natürlichen Gefälle folgend in die Zone der „aufgelockerten" warmen Atmosphäre. Und diese Bewegung nennt man Wind[7]. Seine Stärke ist umso größer, je steiler das Gefälle im Luftdruck ist. So wird denn die Erdkugel aus diesen Gründen ständig von Luftbewegungen umkreist, in deren unendlicher Mannigfaltigkeit allerdings leicht gewisse Gesetze erkennbar sind. In den höheren Luftschichten besteht vor allem ein vom Äquator gegen die Pole zu gerichtetes Luftdruckgefälle, der ein gegenteiliger unterer Wind entsprechen muss. In Wirklichkeit aber sind diese Luftströmungen seitlich abgelenkt, da die Erdrotation ihren Einfluss auf die Luftbewegung geltend macht. Infolgedessen hat auf der nördlichen Halbkugel ein Beobachter, der den Wind im Rücken hat, den Ort niedrigen Luftdruckes stets zu seiner Linken. (Barisches Windgesetz von Buys-Ballot.) Diese ablenkende Kraft der Erddrehung ist natürlich in der Äquatornähe am stärksten; sie staut dort um 30 Grad Breite sogar die Luftströmung und erzeugt eine Zone der Windstille oder schwachen Winde, die man mit einem leicht verständlichen Ausdruck die Kalmen, mit einem kaum erklärbaren die Rossbreiten nennt. Der Nie-

---

7 Allerdings verhält sich das in den höheren Schichten der Atmosphäre gerade umgekehrt: Die warme Luft strömt dort in die kalten Räume ab, sodass im Ganzen bei Temperaturunterschieden benachbarter Orte eine Zirkulation entsteht, die durch Ausgleich einen mittleren Zustand (Harmonie) ganz nach den Behauptungen unserer Lehre herzustellen trachtet.

derwind, der westwärts dem Äquator zuströmt und ständig die ganze Erde umkreist, heißt, wie jedem Weitgereisten bekannt: der Überfahrtwind, der Passat, sein Gegenwind in der Höhe: der Antipassat.

So ist ein wunderbarer Ausgleich der Temperaturen über dem Erdball jederzeit tätig als System der Winde, das in seiner Harmonie gleichsam wie ein Abbild der ganzen Welt erscheint. Aber, und auch darin macht es das Weltbild fassbar, wie es sich für die objektive Philosophie spiegelt, in dieser Harmonie niederen Ranges treten ständig Störungen auf. Hier hat man relativ leicht Einblick in ihre Ursachen. Sie entspringen nämlich notwendigerweise den Funktionen des Seins, d. h. schon die Vielgestaltigkeit der die Erde zusammensetzenden Teile, also die Singulation, bedingt die Notwendigkeit eines gegenseitigen Ausgleiches der Funktionen, die von jedem Nachbarteil als Störung seiner Funktion „empfunden" und entsprechend beantwortet wird.

Die Verteilung von Land und Wasser ist z. B. eine der Ursachen dieser Störungen im ständigen Luftausgleich. Kontinente erwärmen sich anders als das kühle Meer, und darum blasen die Passate nur auf dem Ozean regelmäßig. Auch der in der Lage der Erdachse begründete Wechsel der Jahreszeiten ist eine solche Quelle der Störungen, die sich unter anderem darin äußern, dass auf dem asiatischen Kontinent, dieser größten Landmasse der Erde, im Sommer ein höchst ausgedehntes Tiefdruckgebiet entsteht, auf dem im Winter, aus leicht begreiflicher Ursache, entsprechender Hochdruck herrscht. Das Gegenstück dazu befindet sich im Atlantik unter dem Einfluss des uns schon bekannten Golfstromes. Bei Island steht dann, vorab im Winter, ein ständiges Tiefdruckgebiet, eine sogenannte Depression oder barometrisches Minimum. Das, sowie die Rossbreiten mit ihrem Maximum sind die Störungs- oder Aktionszentren der Atmosphäre, von denen die Witterungsunregelmäßigkeiten ausgehen, die uns unglücklich-glücklichen Westeuropäern so zur Daseinsgewohnheit geworden sind, dass man mit Recht von uns gesagt hat, wir bewohnten ein Land, in dem alle drei Tage ein anderes Wetter herrscht. Andere solche von der Sondergestaltung der Teile der Erde abhängige Funktionsstörungen periodischer Natur sind die Land- und Seewinde, ebenfalls abhängig vom verschiedenen Grad der Erwärmung, die Festland und Meer erfahren, ferner die Tal- und Bergwinde, oder das größte Beispiel solcher Zirkulationssysteme, die Monsune Südasiens, die nichts anderes, als ein auf ganze Kontinente übertragenes Beispiel von Land- und Seewinden sind.

Alle diese Umstände verwandeln die Witterung in ein höchst verwickeltes System von Luftströmungen verschiedenster Stärke und Richtung, in ein Durcheinander von Wellen, deren Einfluss in jeder menschlichen Tätigkeit, der einfachsten so gut wie der subtilsten, stündlich bemerkbar ist, ohne dass es aber dem Menschengeist gelang, die Mechanik dieses Wellensystems restlos zu klären und es sich dadurch ebenso dienstbar zu machen wie die Wellen des Lichtes oder der Elektrizität.

Da ist es denn leicht begreiflich, wieso die Wetterprognose, eine Vorhersage, die dem Wellenmechaniker auf dem Gebiet der Elektrizität z. B. ohne Ausnahme gelingt, noch mit so vielen Unzulänglichkeiten behaftet ist, dass nur etwa 71 % der Prognosen Treffer sind, während doch schon ein willkürliches Raten 50 % Treffer ergibt. Nur in den allergröbsten Zügen sind die Zusammenhänge geklärt. Man weiß z. B. mit Sicherheit, dass die Luft diathermisch ist, d. h. die Wärmestrahlen fast ganz durchlässt, ohne sie zu absorbieren, sodass die gesamte Wärmestrahlung vom Festland unter dem Einfluss der Sonne ausgeht. Darum wird es auch immer kälter, je höher man steigt. Im Allgemeinen sinkt nun in trockener Luft die Temperatur für je 100 Meter um einen Grad, und aus diesem Grunde sind auch die hohen Berge mit ewigem Schnee bedeckt. Demgemäß ist das Klima nicht nur vom Sonneneinfall, sondern auch von der Form der Größe der Kontinente, der Bodenbeschaffenheit und sonst noch vielen Faktoren mitbestimmt. Dadurch erklärt sich, warum die heißesten Orte nicht am Äquator, die kältesten nicht am Pol liegen. Die größte Hitze maß man mit 72 Grad Celsius in der Sahara, die größte Kälte jedoch zu Werchojansk in Sibirien mit — 69,8 Grad Celsius.

Solchen außerordentlichen Differenzen entsprechen auch Intensitäten der Ausgleichung, welche die Erdoberfläche zuweilen in ein grauenvolles Trümmerfeld verwandeln. Die zehn Windstärken, die man unterscheidet, entsprechen Bewegungsgeschwindigkeiten von 1,5 — 50,0 Sekundenmeter (Hann). Eine solche Bewegung legt 195 km in der Stunde zurück; natürlich müssen dann derartige Tornados oder Tromben verheerend wirken. Am 29. April 1892 beraubte auf Mauritius ein Sturm von solcher Stärke 25.000 Menschen ihres Obdachs, er tötete an 1500, hob sogar große Schiffe in die Luft und schleuderte sie in die Stadt Port Louis. Die Ursache war ein Druckgefälle, durch das das Barometer in vier Stunden um 38 mm sank. Im Allgemeinen kann man sagen, dass eine Senkung der Quecksilbersäule um einen Millimeter einen Wind von 3 — 5 m/sec Geschwindigkeit zur Folge haben muss.[8] Da die größte Barometeränderung zu Mittag erfolgt, so pflegt dann auch bei allen Stürmen das Maximum einzutreten, des Nachts dagegen die geringste Stärke.

Mit den Winden wandert nun auch die Temperatur im Sinne des Ausgleiches. Südwinde, im Winter auch der Westwind, bringen Wärme, im Sommer kühlen auch Westwinde ab. Daher bringen die Winde je nachdem Wolken oder Aufklärung. Durch die Verdunstung, die so verschieden ist, dass in Europa durchschnittlich nur sechs Hektoliter auf einen Quadratmeter kommen, während man in den Tropen das Zehnfache rechnen muss, wird die Luft mit Wasserdampf in Gasform beladen, der sich bei Abkühlung ausscheidet. Bei 0 Grad kann ein Kubikmeter Luft nur 4,4 Gramm Wasser in Gasform aufnehmen, bei 20 Grad aber bereits 7,1 Gramm. Kühlt sich warme Luft auf den Nullpunkt ab, so müssen 3 g in jedem Kubikmeter ausgeschieden werden. Nur dann ist der Ausgleich hergestellt. Das geschieht durch die Ausscheidung in Tröpfchen, und diese sind im Milliardenverband sichtbar als Wolke oder Regen.

So bringen die Minima die Winde mit sich, die Winde die Wolken, die Wolken den Regen. Nach dem Regen folgt Sonnenschein. Mit diesem Sprichwort verrät unsere Muttersprache, dass sie sehr wohl die Welttatsache des Ausgleichsvorganges kennt. Die Niederschläge erfolgen, wenn der Taupunkt überschritten wird, d. h. dann, wenn eine Wolke sich so weit abkühlt, dass sie den über die Sättigung hinausgehenden Wasserdampfvorrat ausscheidet. Das Hilfsmittel des Regens ist, wie uns schon bekannt, der Staub- und Rußgehalt der Luft. Um diese Kondensationskerne herum bildet sich je nach der Temperatur das Kristallskelett der Schneeflocken oder die Gestalt der Hagelkörner und Regentropfen. So einfach und nüchtern stellt Wissenschaft diesen Vorgang dar, und wie viel farbig wechselvolles, schicksalsreiches Erleben

---

8   15,0 m/sec gelten als Sturm.

steckt nicht in den Worten Landregen, Regenbö, Wolkenbruch, Unwetter, Schneetreiben, Hagelschlag, denen allen diese gleiche kühle Gesetzlichkeit zugrunde liegt. Wohl malt die Geografie das Bild ihrer Zahlen und Namen noch etwas bunter aus, wenn sie uns das Kapitel der Niederschläge aufschlägt: vor allem das dürre trostlose Bild der Wüsten, wo es nicht jedes Jahr regnet. Ich war in Afrika an Orten, wo mir Europäer seufzend sagten: das Unerträglichste ihres Schicksals sei der Mangel an Regen. Seit 13 Jahren warteten sie darauf. Von El Kosseir am Roten Meer ist verzeichnet, dass es dort 110 Jahre lang nicht geregnet hat. Noch wenn die Höhe der Niederschläge eines ganzen Jahres 250 mm übersteigt, ernährt das Land nur dürre Steppe, 1000 mm (z. B. München) sind erst normal. Aber die Monsunregen der Tropen bringen manchmal in einer Woche so viel nieder, und das Kamerungebirge mit 10 Metern Regenhöhe oder das Extrem: Dscherra Pundscha am Südabhang des Himalaja mit 12,5 m ist selbst für den Salzburger und Kreuther (im bayerischen Gebirge) eine unfassliche Wasserhell, wenngleich es auch in seiner Heimat an 2000 mm Niederschläge gibt und an 178 Tagen im Jahre regnet oder schneit.[9] Die Verteilung dieser Niederschläge wird nun durch das große Gesetz der Jahreszeiten und dann durch den Weg der Minimas im Einzelnen geregelt.

So wichtig ist das für den Menschen, dass er viele Institute in allen Ländern geschaffen hat, um die Zugstraßen der Depressionen festzustellen, und in täglich überallhin telegrafierten Karten studieren das täglich Tausende, deren Erwerb und deren Lebenssicherheit auch oft genug von der richtigen Prognose der nächsten vierundzwanzig Stunden abhängt. Im Prinzip handelt es sich dabei in Europa fast immer um die Bahnen, welche die von dem isländischen Zentrum sich fortwährend ablösenden Teilminima einschlagen. Diese Zugstraßen sind nicht vom Zufall, sondern durch ganz bestimmte Gesetze vorgeschrieben. Wohl weiß man, dass deren oberstes auch hier die Erdrotation ist, wodurch die Minima westwärts gedrängt und abgelenkt, dadurch in eine wirbelförmige Bewegung gebracht werden. Sie folgen dabei dem Laufe des Golfstromes und wandern im Allgemeinen auf zwei Hauptwegen. Der eine führt über Skandinavien gegen das nördliche Russland, der andere wandert entlang den Alpen.

---

9   In Deutschland im Allgemeinen durchschnittlich an 156 Tagen.

Im Gebiet des Minimums, das man mit einem Ausdruck von dichterischer Kraft „das Auge des Sturmes" genannt hat, bilden die Luftwirbel infolge der Erwärmung einen aufsteigenden Luftstrom, wobei die Luft in „zyklonaler Bewegung" (weshalb die Minima in der Wissenschaftssprache auch Zyklone genannt werden) gegen den Uhrzeiger strömt. Mit anderen Worten: Alle Nordwinde gehen in Europa allmählich mit dem Vorrücken des Minimums in einen Nordwest über; Ursache davon ist der Erdriese mit seiner Drehung; die Wirkung der Erscheinung ist die Tatsache, dass NW der herrschende Wind Europas ist. Hat uns ein Minimum erreicht, dann dreht der Wind nach Westen, und in dem Maße, als es abzieht, folgen ihm Südwest- und Südwinde, schließlich Ostwinde nach. Die im Minimum emporsteigende Luft kühlt sich so stark ab, dass aus bekannter Ursache eine immer mehr sich verstärkende Bewölkung, schließlich auch Niederschläge eintreten. Ein Minimum bedeutet daher für die alltägliche Erfahrung Schlechtwetter, sein Gegenteil dagegen Aufheiterung, weil dann Luft herabsteigt, durch das Zusammendrücken sich erwärmt und mehr Feuchtigkeit aufnehmen, also Wolken verzehren kann.

Man sieht: Die gesamte Meteorologie ist nichts als die Physik, und zwar die Wellenmechanik der Luft. Nichts an ihr ist unerklärlich; wenn sie trotzdem noch so viel unbekanntes Land des Wissens in sich schließt, so kommt das nur von der großen Verwicklung der Tatsachen. Alles läuft da in Wellen und Weilchen, die sich kreuzen, bis sich vor diesem Wellenspiel der Funktionen die Sinne verwirren. Denn jede Gewitterwolke bedeutet einen lokalen Zyklon, hat ihren eigenen Wind und alle an ihm haftenden Erscheinungen, jedes Gebirge, das Meer, jeder große See, ja schon jeder Wald macht sich im Bilde durch besonderen Einfluss bemerkbar und muss in eine Rechnung eingestellt werden, die letzten Endes bei der für Menschensinne unfassbaren Vielgestaltigkeit der Erde unübersichtlich wird. So ereignet es sich in diesem Fall, dass man wohl das Gesetz kennt, aber es praktisch dennoch nicht befriedigend anwenden kann.

Es bereitet ein wunderbares Vergnügen, wenn man so vielerlei und verwirrende Erscheinungen: Das Wellenspiel des Meeres, seine Strömungen, das Auftauchen der Länder, das Brausen der Brandung, den geheimen Zug der Wolken, das Pfeifen des Sturmes, die Entstehung der Wüsten, den stillen

Wandel der Jahreszeiten auf ein und dieselbe Formel bringen kann. In dem Maße, in dem man die Wellengesetze konsequent auf die Phänomene der Atmosphäre und der Klimatologie anwenden wird, wird sich diese Seite des Welterlebens einfacher und durchsichtiger gestalten und uns mit neuen Erkenntnissen bereichern. Schon jetzt gestattet der uns führende Gedanke z. B. auch in das Chaos der Paläoklimatologie einige Ordnung zu bringen. Von ihm hat jedermann wenigstens insofern einiges Wissen, als man von einer, der Geologe sogar von mehreren diluvialen und einer karbonischen, mit Fragezeichen auch von einer kambrischen Eiszeit Kenntnis besitzt, zwischen die Perioden mächtiger Erwärmung fallen. Das allgemeine Bild der vergangenen Klimate gestaltet sich (nach F. Frech, um eine der geltenden Ansichten als Grundlage zu wählen) etwa in folgender Weise:

Das Klima des Archaikums und der präkambrischen Zeit ist völlig unbekannt.

Im Kambrium herrscht eine Eiszeit.

Silur, Devon und Karbon waren gleichmäßig warm.

Das Dyas hatte wechselndes Klima, teilweise eine Eiszeit.

Trias und Jura besaßen tropisches Klima.

In der Kreide begann eine Abkühlung.

Das Tertiär begann mit einer Wiedererwärmung, der aber wieder Abkühlung folgte.

Diluvium und Gegenwart bedeuten eine jetzt langsam auspendelnde Eiszeit, sodass nach aller Wahrscheinlichkeit die geologische Zukunft wieder durch eine allgemeine Erwärmung ausgezeichnet sein wird.

Wo soll in diesem steten Wechsel nun das Gesetz auffindbar sein, wenn nicht im Wellengesetz, das die Klimatologie auch im Größten genauso beherrscht, so wie es ihr Kleinstes regelt? Mit voller Zuversicht lässt sich von dieser Plattform aus behaupten, dass periodische Eiszeiten und pantropische Zustände vor dem Kambrium genauso da waren, wie sie auch in Zukunft wiederkehren werden, und in dieser Hinsicht findet die Theorie der Pendulation, welche allein bisher den Rhythmus der Eiszeiten zu erklären vermocht hat, an dieser Wellenlehre eine neue Stütze. Auch die Klimamigration erscheint demnach dem Wellengesetz unterworfen.

Abb. 2.3: Gerölle eines Wildbachs im Hochgebirge. Die Steine stellen Gestalten in allen Stadien der Vervollkommnung dar. Motiv aus dem Ötztal.

Es ist sehr artig zuzusehen, wie sich dieses Wellengesetz gewissermaßen in den Gestalten von Wasser und Wind automatisch in das Antlitz der Erde eingräbt, und wie es sich auf diese Weise Dauermonumente errichtet. Die Strandterrassen an den Meeresküsten, so gut wie die oft genug auch fossil aufbewahrten „Rippelmarken" des Wellenspiels am sandigen Strand, belegen diesen Satz ebenso, wie die zahllosen Denkmäler der Deflation, welche allerorten in den Alltag der Menschen hineinragen und in prachtvollen Hieroglyphen das Gesetz der Welle gewissermaßen an allen Wänden eintragen.

Der Unterschied von Abrasion (oder Ingression, wie ein besserer Fachausdruck sagt) und Deflation (die mit Vorliebe Winderosion genannt wird), beruht eigentlich nur auf dem arbeitenden Material; die Funktion bleibt bei beiden die gleiche. Das abradierende Meer unterwühlt in Form von Hohlkehlen die Kliffs, wie der deutsche Seemann die Steilküsten englisch benennt, durch Rollsteine, welche klassisch ausgeprägt die Gestalt des Rollens an sich tragen und in jedem Gebirgsbach im kleinen die großen Erscheinungen an der Meeresküste wiederholen (Abb. 2.3). Die Ebbe führt dann das aufbereitete Material zurück ins Meer, und so schleift der Wellengang der Tiden mit lebendiger Kraft sauber und glatt die Festlandsstümpfe mit solcher Geschwindigkeit ab, dass man die Ingression an den deutschen Meeresküsten jährlich auf einen Küstensaum von 0,72 m Breite berechnet hat.

Genau nach gleichem Wellengesetz und mit den gleichen Mitteln arbeiten die Luftwellen, vulgo Wind. Was sie leisten, darüber befrage man einen Dombaumeister, oder noch besser, beim Besuch eines der gotischen Münster sehe man sich die zerfressenen, ausgehöhlten, schwindenden und abgeschliffenen Steine in der Höhe selber an. Ich habe manchen Tag mit diesem Studium zugebracht, nicht nur auf dem Straßburger Dom und dem Ulmer Münster und in den Hochgebirgen, sondern dort, wo der klassische Ort dieser Winderosion ist, die das ganze Landschaftsbild zurechtmodelliert, in den morgenländischen Wüsten, namentlich am Sinai. Der Wind verwendet vor allem den Quarzsand als ein Schleifmittel, was ihm der Mensch als biotechnische Imitation nachgemacht hat in den Sandgebläsen. Eine kolossale mechanische Kraft wird dadurch entfaltet, der tatsächlich nur der Quarzfels selbst und die verkieselten Kalke widerstehen können. Darum selektiert die Deflation Fels und Berg nach ihrer Härte. So wurden z. B. die beiden sogenannten versteinerten Wälder bei Kairo bloßgelegt, und das wunderliche Landschaftsbild geschaffen, dass verkieselte Baumstämme der Gattung Nicolia so frisch und glatt am Boden liegen, als wären sie vor Kurzem gefällt, während sie doch in Wahrheit Jahrmillionen alt sind und im Tertiär grünten. Auf gleiche Weise arbeitet der Wind mit den aneinander zu „Geröllen" zurechtgeschliffenen Sandkörnchen die ganze „Hammada" (Kieswüste) durch. Dieser Wind, dessen Wellen täglich über das knochenbleiche Land fluten, steigert sich im 40-tägigen Chamsin, den man in Europa mit einer alten Redeweise Samum nennt, dermaßen, dass er selbst große Kiesgerölle in Flug bringt. Ihm gegenüber schützen sich die Kamelbeine durch Schwielen, und oft genug hört man in jenem Lande von Reisenden, die durch die scharfen Gesteinssplitter verletzt und sogar getötet wurden.

Das muss man wissen, um dann die wunderlichen und grotesken Formen der Berge und Felsen in der arabischen Wüste zu verstehen. Tiefe Löcher sind in die Wände eingefressen, in denen Sand wie ein Reibstein arbeitet. Aus der kleinsten Mulde wird bald ein Loch, und Höhlung reiht sich an Höhlung zu wahren Gittern. Tiefe Grotten, ganze Höhlen bilden sich, mächtige Kessel und Pfannen werden zurechtgescheuert, mit denen man allerdings die einst durch Erosion zustande gekommenen, meist blind endenden Trockentäler (Wadis) nicht verwechseln darf. Da der Sand und die Gerölle nicht hochfliegen, scheuern sie mit Vorliebe bestimmte Hohlkehlen aus und schleifen so an isolierten Felskuppen allmählich einen dünnen Stiel zurecht, auf dem dann ein ganzer Pilzhut aufsitzt; auf diese Weise entstehen auch die merkwürdigen Zeugenberge, welche für das Landschaftsbild der Sahara so überaus kennzeichnend sind.

Immer — und das ist das Gesetz — verwandelt der Wind die ihm widerstrebenden Dinge in Formen, welche seine Bahn erleichtern: Er schafft sie um in Gestalten. Und sie demonstrieren am harten Fels genauso die Gesetze der Wellen, wie die Flugsandfelder der Erg, der reinen Sandwüste, wo der Wind den aus der Kieswüste herausgeblasenen Sand und Staub in Walldünen ablagert, deren Longitudinal-Wellen und Rippelung, deren Sichelform vom feinsten bis zum gröbsten zu dem Kundigen spricht wie ein Demonstrationsvortrag über das Gesetz der Wellenbewegung, das sich an diesen Flugdünen gleich denen am Meeresstrand auch insofern bewährt, als sie wirklich wandern.

Hat man erst einmal das Auge an diesen großartigsten Beispielen von Deflation geschult, so wird man die Hieroglyphik der Luftwellen auch in der Heimat allerorten in leisen Spuren wiederfinden und sei es nur in der Gestalt der Bäume, die eine Antwort auf die Fragen des Windes ist, oder in den „Dreikantern" (Windkantern), zurechtgeschliffenen Steinen und Felsen, wie sie besonders in nacheiszeitlichen Moränenfeldern zu sehen sind. Noch deutlicher reden die Berge von diesen Dingen; viele Gipfel sind „Schliffformen", ihr großartigster Chorführer darin das Matterhorn, wohl der größte existierende Dreikanter (Abb. 2.4). Was hier im Größten erschütternd, auf Äonen hinaus sichtbar und wirkend sich ereignet, das gehorcht immer noch dem gleichen Gesetz, wenn es unsichtbar, in feinsten Wellen, die Luft durchzittert und nur als süßer Klang, als berückende Melodie und ergreifendes Lied zu den Sinnen spricht. Tatsächlich ist Musik und die ganze Welt der Akustik nur eine Anwendung der gleichen Kraft, welche Berge mit mächtiger Hand versetzt und umgestaltet. Die Akustik, welche die feinsten Schwingungen der

Abb. 2.4: Das Matterhorn - Zeuge des Windschliffs

Luftwellen erforscht, macht uns daher im Prinzip mit keinen neuen Naturkräften, sondern nur mit neuen Anwendungen altbekannter Prinzipien bekannt.

2.10 Schallphänomene

Seit Langem schon hat man sich gewöhnt, die Wellenbewegungen der Luft als Schall zu bezeichnen, wenngleich es nicht immer des Ohres bedarf, um sich von dessen Wellennatur zu überzeugen. In vielen Fällen lässt sich z. B. an einer tönenden Saite schon durch das Tastgefühl erkennen, dass sie Bewegungen, und zwar Schwingungen ausführt. Mittels eines artigen, von jedermann leicht auszuführenden Versuches kann man die Art dieser Schwingungen sogar grafisch festhalten. Man braucht dazu nur an der einen Zinke einer Stimmgabel einen federnden Metalldraht anzubringen. Wenn man dann mit dessen Spitze über eine berußte Glasplatte fährt, während die Stimmgabel angeschlagen wurde und tönt, so zeichnet der Draht die Bewegung der Gabel als regelmäßige Wellenkurve auf. Variiert man den Versuch mit höher gestimmten Gabeln, so kann man sofort feststellen, dass bei höheren Tönen in gleicher Zeit mehr Schwingungen ausgeführt werden. Und misst man das ganz genau, dann ergibt sich, dass von zwei Stimmgabeln, von denen eine um eine Oktave höher gestimmt ist, also sich verhält wie:

g   zu   g

... die höhere doppelt so viele Schwingungen ausführt wie die tiefer klingende.

Das Intervall der Oktave entspricht also dem Verhältnis von 2:1 der Schwingungszahlen. Es ist nun nicht durch die Mechanik, sondern durch die Physiologie bestimmt, dass wir von den im Prinzip unendlich vielen möglichen Tönen zwischen dem Intervall 2:1 nur wenige, ganz gewisse bevorzugen. Eigentlich war das der erste Einbruch der Biologie in die Physik, und alles, worauf wir an Hand der Biozentrik[10] jetzt erst gestoßen sind, hätte sich schon zu Pythagoras' Zeiten ableiten und feststellen lassen. Denn der Weise von Samos war der Erste, der diese biologische Akustik in die Wissenschaft einführte. Heute sieht man es auch ohne Weiteres ein, dass er, indem er diese Akustik zur Grundlage seines gesamten Philosophierens machte, sich dadurch praktisch auf den Boden der Biozentrik stellte und nun notwendigerweise, allein durch richtige Schlussfolgerungen, zur Harmonielehre und dem Harmoniegesetz als oberstem Weltprinzip gelangen musste, weil ja für das Leben Harmonie tatsächlich das oberste erhaltende Prinzip ist. Insofern ist das, was sich jetzt ereignet: Die Schöpfung des Gedankens, dem dieses Werk dient, in gewissem Sinne wirklich nichts als ein Neu-Pythagoräismus.

Tatsächlich ist diese Einführung des Biologischen in die Akustik ein Gebot der Notwendigkeit, da die Existenz von Tönen auf keinem anderen Wege als auf dem biologischen, nämlich durch die Empfindung festgestellt werden kann. Und sofort stellt sich, wenn man mit dieser Prüfung beginnt, die vom Biologischen unzertrennbare Relativität ein. Savart fand, dass der tiefste hörbare Ton durch acht Schwingungen in der Sekunde zustande komme, der höchste durch 24.000. Helmholtz, der ursprünglich Arzt war, und auf dem Weg über die Akustik zum Physiker wurde, bestimmte diese Zahlen zu 16 und 38.000. Die Lösung des Widerspruches liegt darin, dass das Empfinden von Mensch zu Mensch verschieden ist. Der eine hört noch nicht, was der andere bereits hört. Wenn es daher noch irgendeines Beweises für den allgemeingültigen

---

10   Die **Biozentrik** stellt das Leben, seine Steigerung und Erhaltung in den Mittelpunkt aller Überlegungen.

Abb. 2.5: Die Erscheinungen der Schallwellen. Chladnische Klangfigur, welche auf einer mit Sand bestreuten Platte entsteht, die zum Tönen gebracht wird.

Relativismus der Begriffe bedurft hätte, hier wäre er für jedermann handgreiflich zu holen: Es gibt kein absolutes, sondern nur ein relatives Weltbild. Und die Schwierigkeit des Daseins besteht darin, dass wir für das Lebendige eingerichtet sind, mit allem aber stets nach der Extralebendigkeit fragen, die allein seit dem Ausgang des Altertums für spezifisch menschlich und „menschenwürdig" gilt.

Wenn der Schall nun Wellen der Luft darstellt, dann müssen in den Schallerscheinungen auch alle Gesetze der Wellen aufzufinden sein. Schallwellen müssen dann jedenfalls zurückgeworfen werden können, Wellenberge und Wellentäler besitzen, die sich durch Interferenz aufheben; auch müssen sie sich dann in andere Wellenformen der Energie transformieren lassen. Tatsächlich hat die Physik auch alle diese Forderungen erfüllt. Vor allem lernte sie durch die Bemühungen Chladnis, den man nicht umsonst den Vater der neueren Akustik nennt, die Schwingungen sichtbar machen, welche tönende Körper, z. B. Stäbe oder Platten ausführen. Der allbekannte, in Abb. 2.5 dargestellte Chladnische Versuch beruht darauf, dass man eine elastische Scheibe mit feinem trockenen Sand bestreut und hierauf mit einem Violinbogen anstreicht. Die Körnchen werden dann von der schwingenden Platte in die Höhe geschleudert, und es zeigen sich Knoten, welche offenbar Ruhestellen bedeuten. Jeder Ton hat seine besondere Klangfigur und demonstriert damit, dass die Schallerscheinung wirklich auf Wellen beruht, deren Schwingungsbäuche durch Ruhepunkte, nämlich die Knoten, voneinander getrennt sind.

Die nächst wichtige Analogie mit dem Licht, nämlich die Reflexion des Schalles, hat schon jedermann erlebt, der nur einmal einem Echo lauschte. Berühmte Echos, wie das an den Wasserfällen von Terni, können einen Schall sogar durch wechselseitige Reflexion an 15-mal wiederholen, und Spielereien nach dem Muster des Ohres des Dionysos sind in der Anekdotengeschichte aller Zeiten erzählt worden. Verdichtet man das zum wissenschaftlichen Experiment, so kann man auch den Schall in Hohlspiegeln ebenso auffangen, seine

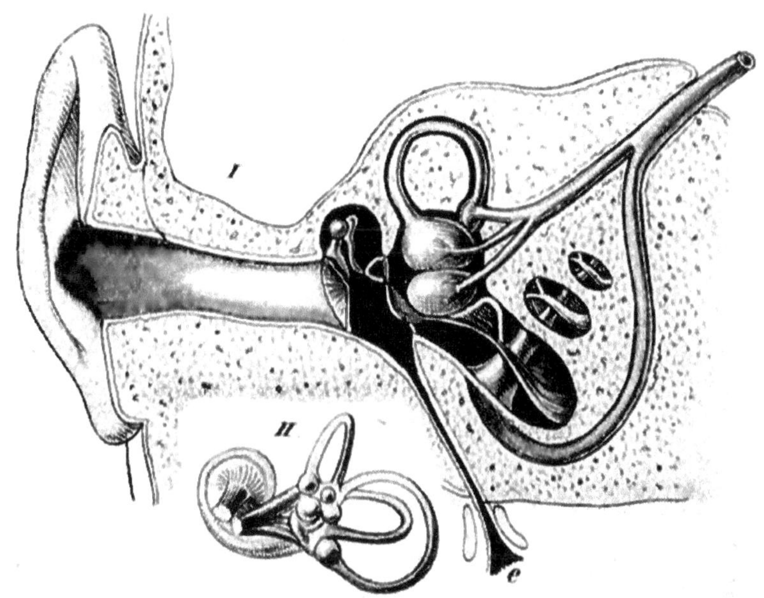

Abb. 2.6: Das Ohr des Menschen im Längsschnitt. Vom äußeren Ohr (Ohrmuschel) führt der Gehörgang zum Trommelfell, mit dem in der Paukenhöhle die Gehörknöchelchen in Verbindung stehen. Die eustachische Röhre (e) führt in den Rachen. Die Gehörknöchelchen sind durch den „Steigbügel" in Verbindung mit der (aufgeschnittenen) Schnecke und dem Labyrinth, au denen steh der Acusticus (Gehörnerv) verästelt. In der Schnecke liegt das Corti'sche Organ. II Das statische Organ des Menschen, mit den Bögen in den drei Richtungen des Raumes, nach deren Verletzung die Raumvorstellung gestört ist.

Wellen in einem Punkte vereinigen und dadurch verstärken, wie man das mit dem Licht und den Wärmestrahlen von alters- her konnte. Auf der Anwendung dieses Prinzips beruht der Bau der Musikinstrumente ebenso gut wie der der Konzertsäle und Theater.

Die feinen und gefälligen Rundungen der Geige, des Flügels, der großen Blechinstrumente, die Muschelformen der Zuschauerräume verdanken ihr Entstehen nicht dem Schönheitssinn oder irgendwelchen Moden und können von diesen daher niemals abgeändert werden. Sie sind vielmehr biotechnische, d. h. Notwendigkeitsformen optimaler Funktion, die ihr organisches Vorbild in der menschlichen Ohrmuschel (vgl. Abb. 2.6) als einer prachtvollen Resonanzfläche zur bestmöglichen Aufnahme von Tönen aller Art besitzen.

Diese Reflexion der Schallwellen, an deren Existenz man nach so vielen Beweisen nicht zweifeln kann, leitet zum Verständnis der ebenfalls vorhandenen Interferenz. Die jedem musikalischen Menschen bekannten Schwebungen (also ein Anschwellen und eine darauf folgende Abschwächung von Tönen) lassen keine andere Erklärung zu, als dass verschieden geartete Schallwellen sich bald gegenseitig mehr oder minder aufheben oder verstärken, so wie man die Sache an den Wellen des Wassers unmittelbar beobachten kann. (Vgl. Abb. 2.2, S. 77)

Damit aber auch der letzte und alles zusammenfassende Beweis für die Schwingungsnatur des Schalls nicht fehle, so ist das menschliche Gehörorgan nichts anderes als das biotechnische Vorbild aller Saiteninstrumente, nämlich selbst ein äußerst fein konstruiertes Saiteninstrument zur Aufnahme von Luftwellen. In unserem Ohr wird durch Resonanz musiziert, und das hören wir. Ein Blick auf Abbildung 2.6 wird das denen deutlich machen, die mit dem Bau ihres eigenen Körpers nicht genügend vertraut sind. Die schon erwähnte Ohrmuschel ist der Resonanz- und Sammelapparat und ein unbegreiflicherweise technisch noch ganz ungenügend durchgeprüftes System von Reflexionsflächen, von deren Leistungsfähigkeit wir daher nur annähernde Begriffe haben, während man es ganz verabsäumt hat, das vom Leben uns darin vorgelegte Modell irgendwie technisch zu verwerten. Bekanntlich leitet der Gehörgang zu einer in seinem Durchmesser ausgespannten elastischen Membran, dem Trommelfell, dessen Schwingungen durch ein kompliziertes System von übertragenden Mechanismen, nämlich den Gehörknöchelchen, auf die Flüssigkeit, die das Labyrinth erfüllt, übertragen werden. In diesem Labyrinth sind an mehreren Stellen Einrichtungen angebracht, welche die verschiedenen Schwingungen als Reiz aufnehmen und dem zu feinsten Fasern zerteilten Hörnerv (Acusticus) als Reiz übermitteln. Ganz grobe Geräusche versetzen wohl die winzigen Kristalle von kohlensaurem Kalk (Ohrsand) in ein Erzittern und üben damit eine plasmatische Reizung, die man auch den Pflanzen und niederen Tieren, die vielfach solche Hörsteinchen in sich bergen, zumuten kann. Unsere ebenfalls vorhandenen Gehörsteinchen werden als Hilfsmittel angesprochen, um die Gehörreize von kürzester Dauer aufzufangen, welche wohl die im sogenannten Cortischen Organ ausgespannten Hörnervsaiten gar nicht in Schwingungen versetzen würden. Dieser Corti-Apparat besteht aus etwa 3000 gespannten Hörnervfibrillen, angeschlossen an je eine Membranfaser, von der man annimmt, dass sie für einen bestimmten Ton abgestimmt sei, bei dessen Ertönen sie in das aus der alltäglichen Erfahrung sattsam bekannte „Mitschwingen der Fensterscheiben" gerät. Das eigentliche und feinste Hörorgan ist demnach eigentlich eine dreitausendsaitige Harfe. Die Saiteninstrumente sind unbewusste biotechnische Kopien des Ohres, der menschliche Erfindungsgeist wiederholte in ihnen den Menschenleib.

Hier geht dem Denkenden auch das Verständnis für die Helmholtz'schen Entdeckungen auf, warum Konsonanz und Dissonanz, die ganze Welt der Tonkunst nicht von der mathematisch absolutistischen Physik, sondern von der relativistisch-biologischen Psychophysik gelenkt wird. Ton ist Empfindung; aus seinen Schwingungen trifft die Empfindung eine biozentrisch brauchbare Auswahl, und sie bestimmt die erlaubten „wohlklingenden" Verknüpfungen, sie lehnt die unbrauchbaren Dissonanzen ab, wobei sie der allgemeinen Veränderlichkeit der menschlichen Seele folgt.

Musik ist demnach nicht die Mechanik der Schwingungen, sondern die der Seelenfähigkeiten. Sie folgt nicht absoluten physikalischen, sondern relativistischen, also psychologischen Gesetzen. Musik ist daher vor allem eine biologische, daher bei jedem Volk und zu allen Zeiten wechselnde Auswahl aus der Summe aller möglichen Geräusche.

Der Unterschied zwischen Geräusch und Klang (Definition des Klanges s. unt.) wird durch die Menschenseele bestimmt. Die zwölf Töne der Oktave:

... sind durch unser psychisches Vermögen festgestellt und letzten Endes der Willkür unterworfen.[11] Diese zwölf Töne sind so ausgewählt, dass acht von ihnen Ganztöne und vier Halbtöne sind, von denen der erste und der achte der Ganztöne um eine Oktave differieren, wenn der erste also den

---

11 *) a ist der Kammerton (der Stimmtonkonferenz von 1885) mit 435 Schwingungen

Wert eins hat, dann besitzt seine Oktave den Wert zwei. Und die dazwischen liegenden sieben Töne haben dann, da man sie als gleich große Intervalle ausgewählt hat, folgende Werte:

c	d	e	f	g	a	h	c
1	$\frac{9}{8}$	$\frac{5}{4}$	$\frac{4}{3}$	$\frac{3}{2}$	$\frac{5}{3}$	$\frac{15}{8}$	2

Als Bezeichnungen für diese Intervalle hat man sich längst über die Ausdrücke Sekunde, Terz, Quart, Quint, Sext, Septime und Oktav geeinigt. Diese Auswahl ist es, die schon Pythagoras getroffen hat, und schon er hat auch erkannt, dass nur diese Terzen, Quinten usw. unserem Ohr genehm und wahrnehmbar sind, wenn mehrere Töne zusammen erklingen. Nur sie sind harmonisch.

Wenn eine Saite klingt, so ist der Ton mit der kleinsten Schwingungszahl, den sie gibt, ihr Grundton. Sie vollführt aber hierbei stets komplizierte Bewegungen, als deren Folge auch Obertöne erklingen, und zwar stellt sich hierbei das Gesetz der multiplen Proportionen insofern ein, als die Schwingungszahlen der erklingenden Obertöne stets das 2-, 3-, 4-, 5-, 6-fache des Grundtones sind. Jeder Ton einer schwindenden Saite ist also zusammengesetzt aus einem Grundton und mehreren Obertönen (das nennt man exakt dann Klang).

Wenn man diese Elementartatsachen der Klang- und Harmoniebildung als Funktionen der Luftwellen etwas überdenkt, kommt man zu einem, die Seele bis ins Tiefste aufwühlenden Resultat. Denn nichts anderes wurde hier gesagt als Folgendes: Wir empfinden als harmonisch nur die Verwirklichung des Naturgesetzes der multiplen Proportionen, (was zugleich das Quantengesetz oder die Bode-Titius'sche Reihe der Planeten, also der Bau der Welt vom Kleinsten bis ins Größte ist). Möglich und auch befriedigend erscheint unserem Erleben auf musikalischem Gebiet nur ein Verhältnis in der Vielheit der Töne, dessen Mechanik dem Weltgeschehen entspricht, wie es von der objektiven Philosophie durchschaut wurde. Musik ist nichts anderes als angewandte objektive Philosophie. Die Auswahl der musikalischen Töne aus dem Chaos der überhaupt möglichen ist demnach nichts als die Schaffung der Harmonie, in der sie entweder nacheinander oder zusammen erklingen. Oder mit anderen Worten: Auch durch die Musik nimmt die

Menschenseele nur ihr eigenes inneres Gesetz wahr, so wie im Weltphänomen überhaupt. Und Pythagoras hatte ganz recht, wenn er Musik die Grundlage aller Bildung nannte und in richtig verstandener Musik den Kern aller Philosophie sah. Die musikalische Harmonie, die Auflösung der Dissonanzen ist wirklich das Abbild der Welt, und das große Gesetz des Erlebens kann in ihr dargestellt werden.

Das musikalische Kunstwerk wird so zum „vollkommenen" Erlebnis, und es steckt ein tiefer Sinn in dem so oft unverständig ausgesprochenen Wunsch: das Leben zum Kunstwerk zu gestalten. Nichts anderes ist damit ausgedrückt, als der Wunsch, dass es harmonisch sei, dass es die Vollkommenheit der Welt erlange. Da haben wir die tiefste Rechtfertigung, die Urkunde und die wahre Deutung der Göttlichkeit der Musik, das innerste Verstehen, warum das Beethoven-Septett wirklich vom Weltengrund spricht mit tiefer Philosophie und Tristans Erzählung von dem Reich, „daraus die Mutter ihn entsandt" wirklich Urtatsachen von Leben und Tod zergliedert. Daher das unerschöpfliche Interesse für Musik, die Sehnsucht nach ihr in der Seele jedes Gebildeten. So endigt dieses Durchdenken der Grundbegriffe der Akustik mit einem neuen Verständnis für die Musik, das allerdings wieder, wenn auch auf höherer Integrationsstufe, zu der ersten pythagoreischen Wertung des Musikalischen zurückkehrt.

Musik ist — wenn man diesen Ausdruck gebrauchen darf — eine dreidimensionale Geometrie der Wellen, die durch das Ohr perzipiert wird, vor allem ist sie der vollkommene Ausdruck der Weltmechanik. Sie führt alles Geschehen und Erleben auf die ihm adäquate Mechanik von Wellenbewegungen zurück, sie ist also die rhythmisch-melodisch-harmonische Übersetzung (= Sprache) des Weltgeschehens in einer Formel, welche alle seine ausschlaggebenden Merkmale zusammenfasst. Sie ist daher als „Sprache" des Weltschaffens der Malerei überlegen; die Gebärdensprachen, auch die Lautsprache und das Denken als Abstraktion der Sprache kommen diesem Ziel allerdings schon näher, sind aber noch zu weitmaschig.

Poesie, namentlich rezitierte (alle Poesie wird eigentlich zu diesem Zweck geschrieben) kommt durch ihren rhythmisch-melodiösen Gehalt (Betonung) der Musik schon nahe, gehört daher eigentlich zu ihr, und beide können sich substituieren und steigern, weshalb die Sprache ihr Begrifflich-Feinstes stets auch in Versen gesagt hat. Das ist die Wurzel, warum sich alle Religionen (Veden, Psalmen), auch die Urphilosophie, in den Lehrgedichten der Vorsokratiker stets der hymnischen Formen bedienten und Nietzsche mit seinem Zarathustra wieder auf sie zurückgriff.[12] Aber erst Musik ist, namentlich in ihrer höchsten symphonischen Form, die intensivste aller Sprachen, das dichteste Netz, um primäre Perzeptionen und Vorstellungen einzufangen. Deshalb ist sie kein Luxus, sondern eine Notwendigkeit, ein Erkenntnishilfsmittel, um das Weltphänomen darstellen und erfassen zu können.

Die letzte und höchste Form, um eine Philosophie wiederzugeben, sollten daher Kompositionen sein, und so wie ich zur Konzeption meiner Werke von Bach und Beethoven, Mozart und Bruckner, von Enna und Marschner wie Wagner Anregungen und Klärungen empfangen habe, wünschte ich, dass der objektiven Philosophie bald ein Beethoven erstehen möge, der erst imstande sein wird, das, was hier unvollkommen begonnen ist, zu vollenden und zum Siege zu führen.

Man muss sich aber hierbei vollkommen klar sein, dass trotz dieser Wertschätzung, welche die Musik an die Spitze der wertvollen Erlebnisse stellt, ihr hier keineswegs eine metaphysische Bedeutung zugesprochen wird. Sie ist dem objektiven Philosophen keineswegs mehr, allerdings auch nicht weniger als die Natur und deren innere Spiegelung, sie ist ein Abbild der belebten Welt. Daher kann sie letzten Endes nichts anderes sein, als die „Biotechnik der Luftwellen". Insofern gibt es auch „objektive Musik". Es sind nämlich die Wellenbewegungen, und da jede Bewegung in Wellen verläuft, also die Bewegungen an sich, Elemente dieser natürlichen Musik, eine Vorstellung, die denen, so von einer „Sphärenharmonie" sprachen, innerlich klar sein musste.

Die Bewegungen, die sich im Wald, am Meer, am Wasserfall, im Sturm, im Angst- oder Lustschrei eines Tieres kundgeben, werden vom Menschen entsprechend seiner reicheren seelischen Sprache in der Musik nur komplizierter nachgeahmt, weshalb sich denn diese rhythmischen und melodischen Elemente des Herzklopfens, des rollenden Donners,

---

12 Dies ist auch die Ursache, warum sich zu der objektiven Philosophie von Beginn ihre eigene Dichtung gesellte, z. B. in dem Verszyklus von Annie Harrar: „Ich bin", aus dem Bruchstücke im Jahrgang 1920 der Dresdner Zeitschrift: Der Zwinger, erschienen sind.

des Sturmesheulen, der plätschernden Wellen, der Liebeswallung und des erstarrenden Schmerzes aus dem Musikalischen niemals haben verbannen lassen, auf einer gewissen Integrationsstufe (man denke an den Walkürenritt, an die Hebridenouvertüre von Mendelssohn, an gewisse Sätze der Pastoralsymphonie oder der Haydn'schen Jahreszeiten) sogar ihr Eigentliches ausmachen.

So hat sich der Menschengeist ein wunderbares Abbild der Naturgesetze erschaffen in der Musik, deren wahre Leistungen nicht hinter uns liegen, sondern erst noch kommen werden, und nirgends ist er so zur objektiven Philosophie vorbereitet und erzogen worden, wie in der Mechanik der Luftwellen, wo es ihm seit Jahrtausenden klar und erstrebenswert ist, dass er der Schöpfer eines Erlebens ist, indem er aus einem Chaos von, Schwingungsmöglichkeiten sich nur jener von 40 — 4.000 Schwingungen in der Sekunde (also sieben Oktaven) bedient, innerhalb deren er durch möglichst einfache Proportionen der Schwingungszahlen nach dem Weltzweck, nämlich nach absoluter Harmonie strebt. Wenn dieses musikalische Ziel erst einmal die Lebenssphären eine nach der anderen ergreift, dann ist der Mensch auf dem richtigen Wege und wird sein Leben selbst zur Harmonie, damit zum Kunstwerk gestalten und dadurch seinen wahren Weltzweck erreichen.

Immerhin muss man glücklich sein, dass wenigstens auf einem, wenn auch angesichts des Lebensganzen höchst beschränkten Gebiete der Mensch auf sicherem Grund steht. Darum ist ja Musik solch eine Oase in der Wüste des sonstigen Erlebens, wohin sich die Menschen verzückten Auges und sehnsuchtsvollen Herzens flüchten, und aus der sie beruhigt, geläutert, gebessert wiederkehren, wenn ihnen durch ein Meisterwerk die Weltharmonie aufgegangen ist.

2.11 Lichtphänomene

Auf den übrigen Gebieten der Wellenwirkungen ist man noch weit entfernt von solchen Einsichten. Nur auf dem Gebiete der Optik, also der Lichtwellen, hat das Menschenstreben auch schon einige Schritte nach dem für die meisten Menschen tief unter der Bewusstseinsschwelle liegenden und sie doch alle lockenden Ziel getan, hat in der Kunst der Malerei und Plastik, wenn auch erst nebelhaft, doch etwas von dem großen Geheimnis erblickt.

Heute sind die Zeiten vorbei, da man mit sicherer Überzeugung den Satz hinschreiben durfte: Licht und Farbe seien die Wellenschwingungen des Lichtäthers; denn — man erinnere sich an das im ersten und zweiten Abschnitt des ersten Bandes zur Relativitätslehre Gesagte — die Existenz eines solchen Weltäthers ist mit den sonstigen Vorstellungen vom Weltensein nicht mehr vereinbar.

An Stelle dieses Bildes ist mit immer größerer Bestimmtheit jenes von der materiellen Natur des Lichtes getreten, die durchaus im Einklang mit dem durch den ganzen Erlebnisinhalt gehenden Quantengesetz steht, ohne auch nur mit einer der Erfahrungstatsachen zusammenzustoßen, da sich ja nicht die Überzeugung von der Wellennatur des Lichtes, sondern die von der „Ätherbeschaffenheit" des in Wellen Schwingenden geändert hat.

Wenn man in diese Welt eintreten will, gibt es zwischen Schall und Licht noch ein Zwischenreich, denn zu groß ist der Sprung von den groben Wellen der Luft, die bekanntlich in einer Sekunde 330,60 Meter zurücklegen[13], während die des Lichtes nach einer Rechnung mit der unvorstellbaren Geschwindigkeit von 300.000 km/sec reisen, bei einer Länge, die mit 0,0004 — 0,0008 mm in das Reich der Ultramikroskopie gehört. Trotzdem ist uns dieses Zwischenreich verschlossen; nicht das Geringste ist von ihm bekannt, obwohl an seiner Existenz und Wirksamkeit nicht im Geringsten gezweifelt werden kann. Hier ist wieder einer der Punkte, von dem aus eine das Weltganze einheitlich umspannende Weltauffassung mit Sicherheit Voraussagen kann, dass der Menschheit noch große Entdeckungen von heute noch unausdenkbarer Tragweite Vorbehalten sind. An der Wellenna-

---

13   Allerdings nur bei 0 Grad; bei 26,6° Wärme beträgt ihre Geschwindigkeit schon 347,7 Meter, im Wasser 1430 Meter.

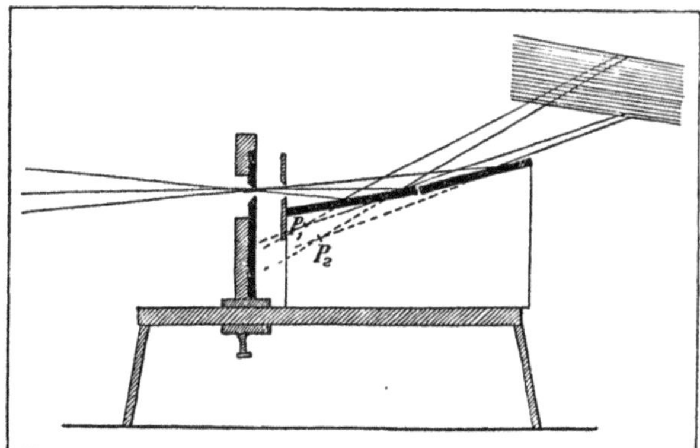

Abb. 2.7: Der Fresnel'sche Spiegelversuch zur Erklärung der Interferenz. Zwei schiefliegende schwarze Glasspiegel bilden einen sehr stumpfen Winkel zueinander. Durch einen Spalt wird Licht auf sie geworfen und von ihnen reflektiert. Die reflektierten Strahlen scheinen bei dem einen Spiegel von dem Punkte P1, bei dem anderen von P2 zu kommen. Diese reflektierten Strahlen durchdringen einander und erzeugen auf dem Schirm, auf den sie auffallen, gefärbte Interferenzstreifen. (Nach Graetz)

tur des Lichtes, also der Einheitlichkeit der Wellenfunktion in der Welt, lässt sich aber deshalb nicht zweifeln, weil die von den Wasserwellen her gewonnenen und in der Akustik so schön bestätigten Erscheinungen der Reflexion und Interferenz im Reiche des Lichtes gleichfalls nicht fehlen, hier sogar ihre klassischen Phänomene entfalten.

Es war die erste berühmte Entdeckung Newtons, dass farbloses — im alltäglichen Sprachgebrauch als Weiß bezeichnetes — Licht aus allen Farben besteht. So verwunderlich erschien damals, kurz nach dem Dreißigjährigen Krieg diese heute den Kindern als Spiel mit dem Prisma geläufige Tatsache, dass Newton sich gedrängt sah, das farbige Zerlegungsbild als „Gespenst" (englisch spectre, daher Spektrum) zu bezeichnen. Und doch war es eigentlich nur für die Unwissenheit ein Gespenst, konnte doch die Erfahrung dieses Gespenst seit Anbeginn der Menschentage am Himmel sehen, so oft sich des Regenbogens zartes Farbenband über den Himmel spannte. Auch das Spektrum der Glasprismen ist also eigentlich eine Biotechnik (siehe S. 144), wie vielleicht letzten Endes alles, was der Mensch tut und schafft.

Es lässt sich nun ein Spektrum auch einfach dadurch herstellen, dass man starkes Licht durch einen ganz engen Spalt fallen lässt. Man sieht dann, dass sich die Sonnenstrahlen nicht völlig geradlinig fortpflanzen, sondern sich in 6

— 8 farbigen Linien ausbreiten. Deutlich treten dabei nur blau, grün und rot hervor, es fehlen aber auch die anderen Regenbogenfarben nicht. Da die seitlichen Farbenstreifen ganz außerhalb der Bewegungsrichtung der einfallenden Lichtstrahlen liegen, kann es sich bei ihrer Entstehung nur um eine Beugung des Lichtes handeln. Das Licht biegt um die Ecke und ist außerdem etwas Periodisches; sonst könnten in diesen Beugungsspektren nicht helle und dunkle Streifen abwechseln. Mit anderen Worten, wie namentlich der französische Physiker A. Fresnel daraus mit großem Scharfsinn abgeleitet hat, die Wellenbewegung der Lichtteilchen ist auf diesem Wege zwingend nachgewiesen (vgl. Abb. 2.7). Man beachte aber, nicht die Äthernatur der Wellen, sondern dass leuchtende Punkte um ihren Standort Schwingungen ausführen, das ist durch Fresnel zur Sicherheit erhoben worden.

Mit diesem Gedankengang konnte sogar die Länge dieser Schwingungen festgestellt werden, und es ergab sich dadurch, dass die einzelnen Farben durch verschieden lange Wellen erzeugt werden, von denen aber auch die längsten noch immer unvorstellbar klein sind. Von Rot zu Orange, Gelb, Grün, Hellblau, Indigo bis zum Violett wird die Wellenlänge, beginnend mit 0,00065 Millimetern, immer kleiner, bis im violetten Teil des Spektrums die kleinsten aller bekannten Lichtwellen eine Länge von nur 0,00045 Millimeter erreicht haben. Die letzten Grenzen, innerhalb deren man noch von Licht sprechen kann, liegen zwischen 0,76 — 0,24 µ; was darüber hinausgeht, wird uns anders als durch das Auge merkbar.

Wenn man ein Blatt schwarzen Kartons mit einer Schicht des Salzes Bariumplatincyanür bestreicht und nun ein Sonnenlichtspektrum darauf fallen lässt, erlebt man das schöne Phänomen des Fluoreszierens. Untersucht man das näher, kann man sich unschwer davon überzeugen, dass dieses Selbstleuchten nicht erregt wird, wenn die roten oder gelben Strahlen den Schirm treffen, wohl aber durch die blauen und violetten. Doch der Fluoreszenzschirm leuchtet noch jenseits der violetten Teile, als Zeichen dessen, dass es auch da noch Strahlen, wenngleich unsichtbare, gibt. Diese ultravioletten Strahlen, für die unser Auge unempfindlich, das der Ameisen aber sehr wohl empfänglich ist, sind es, die nur 0,40—24 µ lang, in einer Abart (den sogenannten Schumannstrahlen) nur 0,10 µ lang sind. Sie haben aus einer noch unerforschten Ursache einen besonderen Einfluss auf die chemischen Prozesse, sie scheinen mit den blauen Strahlen irgendwie den Umbau der Atome in den Molekülen zu begünstigen, wovon unsere Technik in der Fotografie ausgiebigen Gebrauch gemacht hat.

Hält man dagegen ein Thermometer in das rote Ende eines Spektrums, so wird es auffallend ansteigen. Man kann diese Strahlen ablenken, in einem Brennpunkt sammeln und erhält fast ebenso viel Wärme wie aus dem unzerlegten Sonnenlicht, als Zeichen dessen, dass im roten Licht sich die Wärmestrahlen einfinden. Man darf nicht rotes Licht, das mehrere Farben enthält, mit Wärmestrahlen verwechseln, wozu das Empfinden wegen der regelmäßigen Koinzidenz von Flammen und Wärme verlockt; die Wärmestrahlen sind vollständig unsichtbar, sonst könnte man beim warmen Ofen lesen.

Mit diesen ersten Versuchen ist schon Erhebliches sichergestellt aus der Naturgeschichte des Lichtes. Klar geworden ist, dass es sich in Wellen ausbreitet, dass die für das Lebendige sichtbaren Wellen nur ein kleiner Ausschnitt der vorhandenen sind, die als Wärmestrahlung wirksam sind, dann in immer kürzeren Wellen das herstellen, was man Farbe nennt, schließlich in den kürzesten Wellen nur mehr chemisch, da aber auf das Intensivste wirken.

Noch steht für uns die Überzeugung von der Reflexion und Interferenz der Lichtstrahlen aus. Aber schon durch einen höchst einfachen Versuch, etwa wenn man ein Bündel Sonnenstrahlen durch ein Loch in einem schwarzen Karton auf einen Spiegel und durch diesen in ein Wassergefäß fallen lässt, kann man nachweisen, dass diese Strahlen an der Grenzfläche des Wassers zurückgeworfen, also reflektiert werden, wobei der Einfallsund der Reflexionswinkel einander gleich sind. Solche Reflexe am Wasser oder an spiegelnden Scheiben kennt jedermann, desgleichen die scheinbare Brechung eines in Wasser gesteckten Stabes. Der Spiegel ist nichts anderes als eine diese Reflexion verwertende Vorrichtung, die dem Menschen allein schon zur Genüge besagt, wie es mit der Realität des Welterlebens bestellt ist. Denn der Spiegel zeigt sein Bild der Welt dort, wo in Wirklichkeit nicht das Geringste davon vorhanden ist.

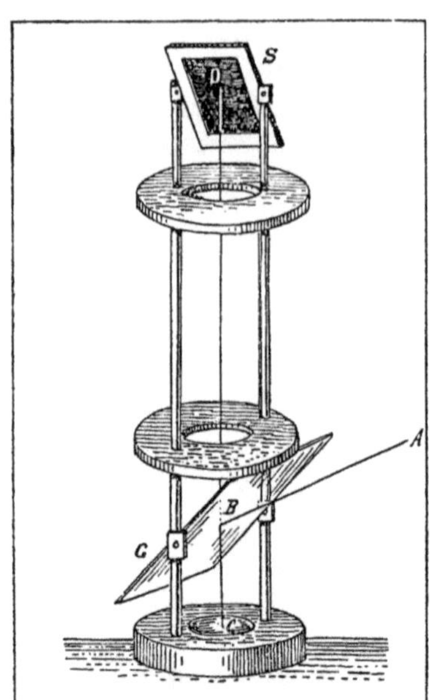

Abb. 2.8: Apparat zur Polarisation des Lichtes durch Reflexion. Der Lichtstrahl AB wird von der Glasscheibe O nach unten reflektiert, trifft dort einen Silberspiegel und wird von diesem senkrecht nach oben geworfen. Der Strahl CD fällt auf den schwarzen Spiegel S, von dem er nun unter den in der Zeichnung dargestellten gegenseitigen Spiegel- und Glasplattenstellungen nicht mehr reflektiert wird, also polarisiert ist. (Nach Graetz)

Durch Spiegel aber hat sich z. B. in dem geistvoll ersonnenen Fresnel'schen Spiegelversuch (Abb. 2.7) auch die Interferenz, das sich gegenseitige Auslöschen der Lichtwellen, das wir zuerst an den Meereswellen beobachteten, zur völligen Gewissheit erheben lassen. Man lässt bei diesem Versuch durch schwarze Spiegel Strahlen reflektieren, wobei die Spiegel so angeordnet sind, dass die reflektierten Strahlen einander durchdringen. Da nun bei farblosem Licht dadurch auch farbige Streifen entstehen, bei rotem abwechselnd rote und dunkle, so erkennt man daraus, dass die Lichtstrahlen durch ihre Vereinigung stellenweise geändert sind, was nur unter der Annahme erklärlich ist, dass Wellenberg und Wellental an solchem Ort einander aufgehoben haben, also eine Interferenz eingetreten sei. Licht und Licht erzeugen also, wie es die Theorie verlangt, durch ihr Zusammenwirken unter Umständen Dunkelheit. Seit man das wusste, konnte man auch die Regenbogenfarben der Seifenblasen oder dünner Ölhäute auf Wasser erklären; die Lichtstrahlen werden nämlich zum Teil auf der Vorderseite der dünnen Schicht reflektiert, zum Teil auf deren Rückseite; beide treffen wieder unser Auge, wobei der zweite einen vom ersten differenten Wellengang hat; es entstehen demnach den klanglichen „Schwebungen" entsprechende Interferenzen, die natürlich farbig wirken. So bilden sich auch die wunderbaren metallischen Farben der Käfer und vieler Schmetterlinge durch Interferenz des Lichtes an dünnsten Plättchen und Skulpturen dieser an sich farblosen Flügel.

Auf diesen Grundkenntnissen von der Lichtbrechung und Reflexion, sowie der Wellennatur der Strahlen baut sich nun die wirklich erstaunlich vielfältige Anwendung auf, welche diese Gesetze in den optischen Instrumenten, seien es nun die Brille und sonstige einfache Linsen, das Stereoskop und Mikroskop, das Fernrohr oder das Spektroskop in allen ihren Abarten gefunden haben. Sie alle beruhen auf einer rechnerischen Transformation des Strahlenganges durch lichtbrechende Medien, von denen Glas das wichtigste ist, und ermöglichen dadurch als biotechnische Abänderungen und Zusätze zum Auge, dass Entferntes nahe, Allerkleinstes groß, Flaches räumlich angeordnet erscheint und die Lichtwellen in ihre einzelnen Strahlen zerlegt werden können. So wunderbar und vor allem so brauchbar das alles auch ist, so bereichert es die Erkenntnis aber doch um keine neuen grundlegenden Gesetze, weshalb auch unser Raum für Wichtigeres gespart werden kann, so für die von dem französischen Physiker Malus entdeckten Lichtgesetze, die zur Erkenntnis der Polarisation und ihren Konsequenzen führten. (Vgl. Abb. 2.8)

Reflektierte Strahlen, die unter einem Winkel von 53 — 58° einfallen, besitzen in besonders hohem Maße die Fähigkeit der Polarisation, das heißt, dass durch die Reflexion die Schwingungsrichtung geändert wird; aus einer longitudinalen verwandelt sie sich in eine transversale. Die bekannte Eigenschaft von Kristallen, das Licht doppelt zu brechen, ist nichts anderes, als dass jeder einfallende Lichtstrahl durch den Kalkspat gedreht wird. Hierauf beruht eine besondere, auch praktisch verwertbare Untersuchungsmethode, der sich der Chemiker bei der Feststellung des Zuckergehaltes von Rübensaft durch den Polarisationsapparat ebenso gut bedient, wie der Kliniker bei Untersuchung des Harnes von Diabetikern.

2.12 Elektromagnetische Phänomene

Wichtiger als das aber war es, als der englische Chemophysiker Faraday polarisierte Lichtstrahlen durch ein starkes magnetisches Feld sandte und bemerkte, dass dabei die Polarisationsebene dieses Lichtstrahles ebenso gedreht wird wie in Quarz oder in Zuckerlösung. Diese Beeinflussung des Lichts durch den Magnetismus, beziehungsweise die hinter ihm stehende Elektrizität wurde durch den holländischen Physiker Zeemann noch deutlicher gemacht, als er Linienspektren (also die Spektren glühender Elemente) unter dem Einfluss eines magnetischen Feldes beobachtete und dabei fand, dass deren Linien in der Richtung der magnetischen Kraftlinien in je zwei (Dublett), senkrecht dazu in drei (Triplett) gespalten werden (Zeemann-Effekt), manchmal sogar in noch mehrere. Damit war die Lichtforschung mit der Forschung nach dem Bau der Elektrizität und der Atome, also der Materie in eine Verknüpfung geraten, die es vor allem zweifellos machte, dass Licht ein Elektronenphänomen, ein elektromagnetischer Vorgang sei, und mit einem Schlag war dadurch die gesamte Wellenfrage auf das Niveau einer anderen Bedeutung emporgehoben: Die Wellenbewegung und die Gesetze des Rhythmus waren zu einem Universalphänomen des ganzen Universums geworden. Der Zusammenhang von Licht, Wärme, Elektrizität war durchsichtig, eine Überfülle von Erlebnissen war einem einzigen Gesetz untergeordnet.

Seine erste Formulierung wurde im wissenschaftlichen Denken unter der Bezeichnung: Die Maxwell'sche Wellentheorie oder die elektromagnetische Lichttheorie gehandhabt, da der Engländer Maxwell als erster, noch im Jargon der Ätherlehre, voraussagte, eine elektrische Entladung müsse im Äther genauso Schwingungen erzeugen, wie ein ins Wasser geworfener Stein. Der deutsche Physiker H. Hertz fand, dass diese Anschauung zutrifft, und erweiterte als erster die Wellentheorie zu einer Weltmechanik, deren kolossale Bedeutung für das Verständnis unserer Erlebnisse erst die Generationen nach uns voll und ganz erfassen werden. Jedenfalls wurde auf diesem Wege vor allem das eine ganz Grundlegende erkannt und drang auch allgemein in die Überzeugungen ein, dass zwischen den elektrischen und den Lichtwellen kein prinzipieller, sondern nur wie auch bei den anderen Kategorien der Wasser- und der Luftwellen ein gradueller Unterschied sei.

Die Brücke hierzu wurde durch die Untersuchung der Wärmestrahlen geschaffen, die man zunächst einfach als ultrarote Strahlen ansah, deren Wellenlänge weit größer als die der Lichtstrahlen ist. Sie entstehen stets, wenn man einen Körper in jene intensive Molekularbewegung versetzt, die man Erhitzung nennt, auch wenn sich diese nicht bis zur Produktion von Licht steigert.

Diese dunklen Wärmestrahlen erfreuen durch alle Erscheinungen, die den Lichtwellen zukommen, sie lassen sich ebenso reflektieren und brechen; durch Zurückwerfen mit einem Hohlspiegel kann man z. B. fern von einem glühenden Körper eine Zigarette frei in kalter Luft anzünden und dergleichen mehr. Auch für sie gilt das bei der Spektralanalyse von Kirchhoff gefundene Gesetz, dass jeder Körper gerade die Strahlenarten verschluckt, die er selbst aussendet, ja nach dem Vorgang von Rubens lernte man aus einem Gemisch von Licht- und Wärmestrahlen (wie es jedes Licht darstellt), durch stete Reflexion einen Rest von Strahlen absondern, der nur mehr aus ultraroten Strahlen bestand und Wellen von nahezu 1/3 Millimeter Länge zeigte, die schon eine Menge Körper durchdrangen und in ihren Eigenschaften außerordentlich den Wellen der Elektrizität nahe stehen. Damit war der Zusammenhang zwischen Licht und Elektrizität hergestellt. Die kleinsten elektrischen Wellen messen etwa 6 Millimeter, und von da ab bis zu den oft hundert Meter bis kilometerlangen Wellen der drahtlosen Telegrafie sind alle nur denkbaren Unterschiede vorhanden. Dass diese kilometerlangen Wellen die gleichen Gesetze befolgen wie die winzigen des Lichtes, die kurzen der strahlenden Wärme und die mäßig langen der Luft und des Wassers ist ein nicht oft genug zu betonender Beweis für die Richtigkeit der Anschauung, dass alles Erleben einem einheitlichen Gesetzkomplex folgt, die Grundlage aller Natur- und Kulturwissenschaft also die Biozentrik (siehe Fußnote S. 97) sein muss. Wenn sich daher von diesen Wärmestrahlen herausgestellt hat (und das ist der Verdienst von Max Planck), dass sie nicht einheitlich und gleichmäßig, sondern nach dem Gesetz der multiplen Proportionen tätig sind, so muss dieses Quantengesetz ebenso folgerichtig für den ganzen Umfang des Wellenphänomens, kurz gesagt, für das Weltphänomen selbst gelten, wofür bekanntlich in steigendem Maße auch Beweise herbeigeschafft sind. Da sich aber zugleich herausgestellt hat, dass dieses Gesetz der multiplen Proportionen unter verschiedenen Bezeichnungen, jedoch überall in gleicher Weise wirksam ist, so namentlich im Bereich der Schallwellen als Gesetz der pythagoreischen Intervalle oder der Harmonie, so sind jetzt, was man bisher nicht gewusst hat: Erstens Beziehungen zwischen Wärmestrahlung, Licht und Schall oder zwischen dem Quantengesetz und der musikalischen Harmonie aufgedeckt, zweitens ist damit der Weg beschritten, auf dem die Harmonie als universales Weltphänomen zu erkennen ist.

Was damit aus logischem Zwang vorhergesagt wird, ist durch die Fortschritte der neuesten Physik wieder im Begriffe erwiesen zu werden, und die von den Ideen der objektiven Philosophie Überzeugten erleben die Freude, an einem ganz wesentlichen Punkte sich auf die Forschung als ihren Vorspann berufen zu können.

Der akustische Begriff der Oktave, diese Grundlage der Harmonielehre, durch welche die Periodizität und der Intervallbegriff fundiert werden, ist nämlich neuerdings auch in die Optik eingekehrt. Das sichtbare Licht reicht von Violett bis Rot. Seine Wellenlängen reichen also von 0,38 µ bis 0,76 µ, oder die Schwingungsskala Violett bis Rot verhält sich wie 1:2. Das aber war (vgl. S. 101) das Gesetz der Oktaven. Von da bis zur Wellenlänge der sogenannten Jodkaliumreststrahlen (96 µ) sind weitere 6 Oktaven bekannt, während nach weiteren 7 Oktaven die elektrischen Erscheinungen anheben. Überall sind also Quanten vorhanden, und nach diesem ersten Schritt in die Welt der sichtbaren und elektrischen Wellen wird die Menschheit allmählich zur Harmonielehre der Wärmestrahlung, der Farben und der Elektrizität Vordringen, worin ihr unbewusst die Künstler auf dem Gebiet der Malerei schon Wege gebahnt und Vorarbeiten geleistet haben.

Was ich aber von der Musik sagte, das trifft die Farbenlehre und die Malerei in einem noch erhöhten Maße: Ihre Zeit war nicht, sondern wird erst kommen. Die inneren Beziehungen zwischen Musik und Malerei, deren sich die neuesten Kunsteinrichtungen tiefer als die früheren bewusst geworden sind, und die in dem Phänomen des Farbenhörens und der unterbewussten Weisheit der Sprache, die von Farbentönen, Farbenharmonie und Komposition, von Farbendissonanzen und musikalischen Werten der Gemälde früher wusste als von Physik und Philosophie, ihre festesten Stützen haben, sind dabei nur Wegweiser für das, was die Menschheit auf diesem Gebiet noch erreichen wird, wenn erst einmal die Musik der Farben ihre Symphonien zu spielen anhebt. Die Erkenntnis lässt da in schwindelnde Weiten hineinblicken, in Jahrhunderte des denkerischen, forschenden und künstlerischen Schaffens — die Selbstkritik aber schiebt diese Perspektiven kühl zur Seite und stellt dagegen ihr großes Fragezeichen auf, das da lautet: Wie soll dieser Bau aufgeführt werden von einem Wissen, das mit dem Lichtäther die bisherigen festen Grundlagen verließ, ohne neue geschaffen zu haben?

Diese Frage des Lichtäthers ist es, durch die gegenwärtig die gesamte Wellentheorie in eine schleichende Krise geraten ist. Wenn es keinen Weltäther gibt, was führt dann diese wunderbaren Wellenbewegungen im unermesslichen Weltenraum aus? Die Relativitätslehre, die dem Weltäther den Todesstoß versetzte, hat, wie Lénard in seiner Kritik der einstein'schen Lehre sehr treffend hervorhob, eigentlich an seine Stelle nichts als den etwas sehr vagen Begriff des Raumes gesetzt, wodurch für die praktische Arbeit aber auch gar nichts gewonnen zu sein scheint. Daran kann ja tatsächlich kein Zweifel sein, dass mit allgemeinen Vorstellungen, wie atomare Struktur des Lichtes, noch nichts erreicht ist, zugleich aber auch, dass der Begriff Lichtquanten mehrdeutig ist und vor allem die Bündelung (Quantelung nennt man das in der neuesten Physik mit einem sehr barbarischen Fremdwort) der Strahlen zu bedeuten hätte, sodass man zum mindesten zwischen Lichtquanten erster Ordnung oder elementaren Lichtquanten und solchen zweiter Ordnung zu unterscheiden hätte. Immerhin ist der Begriff Lichtquantum aber auch nicht inhaltsärmer, als der Begriff Atom in all den Jahrzehnten war, in denen die praktische Chemie mit ihm rechnend Fabriken um Fabriken errichtete und Millionenwerte schuf: Man konnte damals auch nicht das geringste Anschauliche an diesen Begriff knüpfen, und die Vorstellung „chemisches Atom" ist auch heute noch, unabhängig von allen Kenntnissen über das physikalische Atom, vollständig luftig.

Zudem kennt die Physik heute außer den Lichtstrahlen eine ganze Anzahl anderer Strahlungen, von denen augenblicklich nur die Kathodenstrahlen und die Kanalstrahlen genannt seien, die ebenso Brechung, Reflexion und Interferenz, also Wellennatur aufweisen wie das Licht, aber schon längst als Teilchenstrahlen bezeichnet wurden, weil man sich davon überzeugt hatte, dass in ihnen materielle Teilchen, und zwar in den Kathodenstrahlen die negativen Elektronen, in den Kanalstrahlen die positiven Ionen Schwingungen ausführen. Es steht demnach der Lichttheorie prinzipiell nichts im Wege, dem Licht, wenn es von dem Zusammenhang der sonstigen Gesetze gefordert wird, eine atomare Grundlage zuzuschreiben und den Weltenraum mit irgendwelchen noch näher zu umschreibenden elementaren Lichtquanten ebenso zu bevölkern, wie man ihn ohne Bedenken mit Elektronen (Elektrische Fernwirkungen der Sonne) oder den Atomen der Gase (Coronium und Nebulium) bevölkert hat.

Es sind also jene Denker im Irrtum, die annehmen, dass die Quantentheorie des Lichtes an sich ein Widerspruch zur Wellentheorie des Lichtes sei. Man muss diese Begriffe viel schärfer präzisieren. Die atomare Struktur des Lichtes ist an sich noch nicht identisch mit der quantenhaften Abgabe von Energie, wie sie Planck entdeckte. Und der Ausdruck „Wellentheorie des Lichtes" deckt nicht in allem die Huygens'sche oder Maxwell'sche Lichttheorie. Wie gerade vorhin gezeigt wurde, kann man sich sehr gut auch harmonische Schwingungen von Lichtteilchen vorstellen (schon Newton hat ähnliche Vorstellungen gehabt und konnte sie sehr gut mit seiner Mechanik vereinbaren), also die Wellentheorie und ihre Konsequenzen aufrechterhalten und dabei doch die Äthervorstellung preisgeben. Übrigens war die maxwell'sche Lichttheorie keineswegs auch vor den neuen Einsichten eine allgemein zufriedenstellende Hypothese, sondern litt an namhaften Unzulänglichkeiten. So konnte sie namentlich nicht die Erscheinung der Dispersion deuten.

Unter Dispersion des Lichtes versteht der Optiker die Tatsache, dass der Brechungsindex eines durchsichtigen Körpers für verschiedene Farben als eine Funktion der Wellenlänge derart verschieden ist, dass die sogenannte Dispersionskurve stets von Rot nach Violett ansteigt. Daher haben alle Linsen die Neigung, die Farben auseinander zu legen. Die farbigen Ränder, die man in einem schlechten Mikroskop um die Ränder der Gegenstände sieht, sind eine Folge dieser nicht genügend korrigierten Farbenzerstreuung. Die Lichtbewegung zeigt sich also in dieser Erscheinung abhängig von der Wellenlänge. Dafür bietet aber die Lichttheorie von Maxwell kein Verständnis. Um es herzustellen, muss man zu der Hilfshypothese greifen, die Materie, durch die das Licht geht, sei aus Ionen und Elektronen zusammengesetzt, die durch die periodisch wechselnde elektrische Kraft der Lichtquellen in Bewegung versetzt und dabei dann durch Reibung so behindert werden, wie es die Tatsachen der Dispersion zeigen. (Lorentz, Planck.)

Aus diesen Untersuchungen entsprangen die Versuche über Lichtfortpflanzung in bewegten Medien von Fizeau (1851), Michelson und Morley, die heute in aller Munde sind, trotzdem sie aus dem Jahr 1886 stammen. Es ergab sich zwar einerseits eine höchst frappante neue Übereinstimmung der Wellengesetze des Schalles und des Lichtes, indem man das aus der Akustik so wohlbekannte doppler'sche Prinzip in der Optik gültig fand. Wenn man auf dem Bahnhof steht und ein Schnellzug fährt pfeifend durch, so wird sein Pfiff, je näher er kommt, desto heller klingen; denn die Schwingungszahl der Wellen wird durch die Bewegung beeinflusst. Das Gleiche lässt sich nun als Farbenänderung auch an sich bewegenden Lichtquellen (z. B. im Spektrum von Sternen) wiederfinden, und bestätigt die Einheit der Wellengesetze im ganzen Universum. Andererseits aber stellten sich gerade im Verfolg des Fizeau'schen und Michelson'schen Versuchs bei Lorentz die Überzeugungen ein, und die mit der Relativitätslehre die Lehre vom Weltäther ad absurdum führten. So vereinigten sich die Gesetze des Lichts auf einem langen Weg der Erkenntnisse mit denen der Elektrizität und dadurch jenen der Materie überhaupt, ohne irgendwie den Satz zu überschreiten, dass die elementare und allgemeine Funktion der Materie die Wellenbewegung sei.

2.13 Gestalten der Elektrizität

Alles, was man auf den bisher überblickten großen Gebieten des Erlebens erfahren hat, wiederholt sich nun auf dem zentralen und eigentlichen Gebiet der physikalischen Erscheinung, nämlich in der Elektrizitätslehre. Elektrizität ist der Sammelname für die Erscheinungen, welche die Schwingungen der Elektronen darbieten.

Und Elektronen ist der Sammelname für die Atome der Elektrizität. Die chemischen Affinitäten, das Licht, der Magnetismus, alles das ist elektrische Erscheinung, auch die Materie ist aus Elektrizitätsteilchen aufgebaut, und so ist nicht mehr die Mechanik, sondern die Elektrizitätslehre das Fundament der Physik.

In diese Satz lässt sich etwa das zusammenfassen, was als elektrisches Grundgesetz der Welt in einem Überblick über die Gesetze der Welt noch Platz heischt. Davon ist an dieser Stelle von besonderem Wert jetzt nur der Nachweis, dass alle elektrischen Erscheinungen in Wellen ablaufen, die von den gleichen Gesetzen beherrscht werden wie sämtliche anderen Wellen. Gelingt dieser Nachweis, dann ist allerdings, nachdem das gesamte Sein als Elektrizität erscheint, die Wellenfunktion zugleich als die Weltfunktion erkannt.

Nun haftet der gesamten Elektrizitätslehre ein sehr empfindlicher Mangel an. Wohl ist es bis zur Überzeugung getrieben worden, dass alle Elektrizität in zwei Kategorien zerfällt, in sogenannte positive und in negative Elektrizität, die sich in vielen Beziehungen grundlegend voneinander unterscheiden. Es gehört das zu den elementaren, auch von den Nichtphysikern vorauszusetzenden Kenntnissen, braucht demnach hier nicht weiter zergliedert zu werden. Man hat nun von der negativen Elektrizität eine sehr deutliche, durch Versuche kontrollierbare Vorstellung, sie sei aus Elektronen, d. h. elektrischen Elementarteilchen, nach Art der Atome der Chemie oder der Lichtquanten zusammengesetzt.

Wohl sprechen manche Naturforscher auch von positiven Elektronen; ja man findet sogar im Schrifttum so befremdende Sätze wie den: Die Elektrizität sei ein Stoff, ein chemisches Element und jene ihrer Atome, die mit den Atomen anderer chemischer Stoffe in jenem unlösbaren Zusammenhang stehen, den man als Ion bezeichnet, seien die Träger der positiven Elektrizität.

Diesen Vorstellungen haften also reichlich Unklarheiten und Unzulänglichkeiten an, und es ist deshalb nicht schwer, vorherzusagen, dass die Elektrizitätslehre nicht dauernd auf dem heutigen Stand ihrer Grundüberzeugungen bleiben wird. Es gibt natürlich nicht zweierlei Elektrizitäten — das ist ganz selbstverständlich —, sondern das sind nur Modi einer hinter ihnen stehenden einheitlichen Grundtatsache, über deren wahre Natur sich freilich wenig aussagen lässt.

Aber vielleicht ist dieses immer wieder sich vereinigen, das den entgegengesetzt geladenen elektrischen Körpern anhaftet, ein tieferer Einblick in den Unterbau der Welt, als ihn die Materie sonst bietet. Denn was das sogenannte Coulomb'sche Gesetz sagt, dass die Kraft, mit der zwei geladene Körper aufeinander wirken, die Richtung der Verbindungslinie zwischen ihnen besitze und sich durch das Produkt ihrer Ladungen, geteilt durch das Quadrat ihrer Entfernungen, errechnen lasse, das ist nichts anderes als die Konstatierung des Newton'schen Gravitationsgesetzes für die Welt der Elektrizität und damit wieder ein sehr merkbarer Schritt zur Vereinheitlichung der Weltanschauung.

Dieses elektrostatische Grundgesetz enthält nun noch mehr als die Aussage über die Gravitation, da es auch von einer Abstoßung weiß, welche der Physiker sonst nicht kennt. Aus ihm flössen alle die Möglichkeiten, sich Maßeinheiten: Coulomb, Volt (als die Einheit des Potenzials), Farad, Ampère (als Einheit der Stromstärke), Ohm (als Einheit des Widerstandes), der elektrischen Kräfte zu schaffen, durch welche die elektrische Industrie erst die Möglichkeit zu ihrer Begriffsmechanik, nämlich den elektrotechnischen Konstruktionen erhielt. Dadurch drang man immer tiefer in die vielgestaltigen Äußerungen der elektrischen Energie ein und lernte vor allem ihr Strömen in Flüssigkeiten, Gasen und Leitern, die zumeist Metalle sind, näher kennen. Hierdurch ergab sich dann wieder der Einblick, dass die Erscheinungen des elektrischen Stromes in Flüssigkeiten unverständlich sind, wenn man der Elektrizität nicht gleich dem Licht eine materielle Struktur, einen Zerfall von selbstständig tätigen Elektroatomen, kurz gesagt: Elektronen, zuschreibt.

Damit war aber die erste Brücke geschlagen, die von den Wellengesetzen des Lichtes hinüberleitet zu denen der Elektrizität. Wenn man nämlich einen Energiestrom elektrischer Natur oder, wie man das kurz nennt, einen elektrischen Strom nicht durch Metalldrähte, sondern eine leitende Flüssigkeit, nämlich eine Lösung von Salzen oder Säuren, sendet, erlebt man sehr merkwürdige chemische Vorgänge als Beweis dessen, dass der Chemismus auch in das große Gebiet elektrischer Funktionen gehört. Von dem mit dem positiven Pol verbundenen Draht (der Anode) ebenso wie von der Kathode finden dann chemische Abscheidungen, also molekulare Zersetzungen statt, eine Elektrolyse, welche die Moleküle in die uns schon bekannten Atome mit elektrischer anhaftender Ladung, die Ionen, zerlegt, eine Entdeckung, die sich namentlich an den verehrungswerten Namen von Faraday knüpft.

Nun führte der Verfolg dieser Faraday'schen Gesetze in gerader Linie zu der Einsicht, dass die Atome aller chemisch einwertigen Stoffe als Ion auch dieselbe Elektrizitätsmenge (nämlich dieselbe Anzahl von Coulomb) mit sich führen, die

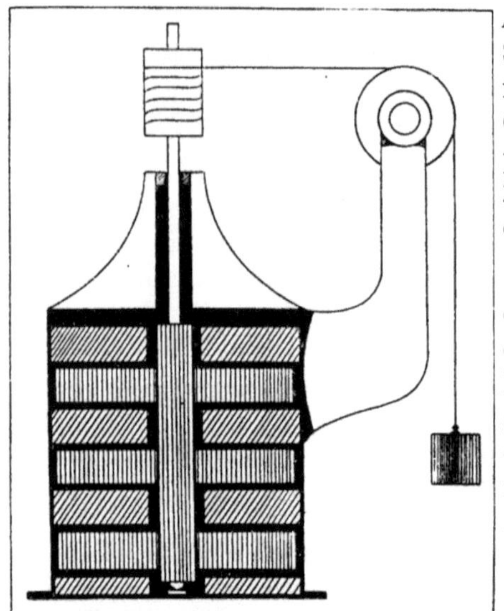

Abb. 2.9: . Versuch von Joule. In einem Gefäß voll Wasser werden die Schaufeln bewegt, wodurch sich das Wasser erwärmt als Beweis dafür, dass Arbeit in Wärme umgewandelt werden kann.

Atome der zweiwertigen Stoffe die doppelte und so fort, sodass sich eine Art Gesetz der multiplen Proportionen oder rationalen Zahlen auch hier gültig erwies.

Aber bedeutete denn das nicht zugleich, dass die Elektrizität bei der Elektrolyse in bestimmte, gesetzmäßig festgelegte, quantenhaft ausgezeichnete Teile zerfällt, dass auch sie aus Atomen besteht, wie die chemische Materie? Auf dieser Überlegung fußt die Lehre von den Elektronen; die Erscheinungen der Elektrolyse waren der erste und seitdem nicht vereinzelt gebliebene Beweis von der stofflichen Natur und atomistischen Zerteilung der Elektrizität, die dann so fruchtbar für das gesamte Weltbild wurde.

Wenn in Lösungen Elektronen ihre Schwingungen ausführen, denn nur so erscheinen dem neuen Wissen die elektrischen Erscheinungen, dann dissoziieren sich deren Moleküle; was geschieht aber, wenn ein solcher „Strom" durch Gase geleitet wird? Man kann es experimentell prüfen. Sie leuchten. Das sind die Geißlerröhren und die Bogenlampen.[14] Wenn sie durch Metalldrähte gehen, werden diese wärmer, wovon man sich an jeder, namentlich an einer überlasteten elektrischen Lichtleitung leicht überzeugen kann. Hierauf beruht eine Anwendung des elektrischen Stromes, die von größter Bedeutung für das praktische Leben der Menschen geworden ist. Man hat das Gesetz dieser Erwärmung nach dem englischen Privatgelehrten Joule (spr. Schaul) so ausgedrückt, dass die in einem Drahtstück in der Sekunde entwickelte Wärme, dem Widerstand dieses Drahtstückes, multipliziert mit dem Quadrat der Stromstärke gleich sei, was bei

---

14   In den Bogenlampen geht nämlich die Lichterscheinung nicht nur von den zur Weißglut gebrachten Kohlenstiften allein, sondern auch von der Luft (daher Lichtbogen), also von einem Gas aus.

näherem Nachforschen nur ein besonderer Fall des schon längst bekannten Satzes von der Erhaltung der Energie ist. Diese Joule'sche Wärme ist bekanntlich der Ausgangspunkt von praktischen Anwendungen sonder Zahl geworden, beruhen doch auf den Erscheinungen in Drähten die Glühlampen, die jetzt meist Metallfadenlampen sind, und die Vorrichtungen zum elektrischen Kochen und Heizen, denen das Morgen gehört, wenn die elektrische Beleuchtung eine Frage von heute ist. Von diesen leitenden Drähten macht sich die Theorie die Vorstellung, dass in ihnen die Elektronen außer ihrer unregelmäßigen eine besondere Bewegung in der Richtung der Spannung ausführen, nach Art eines Windes in der Luft bei Druckdifferenzen.

Das ist der „Strom", der sich in Wellen fortpflanzt, und dem der Draht einen Widerstand entgegensetzt, der sich merkwürdigerweise nach der absoluten Temperatur richtet. Denn er wächst mit jedem Temperaturgrad gerade um $^1/_{273}$ seines Wertes, woraus folgt, dass der Widerstand der Metalle bei 273° unter Null überhaupt aufhören muss. Aus diesem Zusammenhang folgt auch das Wiedemann-Franz'sche Gesetz, nach dem die elektrische Leitungsfähigkeit der Metalle mit der Wärmeleitungsfähigkeit übereinstimmt. Beides sind Belege dafür, dass freie Elektronen da sind, die im Strom — und zwar bis zur Lichtgeschwindigkeit — dahinrasen, mithin sind es Belege für die Allgemeingültigkeit der Wellenlehre.

In die Ferne wirkt nun die Elektrizität durch Schwingungen von anderer Leistungsfähigkeit. Wenn man das Gleichgewicht der Elektrizität auf einer Leidener Flasche durch eine Funkenentladung plötzlich stört, wird man finden, dass sie in dem Funken und von da ab in den Leitungsdrähten Schwingungen ausführt, die gemessen wurden und mit der Frequenz von 200.000 in der Sekunde noch als langsam gelten, während sie ihr Maximum etwa in 1.000 Millionen pro Sekunde finden. Diese elektrischen Schwingungen verhalten sich anders als gewöhnliche elektrische Ströme. An ihnen lassen sich die Gesetze der Akustik demonstrieren, wie denn Telefon und sprechende Bogenlampe auch dem Denkunfähigen bewiesen haben, dass hinter den akustischen, optischen und elektrischen Erscheinungen ein und dieselbe Gesetzlichkeit stehen muss, sonst wären solche Funktionsübertragungen nicht möglich. Ferner stellte sich alsbald heraus, dass jedes

System von elektrischen Leitern und Drähten einen Eigenschwingungsrhythmus besitzt, d. h. eine Schwingungszahl in der Sekunde, und dementsprechend abgestimmt eine Periodizität der Schwingungen hat, die nur ihm eigentümlich ist. Damit ist das Harmoniegesetz und die Harmoniemöglichkeit auch im Bereich der elektrischen Erscheinungen sichtbar geworden; die musikalischen Begriffe Resonanz und „aufeinander abgestimmt sein" haben auch in der Elektrizitätslehre ihre fest umrissene Bedeutung bekommen, und sofort stellte sich mit dieser Erkenntnis eine neue ungekannte Anwendung der elektrischen Wellen ein.

Die Verdienste daran knüpfen sich zunächst wieder an den Namen Heinrich Hertz, dann an den Italiener Marconi und deren Entdeckung der drahtlosen (daher auch Funken-) Telegrafie und Telefonie. Zunächst war hier für Hertz der Weg gegeben, um zu zeigen, dass die Induktionsfunken, mit denen er arbeitete, Zeit zu ihrer Ausbreitung brauchen, ein Weg, auf dem man zu der Erkenntnis kam, dass die elektrischen Fernwirkungen sich mit Lichtgeschwindigkeit durch transversale Wellen ausbreiten. Wieder war es die Anwendung optischer Gesetze, nämlich die elektrische Wellen reflektierenden Hohlspiegel, durch die er nachwies, dass elektrische Wellen im freien Raum sich ganz so verhalten wie die Wellen des Wassers, die der Luft und die des Lichtes, nämlich sowohl Brechung wie Reflexion erleiden. Wellen von der Schwingungszahl 100 Millionen werden, da sie 300 Millionen Meter in der Sekunde zusammen zurücklegen, einzeln drei Meter lang sein müssen; zu ihrer Reflexion gehören also Hohlspiegel von mehreren Metern Durchmesser. Um also handlich experimentieren zu können, müssen Wellen von 1000 Millionen Eigenschwingungszahl verwendet werden; man konnte also diese Hertz'schen Spiegel, welche die erste Grundlage der Apparatur bildeten, seitdem ganz klein machen, um drahtlose Wellen aussenden und auffangen zu können, eine Methode, die heute, wie seit dem großen Kriege jedermann weiß, außerordentlich vervollkommnet ist. Nur hat man sich in der Praxis hierzu wieder den langen, 200 bis 3000 Meter langen Elektrowellen zugewendet und hat gelernt, nicht nur solche Wellen von bestimmter Länge auszusenden und zu empfangen, sondern das in weiten Grenzen zu variieren. Ein Detektor übermittelt dem Telegrafisten Zeichen von bestimmten musikalischen Qualitäten (daher System der tönenden Funken der früheren Telefunken-Gesellschaft), durch die jetzt um den Erdball die Signale gesandt werden, ein Triumph sowohl der Menschheit wie des großen Gedankens von der Wellenfunktion als Weltphänomen.

Damit ist auch die letzte Schranke gefallen, welche die Erkenntnis bisher noch hinderte, den Satz auszusprechen: Elektrizität sei Licht. Der einzige Unterschied zwischen den beiden Wellenformen ist ihre Größe. Die ultramikroskopischen Elektrizitätswellen werden von uns Licht genannt, und Lichtwellen von sechs Millimeter bis dreitausend Meter Länge nennen wir elektrische Schwingungen. Das ist der ganze Unterschied. Damit ist aber auch die Brücke geschlagen, um zu einem Verständnis für die wahre Natur des Lichtes zu kommen. Wenn die große Schwingung als Material Elektronen verwendet, woran kein Physiker von heute mehr zweifelt, dann kann die Grundlage der kleinen Schwingung auch aus nichts anderem bestehen.

Die Elektronenfolgerung zogen ziemlich gleichzeitig H. A. Lorentz in Leiden und Thomson in Cambridge (der Name stammt allerdings von Stoney), als sie das Leuchten einer Crookes-Röhre untersuchten und fanden, dass es von den Partikeln der Kathode stamme, wobei es gleich blieb, ob diese aus Gold, Blei, Kupfer oder anderem Material bestand. Hieraus war zu schließen, dass es nicht materielle Teilchen seien, die da als winzige Masse von nur $^1/_{1830}$ der Wasserstoffatome mit 100.000 km/sek. Geschwindigkeit dahinflogen, sondern das Atom der elektrischen Ladung selbst.

Wenn die Elektronen die Grundlage der Elektrizität der Masse[15], also aller Gase, Flüssigkeiten und festen Körper sind, wie die Radiochemie mit Erfolg klargemacht hat, wenn elektrische Energie und Lichtenergie gleich wie die Gravitation ein und demselben Gesetz folgen, dann muss der nächste Schritt der Einsicht die Verknüpfung des Lichtes mit den Elektronen sein. Und von hier aus sind auch die Zugänge offen für das Verständnis des Magnetismus wie der anderen Strahlungen, die als Röntgen-, Kathoden- oder Kanal-

---

15 In diesem Sinne kann der Mensch als das Elektrizitätswesen an sich bezeichnet werden. Man bedenke nur folgendes: Unsere Sinne perzipieren nur „Materie und ihre Gestalten, nämlich Energien"; nach der Relativitätstheorie ist Masse und Energie sogar dasselbe. Alle Energien sind Transformationen der Elektrizität. Auch die „Masse" ist nach den Ergebnissen der Physik als scheinbare Masse im Prinzip nichts als elektrische Energie. Daher kann man mit Recht sagen, wir perzipieren nur Elektrizität in ihren verschiedenen Erscheinungsformen. Mit anderen Worten, aus dem ganzen Komplex der Welt wird für uns nur die Elektrizität zum Erlebnis. Insofern sind wir das spezifische Elektrizitätswesen, was ein Problem für sich ist.

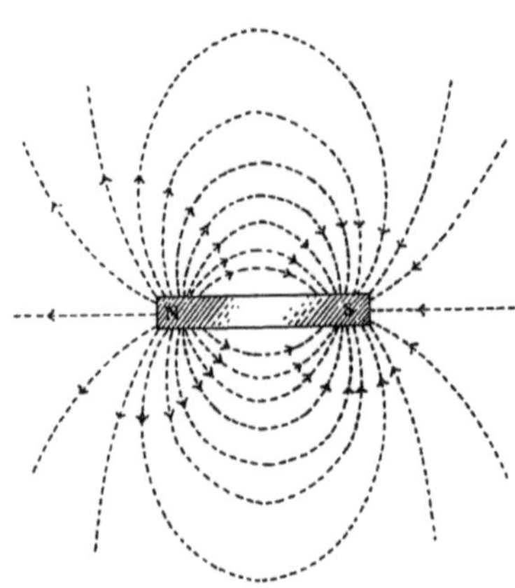

Abb. 2.10: Das „Magnetische Feld" mit seinen durch die Anordnung von Eisenfeilspänen verratenen Kraftlinien..

strahlen, als Radioaktivität usw. auftreten. Von ihnen sind die am einfachsten Verständlichen die Kathodenstrahlen, die bekanntesten allerdings die, welche 1895 Röntgen zu München der wissenschaftlichen Welt vorführte, während der Magnetismus schon lange das Erstaunen erregt hatte, bevor die Menschheit von anderer Elektrizität wusste, als Blitz und Nordlicht ihm darbieten.

Deshalb entwickelte sich die heute noch als Anhang in der Physik besonders behandelte Lehre vom Magnetismus als Disziplin für sich und erschwerte dadurch lange Zeit das einheitliche Verstehen der Phänomene, obwohl schon die erste Jugenderfahrung mit einem der aller Welt bekannten Hufeisenmagneten jedermann darauf aufmerksam machen konnte, dass die elektrischen Grunderscheinungen von Anziehung und Abstoßung (vgl. Abb. 2.10), somit der Polarität auch bei diesen in der Natur gefundenen rätselhaften Eisensteinen vorhanden seien, an die die Vorzeit allerdings nur Märchen knüpfen konnte.

Erst als es gelang, durch Anwendung einer sogenannten Induktionsspule (einer hohlen Metalldrahtspule, in deren Höhlung man Eisen oder Stahl brachte), dieses durch einen elektrischen Strom magnetisch zu machen — eine Erfindung, deren Konsequenzen zu den heutigen Funkeninduktoren der elektrischen Motoren und den Riesendynamomaschinen, zu Telegraf und Telefon, mit einem Wort, zu den unschätzbaren materiellen Werten der Elektrotechnik führten, — wurde es allmählich klar, dass Elektrizität und Magnetismus auf derselben Eigenschaft beruhen, und dass alle elektrischen Phänomene eigentlich elektromagnetische Vorgänge sind. Damit war der Magnetismus als besondere Naturkraft aus dem Gesetzbuch der Welt gestrichen und bedarf auch für uns keiner ausführlichen Erörterung mehr.

Nur kurz will ich daher erwähnen, dass auch der Magnetismus den Gesetzen der Elektrostatik (s. S. 119) und Gravitation folgt, daher den Wellengesetzen unterliegt. Faraday hat gezeigt, dass der Magnetismus eine Eigenschaft aller Körper sei; ob es sich um Glas, Holz, Blei oder Eisen, Flüssigkeiten, Gase, selbst Flammen oder um das Licht handle, überall lässt sich die Bildung jener „Feld- oder Kraftlinien" nachweisen, die man so einfach anschaulich machen kann, wenn man einen Magneten auf Eisenfeilspäne wirken lässt (vgl. Abb. 2.10[16]). Man kann hierdurch die Richtung und Größe der magnetischen Kräfte, kurz mit einem Wort das magnetische Feld sichtbar machen und hat auf diese Weise Einblick erlangt, sowohl darein, dass in einem Magneten schon die Moleküle nach bestimmter Richtung geordnet sein müssen, wie auch dass die vektoriellen Eigenschaften, deren große und grundlegende Bedeutung unserem Nachdenken zuerst bei Betrachtung der Kristallwelt aufgegangen ist, in allem, worin Elektromagnetismus seine Wirkung hat (und das ist doch die gesamte Erscheinungswelt), ihre große, noch nicht fundamental genug beachtete Rolle spielen. Nun steigert sich die Bedeutung dieser Tatsachen ins Ungemessene dadurch, dass die Erde als Ganzes selbst ein ungeheurer Elektromagnet ist, woraus sich das natürliche Vorkommen von Magneteisen, als einer stark magnetischen Substanz ohne Weiteres erklärt. In seinen Konsequenzen haben diesen Satz die Chinesen schon seit dem Tage des frühen Mittelalters gekannt, an dem sie den Kompass, d. h. den natürlichen Magneten anwendeten, der sich dem Gesetz der vektoriellen Einstellung folgend gegen den Nordpol der Erde immer untrüglich orientiert, wenn man ihn frei aufhängt und so dem Seefahrer zum zuverlässigen Berater auf der irreführenden Wasserwüste wird.

Die Magnetnadel hat bekanntlich eine Abweichung (Deklination) von etwa 10 Grad zum geografischen Meridian[17] als Zeichen dessen, dass der geografische und magnetische Pol der Erde aus noch unverstandener Ursache nicht zusammenfallen. Es hat demnach auch die Erde als Ganzes ein magnetisches Feld, das sich als ein höchst kompliziertes Gebilde von übereinander gelagerten Teilfeldern erwiesen hat. Eine ganze Wissenschaft dickleibiger Bücher hat sich da aufgetan unter der Gesamtbezeichnung Erdmagnetismus, deren Hauptresultate leider noch nicht den richtigen Zusammen-

---

16 Die Beeinflussungen von Strahlungen durch ein magnetisches Feld führten zu den weitreichendsten Einblicken in das Wesen der Materie.

17 Desgleichen eine **Inklination** von 60° zum Horizont.

hang mit dem sonstigen Weltbild gefunden haben. Denn noch versteht man nicht, woher das permanente Feld und die Variationsfelder, die man zu unterscheiden gelernt hat, stammen; noch ist keine befriedigende Deutung gewonnen für die säkularen und die sonnen- und mondtäglichen Variationen, die im Sommer und bei Tag groß, bei Nacht und im Winter klein sind und mit den Sonnenflecken ebenso wie die luftelektrischen Erscheinungen im Zusammenhang stehen. Es gibt auch magnetische Gewitter, wie das große vom 14. Mai 1921, bei dem sich herrliche Nordlichter bis Bayern zeigten, die oft genug die telegrafischen Leitungen stören.

Es ist daher nur eine Ansicht, aber noch keine sichere Lehre, wenn man das Gesetz des Erdmagnetismus etwa in folgende Sätze kleidet: Die Sonne schleudert (offenbar in den Sonnenfackeln) eine ungeheure Menge von Elektronen aus, die als Kathodenstrahlen, wie der norwegische Physiker Birkeland an künstlichen Nordlichtern experimentell bewies, in den Polarlichtzonen und in einem äquatorialen Gürtel eingesogen werden und die Ursache des prachtvollen Phänomens der Polarlichter, der luftelektrischen Ströme und der magnetischen Störungen sind. Das ist wahrscheinlich der innere Zusammenhang der Sonnenfleckenperioden und der gleichen Periodizität der magnetischen, sowie der atmosphärischen Gewitter. Im Engeren stellt man sich das so vor, dass die Erde durch diese Elektronenmenge in einen ungeheuren Magneten mit Süd- und Nordpol verwandelt wird, was sich umso mehr ausspricht, als ihr Kern (daher die Inklination der Magnetnadel!) aus Eisen besteht. Wo immer an ihrer Oberfläche Eisen zu finden ist, hat es die Neigung, magnetisch zu werden. Dies der Ursprung der natürlichen Magnete. So kommt durch ein außerirdisches Stromsystem auf dem Wege der Induktion in den magnetisierbaren Massen das permanente Magnetfeld zustande. Die Partialfelder unterliegen dagegen dem Einfluss der Luftdruckschwankungen, der Gezeiten des Mondes und der Sonne, die atmosphärische Bewegungen und durch deren Reibung elektrische Ströme hervorrufen. Durch Induktion entstehen im Erdinnern gleiche, die wieder ihre stets wandernden magnetischen Wirkungen der Partialfelder haben, wobei alles dies gefördert oder beeinträchtigt wird von der steigenden oder sinkenden Temperatur.

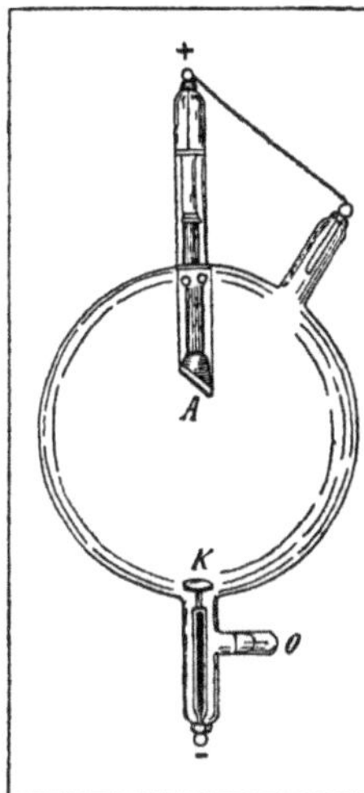

Abb. 2.11: Die Einrichtung einer Röntgenröhre. In eine evakuierte Glaskugel ist ein metallspiegelartiges Blech, die Kathode K eingeschmolzen. Von ihr gehen bei der Einleitung eines hochgespannten Induktionsstromes Kathodenstrahlen aus, die das schief gestellte Metallblech der Antikathode A treffen, von dem die Röntgenstrahlen zurückgeworfen werden. Die Einrichtungen der Antikathode dienen zur Ableitung der reichlich erzeugten Wärme. Sie wird zugleich als Anode benutzt. O = die Osmoregenerierung, die das Vakuum immer wieder auf den gewünschten Stand bringt.

2.14 Strahlungsphänomene

Ist so der Magnetismus in allen seinen Auswirkungen nur eine Nebenerscheinung der allgewaltigen Elektrizität, so sind die Röntgenstrahlen, die der Deutsche Röntgen, der Ungar Lendrd und der Franzose Perrin auf gleichem Wege entdeckt haben, insofern gewissermaßen der Gegenpol der elektrischen Wellen, als sie die Fortsetzung der im Spektrum sichtbaren Schwingungen nach der Seite des Ultravioletts zu darstellen. Sie haben sich — akustisch gesprochen — um etwa 10 Oktaven höher als die ultravioletten Strahlen erwiesen, denn ihre Wellenlänge beträgt nur 0,05 mm, in den Extremen sogar nur 0,001 — 0,00001 µ, da es „Röntgenfarben", d. h. Wellen von verschiedener Länge gibt. Ihre Wellennatur schien dadurch zweifelhaft zu sein, da sie absolut unbrechbar sind; man hält sie auch nicht für zusammenhängende Wellenzüge, sondern für einzelne zerrissene Wellen. Sie wurde aber dennoch jedem Zweifel entrückt, seitdem man an ihnen Beugungs- und Interferenzerscheinungen, seit Ch. Barkla auch Polarisation nachgewiesen hat.

Heute weiß zum mindesten jeder Arzt, wie Röntgenstrahlen entstehen, und welche wesentlichen Eigenschaften sie besitzen. Aber im Jahre 1895 war es eine atembeklemmende Überraschung, zu sehen, dass in einer möglichst luftleer gemachten Geißlerschen Röhre, einer sogenannten Hittorff'schen Röhre beim Hindurchgehen des elektrischen Stromes, von der Wand des Glases, wo die entstehenden Kathodenstrahlen aufprallen, neue Strahlungen höchst merkwürdiger und auch gesundheitsschädlicher Art ausgehen. Durch sie fluoresziert die Glaswand grün, sie lässt sie durch, und nun strahlen sie in den Raum mit einem Durchdringungsvermögen einziger Art. Durch Alles gehen sie in allerdings verschiedenem Maße hindurch, nur Metalle, namentlich Blei, setzen ihnen wesentlichen Widerstand entgegen. Desgleichen haben sie die Eigenschaft, fotografische Platten zu schwärzen, also fotochemisch wirksam zu sein, wenngleich sie für das Auge, wie alles ultraviolette Licht, unsichtbar sind.

Auf diesen Eigenschaften beruht ihre medizinische Verwendbarkeit. Leisten sie doch das anfangs wahrhaft okkult Anmutende, dass sie einen Menschen durchleuchten, der zwischen eine Röntgenröhre (Abb. 2.11), die nur eine handlich gemachte Hittorffröhre ist, und einen mit Bariumplatincyanür bestrichenen Fluoreszenzschirm tritt. Das wohlabgestufte Schattenbild seines Leibes wird sichtbar; am dunkelsten erscheint das Skelett, die Schattenumrisse der Eingeweide, Herz und Lunge, alle inneren Bewegungen werden sichtbar und, namentlich wenn man mit röntgenlichtundurchlässigen Mitteln, wie die Wismuthspeise der Magenkranken eine ist, nachhilft, erhält man einen zaubergleichen Einblick in das Getriebe des Leibes, das dem Arzt bei Knochenbrüchen und Krankheiten, Schussverletzungen, Magengeschwüren, Herzdeformationen, Darmleiden zur Diagnostik heute ganz unentbehrlich geworden ist und schon zahllosen Menschen das Leben gerettet hat, umso mehr, als man ja die Bilder dieser Röntgenstrahlen fotografisch festhalten, daher in aller Muße studieren kann.

Aber nicht das ist für den Intellekt, der den Gesetzen der Welt nachforscht, wesentlich, sondern die wunderbaren Tatsachen, durch die sich die Röntgenstrahlen in Beziehung zur Chemie und Kristallotik gesetzt haben. Die Röntgenstrahlen besitzen die Eigenschaft, die Luft zu ionisieren, d. h. ihre Moleküle zu zersprengen und jeden Körper, auf den sie fallen, zur Aussendung von sekundären Röntgenstrahlen zu veranlassen, was besonders für Metalle von höherem Atomgewicht als 27 zutrifft, die dann ganz charakteristische Sekundärstrahlen aussenden, welche alle ihre spezifische Wellenlänge besitzen, also, wenn man es so nennen darf, ihre „Röntgenfarbe" haben.

Das gilt letzten Endes, wie sich neuestens herausgestellt hat, für jedes Element, und dessen spezifisches Röntgenspektrum gehört gegenwärtig geradezu zu den Typusqualitäten der Elemente und hat ebenso wesentlich zur Aufdeckung der Atomstruktur beigetragen, wie die röntgenologische Untersuchung der Kristalle, welche mit den Bewegungs- und Interferenzerscheinungen der Röntgenstrahlen bekannt machte und die Raumgitterauffassung sicherstellte.

Alles das hat freilich noch nicht das Denken zwingend zum Verständnis der wahren Natur dieser merkwürdigen Wellen geführt. Es ist erst eine Tatsachenfeststellung, aber noch keine Erklärung, wenn man sagt: Röntgenstrahlen entstehen durch starkes Bremsen von negativen Elektronen (Stokes), wenngleich sie trotzdem mit der Ausbreitungsgeschwindigkeit des Lichtes fliegen. Jedenfalls erklären sich auf diese Weise die starken Wärmewirkungen, welche sie überall auslösen, wo sie auftreffen, und die schon manchen nicht genügend achtsamen Arzt oder seine Patienten schweren Verbrennungen aussetzten.

Alle die Erkenntnisse, welche auf den letzten Seiten dieses Kapitels dargelegt sind, bilden, wenn man sich ihrer zusammenfassend erinnert, einen Kreis, in dessen Zentrum ein Begriff, der des Elektrons liegt. Die Röntgenstrahlen, für deren teilchenhafte Natur (Bragg, Barkla) natürlich aus demselben Zwang gestritten wurde, aus dem man das Licht als „Elektronenmaterie" betrachten muss, enthüllen uns in den Linienspektren der Elemente deren Atome als ein komplexes System von Elektronen; die Elektrizität hat sich als nichts anderes denn eine Mechanik der Elektronen erwiesen, das Zeemann-Phänomen ließ erkennen, dass es Elektronen sind, die im „Duplet" und „Triplet" die Farben erzeugen, die Elektrolyse zeigte die Atome mit Elektronen im Bunde, ebenso alle Vorgänge von Ionisierung, in den Kanalstrahlen sausen Gasionen dahin, in den Kathodenstrahlen die freien Elektronen selbst, der elektromagnetische Vorgang, dem die Erde unterliegt, hängt von der Flut polarer Elektronen ab; kurz, das Elektron war sozusagen im Begriff, die zentrale Vorstellung von allem zu werden, was mit dem Begriff Energie überhaupt zusammenhängt.

An nichts zeigte sich das heller beleuchtet, als an der großen Erweiterung des Wissens von der Radioaktivität, die die Chemie Anfang des 20. Jahrhunderts erfahren hat. Hier sei nur darauf verwiesen, dass die β-Strahlung des Radiums nichts als eine Elektronenstrahlung ist, dass die viel genannten Teilchen der α-Strahlung die Kerne der Atome darstellen, indem die α-Strahlung doppelt positiv geladene Heliumionen sind. Beides sind Erkenntnisse, die man Rutherford, diesem strahlendsten Namen der zeitgenössischen Physik, verdankt. Die sämtlichen Erscheinungen der Radioaktivität sind damit wieder auf das Kernproblem des Weltphänomens bezogen: auf die Elektronik.

Die Atome der radioaktiven Körper sind zerfallende Atome. Sie sausen auseinander, ihre negativen Elektronen werden frei; Heliumionen entführen die positiven Elektrizitätsbestandteile, wobei als Begleiterscheinung eine Art Röntgenstrahlen (die γ-Strahlen) auftreten. Eine ungeheure Energiemenge wird dadurch befreit, und die Menschheit, die sich heute dessen rühmt, die Atomzersprengung als Kraftquelle sich dienstbar zu machen, wird nicht ruhen, bis nicht diese Einsichten ihr noch andere Früchte getragen haben, außer den ideellen, die in dem neuen Wissen von dem Aufbau der Elemente durch eine Elektronenmechanik und daher von ihrer Umwandlung reifen. Denn unter dem Bann der materialistischen Idee sucht ja die Menschheit im Paradiesgarten der Natur nicht nach der Erkenntnis der Gesetze, um danach ihr Leben reiner, vollendeter und harmonischer gestalten zu können, sondern ausschließlich nach goldenen Früchten, nach Dingen, die ihre Genusssucht befriedigen und ihr Herrschaft über die Natur verleihen. Die durch nichts verzehrbaren ungeheuren Mengen von Wärme, die das Radium und seine Verwandten ständig in den Weltraum hinaussenden, sind ein unleugbarer Beweis dafür, dass im Atomzerfall tatsächlich diese so heiß gesuchte, ungeheuerste aller Energiequellen gefunden ist.

Die Lehre von den Gesetzen der elektrischen Wellen schließt ja mit der Erkenntnis, dass die aus dieser Materie und ihren Wellen aufgebaute Welt, also die unserer Physik einer steten Wandlung, einem Zerfall und Neuaufbau unterliegt, durch den die Wärme, die „Mutter aller Energie", ins Dasein gerufen wird. Allerdings ist dieser Zerfall ein außergewöhnlich langsamer. Die Erscheinungen der Radioaktivität gestatten keinen anderen Rückschluss, als dass von den Billionen von Atomen, die nicht nur in einem Milligramm Radium vereinigt sind, in einer Sekunde nur äußerst wenige zerfallen. Und dem Zerfall ausgesetzt ist jederzeit ein im Verhältnis gar nicht darstellbar kleiner Bruchteil der Welt. Es kann z. B. auf Erden ein Atomzerfall überhaupt nur in den äußersten Schichten stattfinden. Der Engländer Strutt fand, dass in den Gesteinen, welche uns zugänglich sind, durchschnittlich eine Million Kubikmeter nur an acht Gramm Radium enthält. Überträgt man diese Rechnung auf den ganzen Erdball, so müsste dessen Radiumgehalt Dreißigmal so viel Wärme entwickeln, als die Erde durch Strahlung verliert; mit anderen Worten, sie müsste eine Sonne sein und immer heißer werden. Da dies aber nicht der Fall ist, so kann in den tieferen Erdschichten kein nennenswerter Atomzerfall stattfinden. Wohl aber ist solches auf der Sonne mit ihrem Heliummantel denkbar, und das Problem der Sonnenhaftigkeit, erscheint auf einmal in neuer Beleuchtung.

Mit diesen Gedanken aber auch die Frage nach der Wärme, die als letztes mit den Erscheinungen der Wellenbildung untrennbar verknüpft ist. Die Wärmestrahlen sind unserer Betrachtung schon entgegengetreten als eine Wellenbewegung, die jenseits der roten Lichtstrahlen Schwingungen von 0,0008 bis 0,006 mm ausführt, die sogar bis $^1/_3$ mm gesteigert werden können (vgl. S. 110) und ebenfalls mit Lichtgeschwindigkeit den Raum durcheilen und allen Gesetzen der Wellen dabei folgen. Die Vorstellung von Wärme als Molekularbewegung hat die physikalische Forschung schon lange vor ihrer heutigen Verfeinerung zu der Überzeugung gebracht, dass alle physikalischen Erscheinungen Wärmereaktionen, nämlich Energie sind, gleichwie die Wärme auch den Punkt bestimmt, an dem alle chemischen Veränderungen, auch der Lebensprozess, stattfinden. Wer also noch Zweifel daran gehabt hat, dass die Wellenfunktion die elementare und allgemeine Funktion des Seins sei, dem müssen sie nach diesen Feststellungen schwinden.

Die Gesetze der Wärmestrahlung sind bei diesem Stand der Dinge dann natürlich von ganz besonderer Wichtigkeit, und das verleiht dem Umstande, dass Planck das Quantenmäßige oder, wenn man so sagen will, das Gesetz der multiplen Proportionen gerade an der Wärmestrahlung konstatiert hat, jene universelle und das Weltbild im Tiefsten beeinflussende Bedeutung, die ich mich im ganzen Verlauf meiner Erörterungen bemühte herauszuarbeiten. Auch das Stefan'sche Gesetz von der Quantität der gesamten, von einem Körper ausgestrahlten Wärmemenge, das besagt, dass diese der vierten Potenz seiner absoluten Temperatur[18] proportional sei, hat daher die weittragendsten Konsequenzen. Durch seine

---

18 Absolute Termperatur eines für unser Thermometer 100 °C messenden Körpers ist -273+100 = -173°

Kenntnis konnte an Hand der exakten Beobachtung, dass je ein Quadratzentimeter der Erdoberfläche in der Minute von der Sonne drei Kalorien empfängt, die Temperatur der Sonne mit großer Wahrscheinlichkeit auf 6000° bestimmt werden.

Da nun aber die Wärmemengen aus mechanischer Arbeit entstehen und in der Gleichung der Joule'schen Zahl (vgl. S. 120) einfach als Gradmesser der Energie gleichgestellt werden können, ist der Weltprozess, nämlich die Verwandlung der Energieformen zu einem Wärmephänomen geworden, und die Temperaturforschung gewährt weit über das hinaus, was ihr lebenswichtige Einsicht meist zuschreibt, einen Einblick ins innerste Herz des Weltenseins selbst. Zum Glück verfügt die Forschung seit der Entdeckung des Amerikaners S. P. Langley in dem Bolometer über ein Instrument, das Temperaturänderungen von einem Zehntelmilliontel Grad Celsius angibt, also die Wärme einer Kerze noch in zwei Kilometer Entfernung. Danach konnte man Bestimmungen von höchster Exaktheit vornehmen, und somit verdient es Vertrauen, wenn angegeben wird, dass das gewöhnliche Küchenherdfeuer nur 3 — 400 °C warm ist, eine Gasflamme aber 6 — 700°, das elektrische Bogenlicht, die heißeste Wärmequelle, sogar 3600°. Bei dieser Hitze, die doppelt so hoch ist wie die des weißglühenden Eisens, verlaufen alle chemischen Reaktionen entgegengesetzt wie bei den Lebenserscheinungen. Jeder chemische Körper löst sich dabei in seine Atome auf; man nennt das gemeinhin „gasförmig werden" und es ist immerhin diskutabel, ob nicht bei Sonnentemperatur auch das Gefüge des Atombaues seinen Bestand verliert. Jedenfalls ist die Sonne ein Hitzereservoir, das beim Merkur und bei der Venus für ungewöhnlich hohe Temperaturen sorgen kann, dessen Wirkungen durch nichts vielleicht besser demonstriert werden können, als durch die Tatsache, dass der Mond so viel Wärme abgibt, wie ein schwarzer Körper von 110 °C Wärme (Lord Rosse).

Wäre nicht diese Wärmequelle vorhanden, würde nicht nur der biologische, sondern auch jeder chemisch-physikalische Prozess auf Erden erlöschen, denn bei der absoluten Temperatur von 273 °C unter Null hört offenbar auch jede Atombewegung auf. Richtiger wäre es freilich zu sagen, dass das Aufhören jeder molekularen (und auch wohl atomaren) Bewegung von uns als der Zustand von —273° registriert wird, da ja nicht die Wärme die Bewegungen hervorruft, sondern die Bewegungen von dem Menschen vielmehr als Wärme empfunden werden. Bei dieser Gelegenheit möchte ich meiner Überzeugung Ausdruck geben, dass weder im Weltenraum noch sonst irgendwo jemals die absolute Temperatur geherrscht hat, da sonst der Weltprozess eine Unterbrechung erleiden würde.

Wir sehen am Himmel, wie die Nebelmassen aufglühen, d. h. von dem dunklen Zustand sich in leuchtende verwandeln; das wäre bei absoluter Temperatur aber auch absolut unmöglich. Die Bewegung, schärfer gefasst, die Schwingung und, allgemeiner ausgedrückt, die Funktion ist von dem Sein unzertrennlich. Kein Sein ohne Funktion, also Bewegung der Teile, daher auch kein Sein bei absoluter Temperatur. Diese beiden Begriffe Sein und absolute Temperatur schließen einander gegenseitig aus.

Schon bei einem namhaften Sinken der für Leben geeigneten Temperatur tritt ein Weltbild ins Erleben, das allen Sinnen fremd ist. Bei großer Kälte, wie sie Polarfahrer gelegentlich erlebt haben, konnten metallene Gegenstände nicht mit bloßer Hand berührt werden, ohne schwere Verbrennungserscheinungen zu erzeugen, der Atem fiel als Schnee zu Boden, und Eisenbeile waren zerbrechlich wie Glas. In den physikalischen Sammlungen, so im Deutschen Museum zu München, kann man sich mit dem merkwürdigen Phänomen der flüssigen Luft unterhalten, denn Luft auf 140° unter Null unterkühlt, fällt wie reines Wasser zu Boden, bei einer noch etwas tieferen Temperatur verwandelt sie sich in festen Schnee. Bei —240° wird selbst das flüssigste und leichteste aller Gase, der Wasserstoff, fest, und bei einigen Graden darunter erstarrt auch er.

Schon bei 200° Kälte sendet Milch schwach blaues Licht aus, und Eier werden zu Leuchtkugeln. Eiweiß leuchtet bei dieser Temperatur so stark, dass man bei diesem Licht lesen kann. Sauerstoff wird zu einem blauen Schnee von stark magnetischen Eigenschaften, die Kräfte der Kohäsion steigen enorm, und selbst das Licht verliert etwa 80 % seiner fotochemisch wirksamen Strahlen. Nur von dem Zustand der Welt bei absolutem Nullpunkt kann man sich kaum eine reale Vorstellung machen, weil es nicht gelungen ist, ihn herzustellen. An dem Vergleich dieser fantastischen Welt mit unserer lebendigen zerreiben sich die letzten Zweifel, so einer noch welche gehegt hätte, dass Wärme, beziehungsweise ihr mechanisches Äquivalent Bewegung, als notwendige Gestalt das Sein in den gewohnten Formen bedingt.

Mit anderen Worten: Der Wärme zwischen —2730 und einigen zehntausend Grad entsprechen die meisten Daseinsformen des Weltalls, jener zwischen —70° und etwa 3600 °C die unseres Erdballs. Oder noch einfacher: Die Funktion der wellenförmigen Schwingung innerhalb der so normierten Grenzen bedingt die uns bekannten Erscheinungsformen der Welt. Besonderheiten dieser Wellenfunktion oder Bewegung und Änderung schlechthin, die durch die bisherige Zergliederung noch nicht erfasst wurden, sind der Rhythmus und die Variation dieses Rhythmus in den Erscheinungen des chemischen Vorganges uns seiner Beschleunigung (Katalyse), sowie die Variation der Funktionsformabänderung, wie sie im Geschehen so tausendfach täglich vor Augen tritt.

2.15 Gestalten der Periodizität

Ebenso allgemein, wie die Ordnung der Änderungen in Wellen ist die Tatsache, dass dieser Zusammenhang der Erlebnisse nicht ein einmaliger ist, sondern durchgängig, also auch für das Verhältnis der Wellen zueinander gilt. Die Stimmgabelversuche, von denen wir in der Akustik ausgegangen sind, haben diese Tatsache unmittelbar grafisch anschaulich gemacht, indem sie verrieten, dass zwei oder noch mehr Integrationsstufen von Schwingungen ineinandergreifen. Kleine Schwingungen werden zu größeren Wellen zusammengefasst, was sich hörbar in dem jedem musikalischen Ohr so wohlvertrauten Mitklingen der Obertöne in jedem Klang ausspricht. Anders ausgedrückt: Das Gesetz der Integrationen (vgl. S. 58f.) macht sich eben auch in den Funktionen, vor allem in der elementarsten, in der Wellenbewegung geltend. Dadurch entsteht eine Wiederkehr sowohl rein wiederholend als Periodizität und Rhythmus, die beide infolgedessen sich in allem Sein melden müssen, wie auch integriert in höheren Seinsstufen. Mit dieser für einen Kopf, der durch die Vorstufen dieses Werkes gegangen ist, höchst einfachen Feststellung ist uns ein Phänomen verständlich geworden als Notwendigkeit des Weltenbaues, das in jeder seiner Äußerungen von den uns Fernstehenden nun schon seit Generationen immer wieder mit großem

Geschrei angestaunt und manchmal den mystischen Erscheinungen zugerechnet wird. Das ist die Erscheinung der Periodizität aller Geschehnisse, im Leben und außer ihm, die von Naturforschern, Biologen und Philosophen, Historikern und Mathematikern viel erforscht und noch bis jetzt als geheimnisvoll innerste Mystik des Weltproblems, gewissermaßen als Türe zur Metaphysik empfunden wurde.

In gewissen alltäglich erlebten Äußerungen erscheint es freilich jedermann als selbstverständlich. (Als ob das „Selbstverständliche weil Alltägliche" weniger geheimnisvoll sein müsste, als ob Gewöhnung eine Erklärung sei!) So macht sich kaum jemand Gedanken über die Systole und Diastole des Herzens, d. h. den Rhythmus des Herzschlages, obschon gerade er den Anlass und das erste Bedürfnis zur Zeitmessung und dadurch zur Aufstellung des Begriffes Zeit gegeben hat. Ebenso selbstverständlich erscheint das regelmäßige Atemholen, also der Rhythmus der Atemimpulse, um die Sache physiologisch auszudrücken. Desgleichen der allerdings nicht mehr so absolut unveränderliche Rhythmus von Wachen und Schlafen. Wer eingehender vertraut ist mit der Physiologie des Menschen, kennt das „Treppenphänomen", d. h. die rhythmische Beantwortung der Reize durch Muskelkontraktionen, ebenso, dass in den Nerven rhythmische Aktionsströme pulsieren.

Wie es dem Empfinden nicht schwerfällt, diese und hundert andere im Erleben des eigenen Leibes zutage tretende Rhythmen in die Kategorie der Dinge abzustoßen, über die man nicht nachdenkt, so verführt zur Denkfaulheit die Formel: Diese Rhythmen gehörten eben zum Wesen des Lebens. Was aber, wenn unabhängig vom Menschen und auch von den tierischen und pflanzlichen Organismen, deren ganzes Sein von Periodizität beherrscht ist, auch in der anorganischen Natur allenthalben ewiger Rhythmus pocht? Mathematisch festlegbar, nein: Sicherer sogar, als die leider nur relative Analysis feststellen kann, mit absolutem Rhythmus dreht sich die Erde um sich selber und um die Sonne, geht der Sterne Chor auf und nieder, vollzieht sich „Periodik" am Himmel nach überwältigenden Gesetzen. Der Rhythmus der Jahre, der Jahreszeiten, der Tage und Stunden, bedingt hundertfache Rhythmen im irdischen Geschehen. Von ihm hängen ab die Phänologie im Aufblühen und Erscheinen von Pflanzen- und Tierformen, der Donnergang der Gezeiten, der Weg der Winde, die Wiederkehr der täglichen barometrischen Schwankung, die jährliche zweimalige Wanderung der Zugvögel, die Periodizität der Frauen, der hochzeitliche Rhythmus einer Brunst- und Paarungszeit, die Jahresringe der Bäume, der Generationswechsel, das Wellenspiel der Transgressionen und Klimamigrationen, kurz fast alles, was uns am Antlitz der Natur als Änderung entgegentritt, weil jede Änderung eine zyklische, in Perioden wiederkehrende Änderung ist. Diesem Pulsschlag ist tägliches Leben und Gemütsleben, Geistesleben, Geschäfts- und Staatenordnung angepasst durch Arbeits- und Erholungseinteilung und durch Gliederung von allem, womit wir uns beschäftigen, in Abschnitte von verschiedener Integrationshöhe.

In zahllosen Dingen, wo noch keine Periodizität (ihr Studium ist durch Freud, Fließ und P. Kämmerer betrieben worden) bekannt ist, stellt sie sich bei tiefer dringender Erkenntnis heraus und muss sich auch herausstellen, da Periodizität eine fundamentale Eigenheit der Funktion ist, also untrennbar zum Sein gehört. So hat sich gezeigt, dass in den natürlichen Gesteinen, aber auch in den künstlichen Bausteinen eine rhythmische Kristallisation erfolgt. Man beobachtete das z. B. an den Sulfaten, wie solche die Ziegel der Großstadthäuser in sich schließen, wodurch sich dann die Ziegel in Platten abschälen. Der Chemotechniker Liesegang beschrieb z. B. auch rhythmisch eintretende Fällungen, durch die das Entstehen der tierisch-pflanzlichen Zeichnungen fasslicher wurde. Und so ließe sich, wenn hundert Belege eine Tatsache fester auf die Beine stellen könnten als ein Halbdutzend, ein großes Material anhäufen, das immer wieder nur das Eine beweisen würde, dass rhythmische Funktionen durchgängig verbreitet sind.

Der experimentellen Psychologie ist das auch nicht entgegen, und sie hat eine Lehre vom Rhythmus geschaffen, deren wichtigstes Gesetz, das der Zeitgestalten, folgendes feststellt: Eine längere Reihe rhythmischer Eindrücke tritt im Bewusstsein aus unvermeidbarem seelischem Zwang zu Gruppen zusammen, deren Ausgestaltung in hohem Grad der Willkür unterliegt.

Man mache den Versuch, wozu sich bei einer Eisenbahnfahrt die beste Gelegenheit bietet. Man taktiert bei den gleichmäßig erfolgenden Stößen unwillkürlich mit, wobei sich dann von selbst rhythmische Gruppen (Quanten) einstellen, denen man mit Vorliebe metrische Formen, Versehen oder sehr ausgeprägte Melodien unterlegt. Und wenn man dann gewitzigt durch dieses Erlebnis irgendeine Rhythmuserfahrung anderer Art analysiert, wird man bald finden, dass stets aus innerem Zwang einige Elemente daraus zu Einheiten zusammengefasst werden. Es entsteht, wie sich die Psychologie ausdrückt, „ein Betonungsrelief unter den Gliedern jeder Gruppe":

Auf diesem inneren Zwang zur „Zeitgestaltung" beruht ein ganz erheblicher Teil der Technik des Kunstschaffens, und damit ist die Brücke für das Verständnis geschlagen, wieso Kunst auch darin die Weltgesetze wiederholt. Architektur, Skulptur und Malerei haben überall diese Zusammenfassung, die Quantenbildung, wenn man es so nennen darf, in ihren rhythmischen Gestaltungen durchgeführt und empfinden nur solches als schön, während ein Rhythmus ohne diese Gliederung ihnen leer und nichtssagend erscheinen würde. Man denke, um sich das anschaulich zu machen, an die Mäander- oder Palmettenornamente der griechischen Baukunst oder die Bedeutung der Gliederung eines Gebäudes in Haupttrakt und Seitenflügel: Oder noch deutlicher wird man die Wahrheit des Gesagten empfinden, wenn man sich an die Bedeutung und Notwendigkeit des Rhythmus in Poesie und Musik erinnert. Nicht nur, dass beide ohne diese taktmäßigen Wiederholungen ihre Formen schlechthin verlieren, sondern sie bedürfen auch der Quantenbildung im Bereich der Rhythmen durch stärkere Betonung einzelner Elemente und Zusammenschluss von Gruppen anderer nicht betonter um sie.

In der Dichtkunst bestimmt das Versmaß die rhythmische Einheit, aus deren Wiederholung, beziehungsweise Variation, der Vers entsteht, wobei eine die Schönheit der Sprache bestimmende Vielfältigkeit dieser Variation den Ausschlag gibt. So würden einfache Metren wie der Jambus (U) in monotoner Aneinanderreihung unschön wirken, weshalb da stets zwei Versfüße gekoppelt sind, während z. B. die Daktylen (—UU) als dreisilbiger Versfuß schon als ein „Quantum" gelten, das für sich bestehen kann. Dabei tritt aus der Metrik sofort das von uns von allen Dingen der Welt zu fordernde Integrationsgesetz entgegen, denn die Versfüße sind zusammengeschlossen zu Trimetern, Pentametern, Hexametern, diese wieder zu Strophen und solche zu Gedichten, die in Zyklen wieder ihre höhere, in sich geschlossene Einheit mit spezifischen Integrationsstufen finden, sodass dem Kundigen das ganze Abbild des Weltenbaues im Werk der Dichter entgegenblickt.

So schließt sich auch in der Musik die Rhythmusgruppe zum Takt zusammen und Takte durch Legato und Betonungszeichen zu Gruppen; geschlossene Melodien, die variiert wiederkehren, steigen zur höheren Integrationsstufe der Sätze und ganzen Werke auf, überall das gleiche Gestaltungsgesetz widerspiegelnd, das eben auf Erden überhaupt nur durch gleiche Formen „Sein" ins Erleben rufen kann.

Abb. 2.12: Notenspiel aus Beethoven, Klaviersonaten op. 101

Ja schon in der gewöhnlichen Rede und im begrifflichen Denken ist die Quantenbildung im rhythmischen Fluss durch Betonung und Gliederung, in der Grammatik durch Satz- und Halbsatzbildung, bereits in dem Wortzusammenschluss der Laute, in der Logik, in der Begriffsbildung selbst. Überall, sowie bewusstes Leben nur anhebt, ist dieses Urgesetz unseres Erlebens verwirklicht, das uns zwingt, die ganze Welt rhythmisch zu deuten. Dieses innere Gestaltungsgesetz des Erlebens hat nun sehr eng gezogene Grenzen, die sich zwischen 1 — 24 Glieder bewegen. Denn es ist durch Selbstbeobachtung gewonnene Erfahrungstatsache, dass es dem Intellekt versagt ist, rhythmische Einheiten zu bilden, die über 24 Takte hinausgehen. Es wäre ungemein fruchtbar, den Folgen dieser Tatsache in der Ausgestaltung unseres Weltbildes nachzugehen. Ich muss es mir hier nur versagen, veranlasst durch die Forderung nach Harmonie in der Gestaltung meines Werkes, die mich zwingt, zu der Analyse der Gestalten zurückzukehren, von deren erster Eigenheit, der rhythmischen Gliederung des Weltgeschehens im Erleben ich einen hoffentlich genügend deutlichen Eindruck zu erzeugen vermochte.

2.16 Gestalten chemischer Prozesse

Die Geschehenskette des Weltphänomens, der wir uns hiermit wieder zuwenden, weist nun außer dem Gleichmaß auch die Eigenheiten des Gegensatzes auf. Von diesen Erscheinungen ist namentlich eine: die Geschehensbeschleunigung, dem Chemiker wohlvertraut und wenigstens von dieser Seite aus ausgiebig studiert. Sie ist in der Chemophysik unter der Bezeichnung Katalyse jedem Fachmann bekannt. Der Funktionsbegriff in der Chemie nimmt die Form der chemischen Reaktion an. Und es zeigte sich bald, dass die Reaktionsgeschwindigkeit je nach den äußeren Bedingungen verschieden ist. So wird z. B. durch Steigerung der Temperatur die Geschwindigkeit aller chemischen Vorgänge größer; eine Erfahrung, die die Menschheit schon vor Jahrtausenden hätte verwerten können, wenn sie die Tatsache beachtet hätte, wie langsam ruhig an der Luft liegendes Eisen rostet, und wie rasch sich darauf unter dem Schmiedehammer der Rost einstellt. Im Allgemeinen kann man sagen, dass bereits eine Temperaturerhöhung um 10° die für eine Zeiteinheit umgesetzte Stoffmenge verdoppelt. Das ist die Ursache, warum kein chemisches Laboratorium früher ohne Herd und jetzt ohne Gasflammen eingerichtet werden kann. Der Chemiker erwärmt sein Material, um die Vorgänge zu beschleunigen.

Es gibt nun gewisse Stoffe, welche diese Rolle der Wärme übernehmen. Wenn ein Stoff die Geschwindigkeit einer chemischen Reaktion durch seine Gegenwart erhöht, ohne selbst eine dauernde Änderung zu erleiden, dann nennt man ihn einen Katalysator und spricht von katalytischen Reaktionen. Solche Stoffe sind z. B. das Wasser oder das Mangandioxid gelegentlich der Zersetzung des Kaliumchlorats. Eine Spur Wasserdampf beschleunigt fast alle chemischen Umsetzungen. Ein anderer derartiger hochberühmter „Kontaktstoff", wie man die Katalysatoren mit einem anderen Ausdruck nennt, ist der Platinmohr. Das Urbild aller Katalysen kennt die Menschheit ihrer Sage nach seit den Zeiten der Hammurabi-Inschriften. Denn schon auf diesem Original der biblischen Sagen ist Wein und damit Gärung erwähnt. Die von den Hefepilzen (Saccharomyces) erzeugte Zymase, das wichtigste aller Fermente oder Enzyme, um dafür einen moderneren Ausdruck zu gebrauchen, beschleunigt den Prozess der Zuckerspaltung zu Alkohol und Kohlensäure. Das ist es, was wir Gärung nennen. Andere Enzyme spalten durch ihre bloße

Anwesenheit die Fette, wie jeder von uns durch seine Galle täglich beweist; das Ptyalin des Speichels bewirkt die Stärkeverzuckerung, es ist überhaupt keine tierische Verdauung und kein pflanzlicher Stoffwechsel denkbar ohne eine Fülle von Enzymen, die von dem Plasma in bewundernswerter Vielfältigkeit und Leistungsfähigkeit ausgeschieden werden.

Noch komplizierter wurde die Sachlage, als man erkannte, dass alle Enzyme kolloidale Struktur besitzen, weshalb z. B. auch alle kolloidalen Metallsole katalytische Wirkungen ausüben. Diese bestehen nun keineswegs, wie man gewöhnlich glaubt, und wie es im Verdauungsvorgang, wenigstens in seinem ersten Teil, auch ihre Aufgabe ist, nur aus Spaltung. Sie vollführen sogar auch Synthesen, ja sie besorgen sogar eine Art Reaktionsauslese, sodass es sich nicht mehr bezweifeln lässt, dass in ihnen eine biotechnische Erfindung der plasmatischen Organismen vorliegt, die, weil sie wegen der schon bei 60° erfolgenden Eiweißgewinnung keine Wärme anwenden können, sich der Enzyme zur Änderung der Reaktionszeit bedienen. Diese Biotechnik wird nachgeahmt, wenn man Gärung bei der Wein-, Bier- oder Brotbereitung hervorruft. Eine vollkommenere Form ist die in neuerer Zeit üblich gewordene Hydrierung ohne Erwärmung mithilfe von Platinkolloiden (der Platinmohr ist ein Solches), und es bedarf wahrlich keiner besonderen Intuition, um vorherzusagen, dass man auf diesem Wege zur Revoltierung der Chemotechnik und damit auch der Industrie kommen und eines Tages gleich den Pflanzen ohne Kohle und Fabrikschornstein zu produzieren gelernt haben wird.

Kann man aber auf solche Weise den Rhythmus der Vorgänge beschleunigen, so muss es notwendigerweise auch gelingen, ihn zu verzögern. Und tatsächlich, man ist auch mit derartigen Verzögerungssubstanzen bekannt geworden. Sie sind nichts anderes, als die allgemein bekannten Gifte. Blausäure, Arsenik, überhaupt alle starken Gifte verhindern auf eine heute noch unbegreifliche Weise den Vorgang der Katalyse. Und gleichwie man die organischen Reaktionen vulgo Lebensvorgänge „vergiften" kann, gelingt das gleiche auch bei den kolloidalen Enzymen. Diese Beeinflussung des funktionellen Rhythmus ist nun nichts anderes als der erste Schritt zu seiner Abänderung, die letzten Endes, von großer Perspektive aus gesehen, wieder nichts anderes als eine dermaßen verzögerte Wiederkehr gleicher Formen ist, dass unsere Erfahrung nicht ausreicht, um deren „Takt" zu bestimmen.

Hier wird der Entscheid durch das Zermelo'sche Resultat (siehe weiter unten) gefällt, nach dem alle Vorgänge in ständigen Wiederholungen ablaufen, ein Gedanke, den Nietzsche in einer seiner mysteriösen Intuitionen, in der im „Zarathustra" zuerst visionär ausgeführten „Wiederkehr des Gleichen", vorweggenommen hat, ohne zu ahnen, dass dieser Gedanke nur mit einer biozentrischen Erkenntnistheorie vereinbar wäre. Es liegt einfach im Wesen der mathematischen Voraussetzungen, dass, wenn irgendwo ein Faktor sich der Unendlichkeit nähert, die Permutationen zu rhythmischen, also periodisch wiederkehrenden Funktionen werden. Der amerikanische Popularphilosoph C. Snyder hatte den artigen Einfall, das an einem Beispiel zu demonstrieren. Wenn es, so sagt er, am Himmel nur eine Milliarde Sonnensysteme gleich dem unseren gibt, so existieren 8 — 10 Milliarden Planeten, auf denen, wenn wir je eine Dauer von tausend Millionen Jahren ansetzen wollen, theoretisch Menschenbesiedlung möglich wäre. Rechnet man, dass das, was man menschliche Zivilisation nennt, sich in einer uns als solche ansprechenden Form zehn- oder zwanzigtausend Jahre lang hält, so bedeutet das, dass das Kulturleben der Menschheit ein Hunderttausendstel der bewohnbaren Zeit unseres Sonnensystems umfasst, dass also auf einer milliardenmal größeren Zahl von Planeten die Zahl der möglichen Permutationen, also die anderen Möglichkeiten längst erschöpft sind und wir mindestens einige andere (Snyder rechnet sogar 10.000) Planeten finden müssten, auf denen annähernd dieselben Zustände herrschen wie auf dem unsern. Unter den vielen mit Parallelentwicklung ist es dann wieder nur Sache der Ausdehnung der Kosmos- oder Zeitvorstellung, um die Möglichkeit einer Parallelität zur Sicherheit eines Alter Ego zu verwandeln. Es ist also letzten Endes nur Sache des intellektuellen Mutes, wie weit jemand in dieser Richtung praktische Konsequenzen zieht.

Das Problem spitzt sich in dieser Richtung auf die Formulierung zu: *Ist der Weltprozess, die Änderung der Daseinsformen, eine periodische Funktion oder nicht?* Und da muss man sagen, dass alles vorhin Gesagte mehr auf die erstgenannte Lösung als auf ihr Gegenteil weist. In der Lebenspraxis ist es freilich gleich, welche Lösung gefunden wird, weil auch die bejahende ein derartiges kosmisches Tempo der Serialität einschlägt, dass in ausdenkbarer Zeit- und Raumvorstellung de facto eine Wiederkehr ausgeschlossen ist. Anders freilich in ethischer Hinsicht. Für sie ist die Lösung der Frage von grunderschütternder Bedeutung, was Nietzsches Flammengeist nicht verborgen blieb und von ihm auch mit leuchtenden Buchstaben an den Himmel des Gewissens geschrieben wurde.

Die Abänderung, also die Variation der Geschehenskette in den atomaren Zusammenhängen erfüllt nun die Anschauungswelt des Chemikers mit besonderen Vorstellungen. Denn Variation im Rhythmus atomarer Beziehungen nennt man chemischen Prozess, und durch diesen tritt die Vielheit der chemischen Stoffe in Erscheinung als materielle Qualität. An dieser Stelle begegnet man aber so ziemlich der größten Dunkelheit, die im Gebiet der anorganischen Naturwissenschaft noch herrscht. Denn die Begriffe der chemischen Affinität, welche diese funktionelle Variation regeln sollen, haben noch nicht den Anschluss an die Elektromechanik gefunden, als welche sich die Physik enthüllt hat. An dieser Stelle klafft eine Lücke in den Vorstellungen. Wohl weiß man etwa seit Davy, dass die chemische Affinität, also das die Verbindung der Stoffe regelnde Gesetz, innig mit der Elektrizität verwandt sein muss. So einfach aber, wie man sich das bis vor wenigen Jahren gedacht hat, dass die Affinität die magnetische und elektrische Ladung der Moleküle sei, verhält sich die Sache allerdings nicht, sondern die chemische Energie, wie man sie wohl nennen kann, lässt sich im Grunde genommen auf keine andere zurückführen, wohl aber umwandeln (im chemischen Element) und messen durch ihre Schnelligkeit und die bei ihrer Umwandlung geschaffene Wärme oder elektrische Energie. Das Gebiet dieser Erfahrungen steckt die Thermochemie und Elektrochemie ab. Tatsächlich sind auch gesetzmäßige Beziehungen zwischen dem Quale des Stoffes, welches eben das Arbeitsgebiet der Chemie ist, und dem elektrischen Quantum wenigstens insofern da, als es nicht nur eine chemische Affinität der Elemente untereinander, sondern auch eine solche der Elemente zur positiven und negativen Elektrizität gibt. Metalle verhalten sich z. B. derart, als ob sie eine Verwandtschaft zur positiven Elektrizität hätten, und Metalloide (Halbmetalle) gerade umgekehrt. Diese Beziehungen treffen aber nicht den Kernpunkt dessen, was uns in diesem Augenblick an der Chemie interessiert. Das Wichtige ist vielmehr für uns die an diesem Punkte aufscheinende Einsicht, dass die chemischen Qualitäten Gestalten der Materie sind und der chemische Prozess eine Formenänderung, ein Umbau, also eine Funktion der Formen.

2.17 Das Gesetz der Gestalten

Gilt das oben Gesagte für die Chemie, muss es ebenso folgerichtig auch für die physikalischen Eigenschaften gelten, einheitlich aufgefasst für den Funktionsbegriff überhaupt. Oder mit anderen Worten: Die Variation der Funktionen ergibt das Weltbild. Was man Erscheinung nennt, sind die Gestalten des Seins, die daran gesetzmäßig gebunden sind, sodass jede Funktion eine ihr allein zukommende Gestalt hat und eine Änderung der Funktionen automatisch auch eine Änderung der Gestalt nach sich zieht.

Dieser Zusammenhang kehrt stets wieder. Es gibt also ein Gesetz der Gestalten, dessen Wortlaut angesichts seiner Wichtigkeit noch einmal wiederholt sein soll:

> *Jede eindeutige Funktion besitzt eine nur ihr zukommende Gestalt, die sich mit der Funktionsänderung gesetzmäßig ändert.*

Diese Sätze erscheinen so einfach, dass man vielleicht mit Verwunderung und Ungeduld sie für selbstverständlich und altbekannt hält. Sie sind aber weder das eine noch das andere. Sie sind vielmehr von allergrößter praktischer Wichtigkeit und in ihrer Anwendung fundamental neu. Eine vollkommene Umwälzung des bürgerlichen Lebens muss in dem Augenblick eintreten, in dem man sie wirklich konsequent anwendet. Für mich persönlich sind sie z. B. die erste materielle Frucht der objektiven Philosophie, die mir die Möglichkeit gewährte, mich von dem ablenkenden Broterwerb loszulösen und mein Leben ausschließlich auf die Schaffung und Verbreitung der objektiven Philosophie einzustellen. Und das hängt in folgender Weise zusammen: Wenn die obigen Sätze richtig sind, dann muss es möglich sein, …

> *... von den Formen der Dinge auf die Funktionen zurückzuschließen, und dann ist auch eine gewünschte Funktion zu erwarten, wenn man den Dingen die entsprechende Form bzw. Gestalt[19] verleiht.*

Mit anderen Worten, es muss dann möglich sein, eines auf das andere zu übertragen und durch Nachahmung von Formen bzw. Gestalten beobachtete Funktionen wiedererzeugen zu können auch in anderem Material und durch Übersetzung des Zusammenhanges von einem Gebiet ins andere, unter Umständen vom natürlichen Physischen ins rein Geistige. Erlaubt wird Solches durch die von uns angenommene Überzeugung, dass das Funktionsgesetz richtig sei, dass, da dieses nur eine Ableitung aus dem Seinssatz überhaupt ist, auch diese Grundbehauptung der objektiven Philosophie zu Recht bestehe, mit ihr aber auch die absolute Identität des Erlebens, d. h. die beliebige Übertragbarkeit identischer Gesetzeszusammenhänge von einem Gebiet ins andere.

Man hat damit ein vortreffliches Mittel an die Hand bekommen, die Berechtigung aller dieser Behauptungen der objektiven Philosophie an ihren Konsequenzen praktisch nachzuprüfen. Ist nämlich die behauptete Übertragung ausführbar und führt sie zu bisher unbekannten Funktionen oder durch Funktionsübertragung zu neuen Formen, dann gibt die objektive Philosophie (siehe S. 63) mit dem oben Gesagten wirkliche Gesetze der Welt wieder und ist außerdem kultur- und lebensfördernd. Diese Übertragung des physikalischen Gesetzes der Gestalten ins Geistige und Kulturelle habe ich, als ich mit diesem Gedanken zum ersten Mal auftrat, als Biotechnik[20] bezeichnet. Die Biotechnik ist also ein ausgezeichneter Prüfstein für die Berechtigung und Richtigkeit[21] der objektiven Philosophie.

---

19   Eine Gestalt ist das Umfassendere und beinhaltet auch die äußere Form. Dabei ist zu berücksichtigen, dass **biologische Funktionen** keine einfachen Funktionen im mathematischen Sinne sind, sondern meist ganze Prozesse, die auch Unterfunktionen und Abläufe beinhalten. Zur eindeutigen Beschreibung solcher Prozesse reicht daher die Darstellung der äußeren Form nicht aus, vielmehr muss auch auf weitere Aspekte, die sich nicht in der Form ausdrücken, eingegangen werden. Rückschlüsse von der äußeren Form auf eine Funktion sind so zwar möglich, aber meist nicht eindeutig. (Anm. d. Hrsg.). Siehe auch Fußnote auf S. 69.

20   **Biotechnik** (kurz als **Biotech**) ist eine interdisziplinäre Wissenschaft, die sich mit der Nutzung von Enzymen, Zellen und ganzen Organismen in technischen Anwendungen beschäftigt.

21   Man unterscheide wohl, dass eine Anschauung sehr gut unrichtig sein kann, aber dennoch berechtigt ist. So ist z. B. die mit absoluten Größen als Fiktion rechnende Mathematik vom Standpunkt des relativistischen Denkens aus gewiss nicht „richtig". Wer wollte aber angesichts ihrer lebens-

Darum soll sie hier in ihren Grundzügen entfaltet werden. Wenn jede Gestalt der Ausdruck einer von ihr geprägten Funktion ist, dann ist die Kugelform (die technische Form für Rollen), Masse überhaupt, die technische Form für Trägheit, auch Bewegung selbst schon eine Gestalt für veränderliches Sein. Was sich bewegt, ruht nicht, ist also nicht von Dauer, wobei es gar nichts ausmacht, ob diese „Dauer" den Kreis unserer Lebenserscheinungen überschreitet wie bei den Himmelskörpern oder nicht.

Es ist also der Begriff der Gestalt, wofür wir „technische Form" als Synonym verwenden wollen. Die technische Form ist damit für alles Sein gültig, keineswegs etwa für das biologische oder physikalische Sein allein. Auch das geistige Schaffen hat seine technischen Formen, für die identische Gesetze gelten wie in der Physis. Und auch die unbelebte Natur hat unter dem Einfluss der in ihr vor sich gehenden Bewegungen (Änderungen) technische Formen angenommen, deren vornehmste und allgemeinste die Materie selbst mit ihren chemischen und physikalischen Qualitäten ist. Schon die Begriffe „seiende Welt" und „Erscheinung" sind Gestalten des Weltprozesses, der biotechnische Grundbegriff also einer der elementarsten des gesamten Erlebens.

Es ist also das Phänomen, welches die moderne Biologie unter dem Einfluss von W. Roux unter dem Namen „funktionelle Anpassung" als eine der Sondererscheinungen belebter Materie aufzufassen lehrte, viel allgemeiner zu fassen, als man es derzeit übt. Das Grundlegende, die Mechanik der Formänderung unter dem Einfluss von Funktionen ist vielmehr ein Weltphänomen, dem man auf Schritt und Tritt vom Kleinsten bis ins Größte begegnet. Das ist das Erste, was ich hier zu beweisen habe. Da kann ich darauf hinweisen, dass schon die Gestalten (es wird hier doch der Umriss einer Philosophie der Gestaltung gezogen) der kosmischen Gebilde: Nebelflecken, Kometen, Sonnen und ihre Trabanten nichts als die technischen Spiegelbilder ihrer jeweiligen Funktion

wichtigen Notwendigkeit ihre Berechtigung leugnen? Sie ist praktisch notwendig, daher lebensfördernd, ergo berechtigt. Diesen Anspruch muss man auch der objektiven Philosophie zubilligen, seitdem die Biotechnik aus ihr entstanden ist. Sie ist sich sehr wohl bewusst, dass sie auf einer agnostischen Grundlage ruht, indem sie keine Erklärung des Erlebens gibt. Vom Standpunkt des absolutischen Wahrheitsforschers aus kann sie also nicht als „richtig", als „die Wahrheit" gelten, sondern bestenfalls als Behauptung. Sie ist aber eine berechtigte Lehre, weil sie sich als lebensfördernd, lebenserweiternd erweist. Und nur das will sie, nicht aber absolute Wahrheit erkennen, die sie als ein Phantom abweist. Unter Richtigkeit ist dann zu verstehen, dass sie richtig die Gesetzeszusammenhänge wiedergibt.

sind. Formlosigkeit, bei sonst funktionslosem Massensein, ist in den Weltnebeln da, die aber sofort in Spiralform und Zusammenballungen übergeht (z. B. Spiralnebel der Jagdhunde), sobald Bewegungsfunktionen, Rotationen auftreten. Die Funktion prägt also auch im Anorganischen ebenso gut die Gestalt wie im Organischen.

So entstanden die Gestalten der Weltkörper, von deren Gestaltung man stets auf die ihnen zugrunde liegenden Änderungen zurückschloss, wodurch das wissenschaftliche Denken längst eine tatsächliche Anwendung von einer Konsequenz des objektiven Denkens gemacht hat (so wie das praktische Leben überhaupt niemals etwas anderes macht), die eigentlich ohne Anerkennung dieser Denkrichtung unerlaubt ist. Bis ins Feinste wurden dadurch die Trabanten unserer Sonne durchgeformt und z. B. der Erde jene technische Sonderform verliehen, welche die Geophysiker bezeichnen wollen, wenn sie die Erde nicht eine Kugel, sondern das Geoid oder Rotationsellipsoid nennen.

Seit Christ. Huygens (1669) weiß man es, dass eine plastische, schnell rotierende Kugel an den Polen abgeplattet, am Äquator angeschwollen sein muss, und hat erst mühsam durch die Erdmessung mit Hilfe der von der französischen Akademie der Wissenschaften nach Peru und Lappland entsandten Expeditionen bewiesen, dass dieses Gesetz für die Erde auch wirklich gilt. Es waren das ja auch jene Expeditionen, die bei dieser Gelegenheit den Beweis erbrachten, dass der Meter nicht, wie man wollte, ein Naturmaß (nämlich der zehnmillionste Teil des Erdquadranten), sondern ganz willkürlich festgestellt sei.

Ohne unser Gesetz der technischen Form brauchte die Erde keineswegs eine annähernde Kugel zu sein, sondern könnte eine beliebige Gestalt oder etwa die Scheibenform besitzen, an die der mittelalterliche Mensch glaubte. In Wirklichkeit aber ist diese hundertfach bewiesene Kugelkrümmung so gewaltig, dass man ihretwegen in einem Meter Höhe den Horizont nur in einem Kreis überblicken kann, dessen Radius kaum viertausend Meter beträgt. Ein sich entfernendes Schiff versinkt daher schon in $3^1/_2$ km Entfernung scheinbar um einen Meter unter dem Wasserspiegel. Und auf

Abb. 2.13: Erosionsschlucht im Gebirge. Im Gegensatz zu dem U-Profil der Gletschertäler beachte man die V-Gestalt des Tälchens, die Auswaschung des Grundes und die Geröllformen.

der Erde trifft der Blick, wohin er sich auch richten mag, überall nur technische Formen der auf ihr sich vollziehenden Veränderungen.

Viele sind in den Ausführungen bisher schon erwähnt worden. So sind die Zeugenberge der Wüste, der mächtige Dreikanter des Matterhorns nichts als technische Formen, aus der Luftbewegung hervorgegangen. Jedes Flussbett oder Trockental, jede Erosionsrinne ist ein Zeugnis für das gleiche Gesetz (Abb. 2.13).

Die schön geformten Rundlinge (vgl. Abb. 2.14), welche allenthalben, namentlich am Nordrand der Alpen und in den Tälern des Inn, der Salzach, des Lech, der Rhone die Landschaft überaus lieblich gestalten, sind Gestalten der scheuernden Bewegung des Eises während der großen diluvialen Vereisung jener Landschaften. Die Kare im vergletschert gewesenen Hochgebirge, die Gerölle (Abb. 2.3, S. 93) in jedem Bachbett, die Schuttrinnen, Berg- und Talform, alles, alles zeugt für das gleiche Gesetz.

Es ist ein außerordentlicher Genuss und eine tiefe Belehrung, sich die hier eingestreuten Landschaftsbilder (vgl. Abb. 2.14, 2.3) daraufhin genau zu betrachten und diese Übung dann auf Ausflügen und Reisen in der freien Natur zu wieder-

Abb. 2.14: Rundlinge (Rundhöcker), entstanden durch die scheuernde Wirkung des Eises. Motiv vom Kochelsee in Oberbayern.

holen und zu vertiefen. Es wird nämlich zum erschütternden Erlebnis, wenn man sieht, wie das Bild der Natur nichts anderes ist als die Sprache der vielfältigen und gewaltigen Kräfte, die sich in der Welt verknoten: der Spiegel, mehr als das, das Geschöpf des Weltgeschehens. Und was das Festland in der Ursprache des Seins dem Wissenden sagt, das wiederholt in gleicher Erhabenheit das noch leichter Formen bildende Meer. Welle, Brandung, Strömungen, sie alle sind die technischen Formen der Prozesse, welche sie vollziehen, und sie wieder sind das Werkzeug, mit dem die Kräfte der Abrasion und der Transgressionen das Festland in stets neue Formen prägen.

Jede Funktion der seienden Dinge verleiht diesen Qualität, welche diese Funktion immer mehr erleichtern, bis sie sich nahezu optimal vollzieht. Es sind dies dabei keineswegs grobe Formgebungen allein, sondern, wie es uns bereits am Problem der chemischen Qualität und Änderung zum Bewusstsein gekommen ist, auch Zustandsänderungen in der molekularen oder atomaren Struktur. So ist der Golfstrom, gleich den fünf anderen großen Meerestriften, eine Warmwasserheizung für Westeuropa, somit in seiner Erhitzung und dem ausgleichenden und wärmeabgebenden Zirkulationsstrom die Gestalt einer solchen, oder alle Flüsse, kalten Luftströmungen oder Schuttreißen (Abb. 2.3) sind die technische Form der schiefen Ebene, auf der Massentransporte erleichtert sind. Freilich sind auch die Zustandsänderungen im chemischen Sinn letzten Endes immer nur mechanische Änderungen gleichwie auch die letztgenannten Funktionen, denn der Unterschied zwischen materiellen Teilen, die da als Gold, dort als Blei erscheinen, hier in Form von grüngefärbtem Eiweiß, dort als roter Rubin sich dem Auge darbieten, da als farbloses Gas, dort als tiefschwarze Kohle, ist ja nie etwas anderes als eine prinzipiell nachrechenbare Verlagerung der Uratome, der Atome und Moleküle, also eine Änderung der strukturellen Gestaltung, bei der mit jeder funktionellen Phase eine ganz bestimmte Form korrespondiert. Dass wir noch fern davon sind, diese technischen Formen der Zustände zu registrieren, ist nur ein Beweis für das primäre Stadium unseres Wissens, ändert aber an dem Gesetz nichts.

Selbstverständlich ist diese Zusammenhangslehre zwischen Gestalt und Funktion ebenso gut gültig, ob dieser Zusammenhang nun innerhalb eines lebenden Wesens oder außerhalb desselben besteht.

Daher ist das sogenannte biologische Gesetz der funktionellen Anpassung im einfachsten Fall kein anderes Problem als das bisher geklärte. Es ist dem objektiven Denker ganz selbstverständlich, dass auch das Plasma ebenso gut seine Gestalten hat, auf jeder seiner Integrationsstufen, so wie das Eisen oder der Erdball die seinigen. Natürlich wechseln auch sie mit wechselnder Funktion, und dem, was man als „Anpassung" bezeichnet, liegt zunächst kein anderes mechanisches Geschehen zugrunde, als der Entstehung der Hohlkehlen in einer winddurchpfiffenen Hohlschlucht. Ich will dabei nicht im Geringsten das teleologische Moment dieses Geschehens weder in der funktionellen Anpassung noch in der Herausbildung anorganischer Gestalten gleich den soeben genannten leugnen. Tatsächlich wird in beiden Fällen die Gestalt final, nämlich so abgeändert, dass die Funktion sich vollendeter, widerstandsloser vollziehen kann. Die Teleologie (= Zielgerichtetheit, Zweckmäßigkeit) liegt also bereits im physikalischen, im mechanischen Geschehen selbst, wenn auch nicht in der Form, dass B auf A so folgt, damit C erreicht werde, so doch derart, dass B auf A so eintritt, dass C erreicht wird. Es wird also im Entwicklungsmechanischen nicht etwa das Sinnvolle, Teleologische mechanisch gedeutet, sondern vielmehr der Mechanismus des Prozesses lebensmäßig, daher teleologisch erläutert, und denen, die die Lehre der Biozentrik verstanden haben, brauche ich nicht erst zu sagen, dass solches bei dem Wesen unserer Erkenntnisfähigkeit gar nicht anders sein kann, also kein Problem, sondern eine Voraussetzung des Erkenntnisvorganges ist. Gewissermaßen

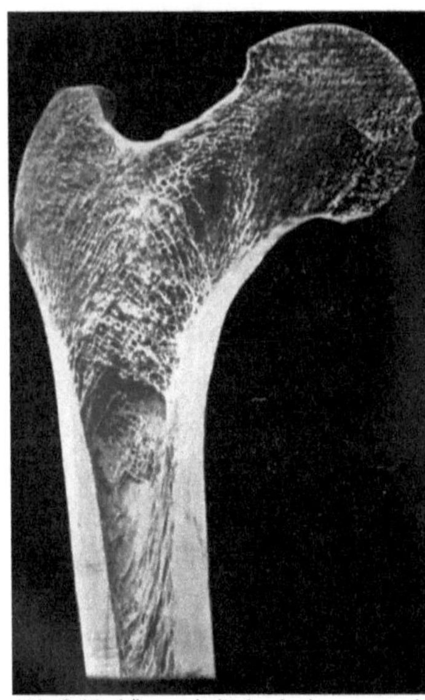

Abb. 2.15: Längsschnitt durch einen menschlichen Schenkelknochen (Femur), dessen Spongiosa die Trajektorienanordnung eines gebogenen Kranes zeigt

der Kaufpreis, der vom erkennenden Subjekt gezahlt werden muss, um erkennen zu können.

Man muss daher im Anpassungsbegriff sehr wohl zwei voneinander ganz verschiedene Dinge trennen. Wenn in der Epidermis der menschlichen Hand durch steten Druck eine vermehrte Teilung der Epidermalzellen einsetzt, durch die nach einiger Zeit eine Wucherung, nämlich eine Schwiele entstehen muss, dann ist dieses Geschehen von einer anderen Finalität regiert, als dem einfach teleologischen Zusammenhang zwischen Druck und Druckform. Nach der „mechanischen Teleologie" müsste durch den Druck einfach in der Hand nach und nach eine Vertiefung entstehen, in die der drückende Außenkörper hineinpasst wie ein Schmuckstück in sein Futteral, wodurch er seine Druckfunktion immer vollkommener ausüben kann. Das erfolgt auch, wenn der Druck zu heftig ist oder zu lange währt. Nach der organischen Teleologie dagegen erfolgt etwas ganz anderes, das reine Gegenteil. Dem Druck wird durch die Schwiele widerstanden. Hier wird eine höhere, die Urteilsfunktion in sich schließende Stufe von Teleologie sichtbar, welche die vorige keineswegs aufhebt, und man bemerkt, dass das Integrationsgesetz auch in der Teleologie wirksam ist, und dass es teleologische Integrationsstufen gibt. Der Organismus handelt als Person, welche den Druck als Motiv, als Reiz und Auslösung zu einer Handlung benützt. Unabhängig davon ist also die obengenannte funktionelle Anpassung, die mit solchen Handlungen und dem Leben als solchem gar nichts zu tun hat, wenngleich sie auch im lebenden Körper sich genauso wie im toten vollzieht.

Jedem Physiologen bekannt ist der feinere Bau namentlich der Röhrenknochen (Abb. 2.15). Im Caput, dem Knochenkopf, ist durch feinste knöcherne Lamellen das Gerüstwerk der Spongiosa verwirklicht, das je nach Beanspruchung verschieden eine biegungsfeste Konstruktion aufbaut, in der nur die Stellen des Druckes und Zuges durch festeres Material betont sind. Ändert man die Druck- und Zugbeanspruchung, ändert sich auch die Gestalt der Spongiosa, sodass man mit Recht das Knochengerüstwerk als den klassischen Fall von funktioneller Anpassung bezeichnet hat.

W. Roux machte nun solche Fälle an einem Modell aus Gummi und Paraffin nach und fand, dass die zug- und druckfesten Elemente darin sich von selbst der neuen Funktion gemäß umlagern, wenn man das Modell anders beansprucht.

Daraus ist zu schließen, dass bei dem so viel gerühmten, bekanntlich von J. Wolff zuerst nachgewiesenen sinngemäßen Umbau der gebrochenen Knochen, den man als das größte Wunder organischer Teleologie pries, der Organismus und seine intelligenten Kräfte gar nichts zu tun haben, sondern dass hier die „mechanische Teleologie" allein das Bewunderte erschafft. Mit anderen Worten: In dem zu einem Begriff zusammengeworfenen Anpassungsprozess stecken tatsächlich zwei verschiedene Dinge: Die jeder Gestalt anhaftende Teleologie, die oft allein das besorgt, was man Anpassung nennt, und eine auf höherer Integrationsstufe stehende Intelligenz, welche teleologische Zusammenhänge schafft, als deren Beispiel der obenerwähnte Fall der Epidermalschwiele gelten mag. Die Physiologen haben diese zwei Dinge bisher nicht gänzlich zu trennen gewusst, und hieraus entsprang mancher Streit und die Unfruchtbarkeit ihrer Bemühungen.

Man gehe übrigens nicht daran vorüber, dass durch das vorhin wiedergegebene Roux'sche Experiment die Teleologie der Funktion als Weltgesetz sowohl im Organischen wie Anorganischen erwiesen worden ist, das Teleologische also als Grundeigenschaft der Welt oder als Bedingung der Erkenntnisfähigkeit dem erkennenden Subjekt zugeschoben wurde. Denn hier ist die Grundlage des Verständnisses für die gesamte Technik aufgeschlossen. Ist doch sie in Konsequenz dieses Satzes nichts als die „Technik des Lebendigen", nämlich das sich Orientieren im Gebiet der Mechanik des Erlebens oder in einen Merksatz geprägt: die Nachahmung der Teleologie des Weltgeschehens durch bewusste Zielsetzungen.

Diese Teleologie des plasmatischen Geschehens beherrscht den ganzen Lebensprozess, der ja ununterbrochen nach seinem Ausgleich strebt und durch teleologische Zusammenhänge den Störungen, die diesen Ausgleich hindern, entgegenarbeitet. Das spricht sich aus in seinen bedürfnismäßigen Reaktionen, in deren Ablauf die technischen Hilfsmittel des Organismus eingeschoben werden.

Alles an dem Organismus — so wie an der Welt selbst — erscheint uns daher in verschiedenen Integrationsstufen teleologisch ablaufend; jeder Prozess ist ein biotechnischer Vorgang, der zu seinem Optimum drängt. Denn das Teleologische liegt schon im Begriff der Funktion darin, die alles Funktionierende sich anpasst.

Darum ist nicht nur das Anorganische, sondern vermöge seiner höheren Integrationsstufe noch in einem ganz anderen Sinn auch das Organische seinen Funktionen gemäß durchgeformt. Ja, auf dieser Stufe beginnt sogar im Menschen gipfelnd die Entstehung und Ausbildung einer neuen Form für die Funktion, welche das Funktionelle zu regeln und seinem Optimum entgegenzuführen trachtet. Nervenzelle, Gehirn nennt man die Organe der teleologischen, zielsetzenden, regelnden Funktion, und ihre Formen sind die Empfindungen, Handlungen, Urteile, Gedanken, in denen sich die Funktionen der Ganglien (Nerven) und des Gehirns äußern.

Das Seelische ist so selbst nur eine Funktion des Plasmatischen (Zellplasma, Protoplasma) und damit dem Funktionsgesetz und dessen Konsequenzen unterworfen. Auf diese Weise ist denn die Technik des Menschen gleichem Gesetz untertan wie die Technik des Organischen und die Technik der Materie und wiederholt sie nur teilweise auf anderer Integrationsstufe, demzufolge allerdings auch mit neuen Integrationseigenschaften. Das ist es, was in dem Satz, auf dessen Bedeutung ich vorhin so nachdrücklich aufmerksam machte, enthalten ist, und was man nicht übersehen darf.

In ihren äußeren Formen ist die Biotechnik des Plasmas ein unerschöpfliches Buch wunderbarster Bilder, angefangen von den technischen Formen der Waben und Plasmafibrillen bis zu den Erfindungen und technischen Leistungen der Zellenstaaten, Pflanze, Tier und Mensch inbegriffen.

Bekannt von ihnen ist der großen Menge vorläufig nur die Technik des Menschen; selbst die Gebildeten und die Forscher haben gar keine Ahnung, dass diese nur ein, sogar nur ein kleiner Ausschnitt aus der Gesamttechnik des Plasmas ist, weshalb es maßloses Erstaunen und teilweise ebenso großen Enthusiasmus wie heftigen Widerstand erregte, als ich vor einigen Jahren den Gedankengängen der objektiven Philosophie zuerst dadurch Freunde zu werben suchte, dass ich einige Kapitel aus der außermenschlichen Biotechnik aufschlug und auf verschiedene Erfindungen hinwies, die man durch Übernahme jener Konstruktionen und Vorgänge, also Methoden in unsere Lebenspraxis realisieren könnte.

Es hat auf solche „biotechnische Erfindungen" hin, die, wie man nun einsehen wird, nur der objektiven Philosophie zu verdanken sind, das deutsche Patentamt z. B. das R.G.M. Nr. 723 730 (Streuer für medizinische usw. Zwecke) verliehen und andere nachgesuchte Patente nur mit der Motivierung abgeschlagen, dass diese Vorrichtungen und Methoden durch die Technik bereits verwirklicht und in Amerika oder England bereits patentiert sind. Da mir das natürlich unbekannt war, erlebte ich auch dadurch die Genugtuung (und das steht in der Geschichte der Philosophie einzig da), dass eine Philosophie bereits praktische Auswirkungen zeigte und Früchte als Zeichen ihrer Brauchbarkeit erntete, bevor sie noch richtig ins Leben getreten war. Es lag daher ganz im Geiste der neuen Denkungsart, die von allem „Richtigen" (vgl. S. 144) fordert, dass es Dauer habe und erfolgreich sei, dass unmittelbar danach sich diese theoretische Anerkennung auch in die handgreiflichste Praxis umsetzte durch Gründung von Fabriken und Produktion lebenswichtiger Artikel im Sinne meiner Forschung und Denkungsart, die vorläufig bereits Hunderten von Menschen Erwerb und Zehntausenden Brot schafften, da durch sie eine wesentliche Mehrproduktion an Getreide und sonstigen landwirtschaftlichen Produkten auf gleicher Anbaufläche erreicht wurde. Der am Beginn des Kapitels 2.17 geforderte „praktische Erfolg" ist demnach eingetreten, und der Beweis für die Berechtigung der objektiven Philosophie ist dadurch erbracht.

Das alles ist aber natürlich im Vergleich zu dem, was sich aus der biotechnischen Idee entwickeln muss, erst ein ebenso geringfügiger Anfang wie etwa die putzige „Puffing Billy" des Stevenson gegen das Eisenbahnnetz von heute.

Es wird der Menschheit nichts anderes übrig bleiben, als das große Bilderbuch der Biotechnik des organischen Seins ebenso ausführlich zu studieren und nachzuzeichnen, wie man es mit all den Torsi, Fragmenten und Scherben antiker Vorzeit längst gemacht hat, und sollte das auch noch vielen Tausenden von Biologen, Ingenieuren, Chemikern und Architekten auf Generationen hinaus die schönsten Jahre ihrer Schaffenskraft kosten; es wird sich ebenso bezahlt machen, wie die Lehrstühle für Biotechnik an den technischen Hochschulen, die L. Staby unter dem Eindruck ihrer Ideen für sie gefordert hat.

Die Forschung wird dann, um nur den Begriff der „Gestalt der Dinge" zuerst zu erörtern, sich bei seiner ersten Anwendung davon überzeugen, dass die gesamte Physiologie und damit die ganze medizinische Wissenschaft (die letzten Endes nichts als angewandte Physiologie ist) sich teils unbewusst, teils verkappt vom ersten Tag ihres Bestehens der biotechnischen Voraussetzungen bediente (jeder Mensch, der etwas praktisch macht, verwirklicht damit die Gesetze der objektiven Philosophie), denn physiologisches Denken ist einfach biotechnisches Denken. Der Lebensprozess selbst ist ein fortgesetztes Schaffen von Gestalten für die stete Variation der Funktion, also eine Kette von Techniken. Alles, was sich dem Plasma bietet, ja bereits die Materie selbst für das Aktive des Lebens (Schopenhauer würde sagen für den Lebenswillen) ist „Mittel" zu diesem Zwecke, daher in teleologische Zusammenhänge eingespannt.

Demgemäß ist ...

> *... jede Funktion im Organismus von der einfachsten bis zur kompliziertesten dem Gesetz der technischen Formen (Gestalten) unterworfen, und selbst die Sinnes- und die Gehirnfunktion, das Denken und sein Niederschlag, die Kulturwerke sind nichts anderes als biotechnische Leistungen, für die das einheitliche Gesetz, das alles Technische regelt, ebenso gut gilt.*

Die technischen Hilfsmittel dienen dem Organismus, um seine bestmögliche Vollendung zu erreichen, oder, um das in einem trefflichen Wort zu sagen: Sie dienen dem Optimum. Daher ist Biotechnik eine der großen Erlösungen und Erfüllungen des Lebenssinnes. So erklärt sich auch in der Men-

schenbrust der durch die ganze Kulturgeschichte hindurch-
gehende Trieb nach Technik, wobei man ja das Wort nicht in
dem engherzigen Sinn von Industrie allein verstehen darf.
Denn Technik, die Anwendung von Hilfsmitteln zur
Steigerung von Leistungen liegt in jedem Tun des Menschen, im handwerklichen ebenso gut wie im künstlerischen,
sozialen, denkerischen oder sonst einem; weshalb denn auch
der in der Sprache waltende geheime Verstand mit gutem
Recht es sich nicht nehmen lässt, von einer Technik des Vio-
linspieles, einer dramatischen Technik oder Technik politi-
scher Organisationen zu reden.

Dieser Trieb nach Technik ist vielmehr nichts anderes als
der Lebenswille: das Substrat der physiologischen Forschung selbst. Er ist berechtigt (innerhalb der Grenzen des
Harmonischen) und erst gestillt bei Erreichung des Opti-
mums. Technik ist also — und das mögen sich nun die un-
entwegten und einseitigen Verfechter der Industrialisierung,
oder die Künstler jeder Art, auch die Naturforscher des „mi-
krotechnischen Schlages" merken — weder ein Endziel
noch überhaupt ein Ziel; sie ist auch nichts Niedri-
ges oder außer Acht zu Lassendes, sondern sie ist
ein notwendiges „Mittel" zum Leben.

2.18 Gesetzmäßigkeiten biotechnischer Prozesse

Es harrt nun unser ein großer Genuss. Es ist nämlich ein
Rundgang durch die gesamte lebendige Organisation und
physiologische Funktion nötig, nicht nur, um den Beweis zu
liefern, dass wirklich jede lebendige Gestalt ein technisches
Werk darstellt, sondern auch um durch ein solches verglei-
chendes Studium die feineren Gesetzmäßigkeiten dieses biotechnischen Prozesses feststellen zu können. Die ersten erkennbaren technischen Formen sind zugleich auch die am
besten erkennbaren Bestandteile lebender Organisation.

Der allereinfachste Organismus, als den man vielleicht gewisse Bakterien betrachten kann, die man sich (wenigstens
O. Lehmann) nur aus wenigen Molekülen aufgebaut denkt,
hat immerhin schon Zellenform, nämlich die Gestalt einer
plastischen, gestaltveränderlichen Kugel. Die Zelle selbst ist
diesen Gebilden gegenüber schon um mehrere Stufen der Organisation überlegen.

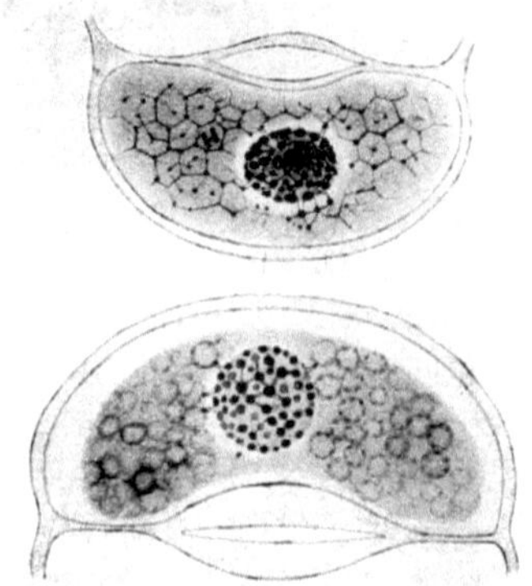

Abb. 2.16: Waben und Granularbildungen im Protoplasma mit dem Feinbau ruhender Zellkerne (Schließzellen eines Pflanzenblattes). Sehr stark vergrößert. Nach Staufacher

Das Verhältnis der Zellen zu den Zelleinschlüssen, die in keiner fehlen, ist das von Organismus zum Organ. In diesem Verhältnis ist der Funktionsbegriff nur ins Biologische übersetzt. Organ ist nur die Bezeichnung für Teile, die zu dem Ganzen in gesetzmäßiger Abhängigkeit stehen, weshalb man den gleichen Begriff auch ins geistige Leben übertragen hat und z. B. von Organen der Polizei spricht oder den Versuch, eine Vielheit in gesetzmäßig zusammenarbeitende Teile zu gliedern, eine Organisation nennt. Der Organismus bedient sich also seiner Organe als Mittel, um seine Leistungen auszuführen, und sie üben seine Funktionen aus. Es ist in dieser Formulierung durchsichtiger als sonst, dass das Leben des Organismus im Ganzen nichts als eine Biotechnik sei und das Biotechnische nichts als die Analyse des Funktionsgesetzes im Bereich des Erlebens. „Organe der Zelle" in diesem Sinn sind Zellplasma und Zellhaut mit ihren Mutterorganen und Ausscheidungen. Im Plasma, namentlich der Pflanzen, sind teils Saftvakuolen ausgeschieden, teils sind pulsierende Vakuolen (in fast allen Einzellern vgl. Abb. 2.16) vorhanden. Das für die Erhaltung und die Regelung der Funktionen unentbehrliche Organ, das auch die Fortpflanzung und Vererbung regelt, ist der Zellkern (Abb. 2.17, Nr. 1), der fast überall, auch in den Bakterien und Spaltalgen (Schizophyceen) vorhanden ist. Daneben sind sowohl in den pflanzlichen wie den tierischen Zellen lebendige Einschlüsse von solcher Selbstständigkeit da, dass eine immer mehr vordrängende Ansicht in diesen Chromatophoren wenigstens bei den Pflanzen Organismen sieht, die sich mit den Zellen zu einem symbiotischen Zusammenleben vereinigt haben. Tatsächlich haben die Chlorophyllkörner und noch deutlicher die Farbstoffträger in den Algenzellen eine, Eigenzwecken dienende Bewegung und selbstständige Vermehrung. Die tierischen Chromatophoren, deren Massenversammlung jedermann als Färbung der Iris im menschlichen und tierischen Auge nur zu gut kennt, dienen zwar nicht der Verarbeitung der Luftgase zur Ernährung wie bei

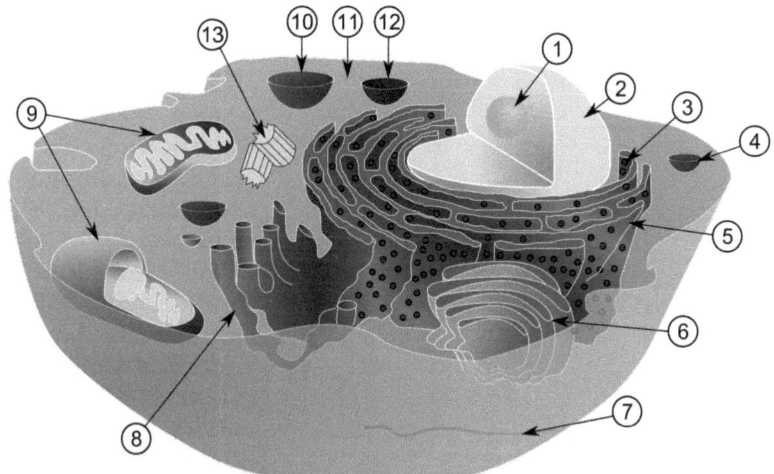

Abb. 2.17 Organisation einer typischen eukaryotischen Tierzelle 1. Nucleolus (chromosomale DNA) 2. Kernhülle 3. Ribosomen (Aufgaben der Proteinsynthese) 4. Vesikel zum Transport von Stoffen 5. Raues Endoplasmatisches Reticulum (ER) trennt Zellprozesse voneinander 6. Golgi-Apparat (Aufgaben des Zellstoffwechsels) 7. Mikrotubuli (u.a. für Bewegungen und Transporte innerhalb der Zelle) 8. Glattes ER 9. Mitochondrien (= Zellorganellen mit eigener Erbsubstanz. Aufgaben zur Zellatmung und Energieversorgung) 10. Chloroplast (photosynthetisch aktiv bei grünen Pflanzen). Zusätzlich haben Pflanzenzellen noch eine Vakuole als Verdauungsorgan (nicht abgebildet) 11. Zytoplasma (= die Zelle ausfüllende Grundstruktur) 12. Peroxisom (Entgiftungsapparat) 13. Zentriolen (Transport- und Stützaufgaben). Von MesserWoland und Szczepan1990 - Eigenes Werk (Inkscape erstellt), CC BY-SA 3.0, https://commons.wikimedia.org/w/index.php?curid=1279365

den Pflanzen, deren ganzer von der naiveren Naturkenntnis früherer Zeit so übertriebener Unterschied zum tierischen Organismus auf den Konsequenzen dieser Ernährungsart beruht, besitzen aber ebenfalls ihr Eigenleben, das sich in autonomen Bewegungen ausspricht.

Die von der objektiven Philosophie geforderte einheitliche Betrachtungsweise der Tiere und Pflanzen hat in neuester Zeit insofern einen großen Sieg errungen, als die letzten Werke auf dem Gebiet der Zellenkunde sich tatsächlich einer solchen bedienen. Man wird, wenn man diesen Weg einschlägt, sofort belohnt durch die Einsicht, dass sogar die Elemente des Plasmas weder etwas mit der Trennung in pflanzliche und tierische Organisation, noch mit den genannten Organen der Zelle zu tun haben.

Zu diesen gehört wohl eine ganze Anzahl von Nebenorganen und Akzidenzen, deren wahre Natur früher verkannt, von A. Meyer besser aufgefasst wird, wenn er die Letzteren als „ergastische Einschlüsse" bezeichnet, , wie z. B. die in vie-

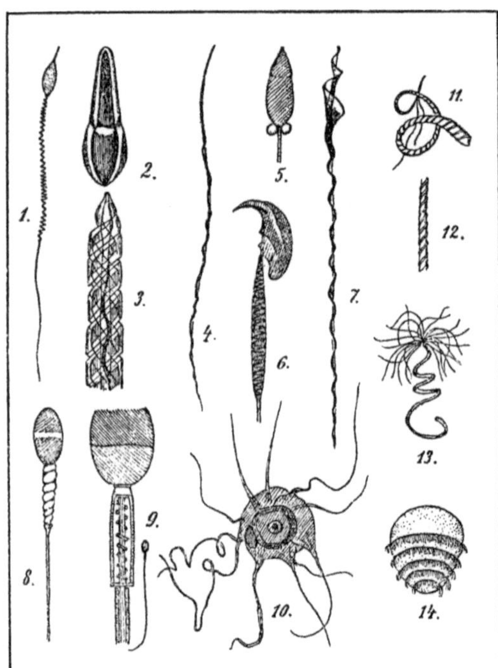

Abb. 2.18: Samenfäden der Tiere (1—8, 10), des Menschen (9) und derPflanzen (11—14). Stark vergrößert.

len tierischen und pflanzlichen Zellen vorkommenden Fetttropfen, Mikrosomen, Dotterkörner der Eizellen, Kristallnadeln, Eiweißkristalle, Stärkekörner oder die Zellsafteinschlüsse. Nebenorgane dagegen sind die mit den grünen Farbstoffträgern in Verbindung stehenden Stärkekerne (Pyrenoide) oder die Flimmerhaare und Geißeln vieler vegetabiler und tierischer Zellen (Abbild. 2.18), von denen sich immer deutlicher herausstellt, dass sie durch Fäden mit dem Zellkern verbunden, sein Abkömmling sind, der auch von ihm aus gelenkt wird. Nicht zu den Organen in unserem oben definierten Sinn gehören dagegen die vielerlei Formelemente, sogenannte Organellen (= strukturell abgrenzbare Bereiche einer Zelle mit einer besonderen Funktion) in Gestalt kleinster Bläschen, Körnchen oder Fibrillen, die sich in allen Zellen finden und im Laufe der Zeiten mit vielfachen Namen belegt wurden (vgl. Abb. 2.17).

Eigentlich ist es nur E. Altmann und seine Schule, welche den Gedanken ausgesprochen hat, der wahre Elementarorganismus sei nicht die Zelle, sondern ein Gebilde, das er Granulum nennt, und aus dem sich die Zellen als komplizierte Organismen nach den gleichen Gesetzen aufbauen, wie die dem Alltag bekannten Organismen aus Zellen. (Abb. 2.17.)

Man wird angesichts der heutigen Erkenntnisse an dieser Ansicht nicht mehr vorüber gehen können; denn namentlich, wenn man das Gesetz der Funktionen auch in der Welt dieser

Elementarorganisation anwendet, wird man finden, dass sich dann die ganzen vordem so unverständlich scheinenden Widersprüche der Forschung auf das Schönste auflösen lassen.

Bisher standen sich hart und unvermittelt zwei Ansichten gegenüber. Da war die eine, welche auch A. Meyer vertritt, das Plasma sei eine „optisch homogene Lösung", oder, um in der Sprache Bütschlis zu reden, ein kolloidaler Schaum, habe also nur eine Schein-, nicht aber eine wahrhafte Struktur. Für die andere zeugte der Augenschein, dass die Spermatozoiden vieler Tiere und Pflanzen, die des Menschen inbegriffen, einen oft höchst komplizierten spiraligen Bau besitzen. So viele Forscher haben das gesehen, dass keiner mehr daran zweifelt. Auf der Abbildung 2.18 habe ich das zeichnen lassen, um den Nichtanatomen einen überzeugenden Eindruck davon zu verschaffen. Auf der dritten Seite wurde ebenso unzweifelhaft, z. B. in den Drüsenzellen eine körnige, alsowirklich granuläre Struktur nachgewiesen, wie in allen Arten von Zellen fädige Ausscheidungen (Chondriosomen, und in sämtlichen sich fortpflanzenden Zellen fibrilläre Differenzierungen wieder spiraliger Natur (vgl. Abb. 2.18).

Was man Karyokinese nennt, und was heute jedem Lehrling in der Biologie geläufig ist, das arbeitet in der Zelle nur mit Fäden und Fibrillen. Die widerspruchsvollen Befunde versöhnen sich in dem Augenblick, in dem man die Gültigkeit des Funktionsgesetzes im Zellenleben anerkennt.

Chondriosomen, Chromosomen und Spiralfibrillen sind biotechnische Formen der Elementarorganismen; sie sind funktionelle Formen, die verraten. dass diese Elemente nicht Ruhezustände darstellen, sondern Leitungsfunktionen und Zugleistungen vollführen. Auf einfacherer Integrationsstufe sind sie das, was die Zelle als Ganzes darstellt, wenn sie zur Muskelfibrille oder zur Nervenfaser wird. Auf noch höherer Integrationsstufe gehorcht das Organ dem gleichen Gestaltungsgesetz, in der fibrillären Gestalt der Muskeln und Sehnenfasern noch um eine Stufe höher als Organismus, wenn er zur Liane wird oder Wurmgestalt annimmt. Chromosom, Muskelzelle, Muskel, Fadenwurm wiederholen nur auf vier Stufen das gleiche Funktionsgesetz.

Und genau das Gleiche gilt für das kugelige Ei, den mehr oder minder rundlichen Magen, die parenchymatische Pflanzenzelle (vgl. Abb. 2.19) oder die kugelige Nervenzelle (Abb.

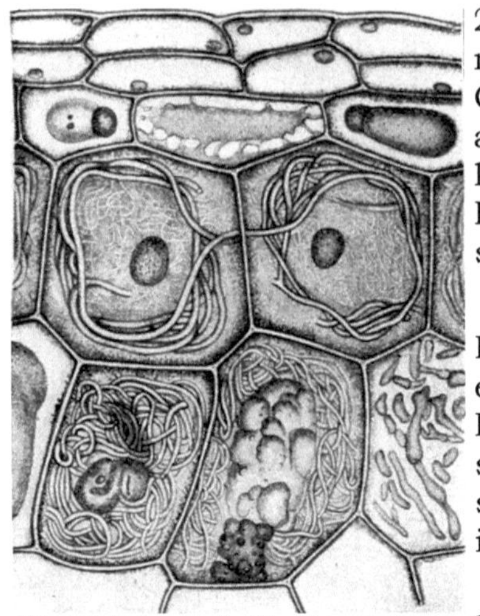

Abb. 2.19: Zellen aus der Wurzel der Nestwurz (Neottia Nidus Avis) mit eingedrungenen Wurzelpilzen. Vergrößert.

2.20) die „Wabe" oder das Granulum in einer Drüsenzelle. Gleiche Funktion verraten sie alle durch ihre Gestalt, nämlich die, ein an sich ruhender Behälter für Inhaltsstoffe zu sein.

Mit anderen Worten: Die Plasmaelemente besitzen einen metabolischen[22] Bau; nach biotechnischen Gesetzen geht je nach der wechselnden Leistung eine Gestalt in die andere über.

Gewiss ist die Regel des kolloidalen Baues auch für die plasmatischen Eiweiße gültig. Die ruhenden Eizellen sind eine Architektur von, wie man sie nennen könnte, Archiplasten, die ruhen, daher kugelig, beziehungsweise durch die enge Speicherung polygonal zusammengedrückt sind. Jene Archiplasten aber, die Zugleistungen zu vollführen haben, wie gelegentlich der Kernteilung, nehmen dazu unter dem Einfluss der Funktion die passende Gestalt an; andere, denen Bewegungen zugemutet werden, gestalten sich dadurch zu Spiralfäden. Wenn man sich das durch einfachste Beispiele überzeugend beweisen will, denke man nur an Form und Funktion der Samenfäden (Abb. 2.18), die sowohl dem Schwimmen wie dem Einbohren (ein solches Einbohren in die menschliche Eizelle in unübertrefflicher Weise angepasst sind. Unter den Samenfäden gibt es Bohrerformen einer Art, die in der menschlichen Technik noch ganz unbekannt sind. Ich gebe gewissermaßen jedem Freund der objektiven Philosophie die Möglichkeit, Erwerb und neue Industrien durch die Fabrikation solcher Bohrer zu begründen, welche Vorzüge gegenüber den gebräuchlichen Modellen haben, und wünsche mir nur, dass solche Erfinder etwas von ihrem Nutzen zum Wohle der Menschheit im Dienste dieser Ideen verwenden mögen. Was aber der Samenfaden (Abb. 2.18) als „Gestalt einer ganzen Zelle", das sind die Chromosomen auf der Integrationsstufe der Archiplasten gelegentlich der Befruch-

---

22 **Metabolismus** ist der Stoffwechsel, d. h. die Gesamtheit der chemischen Prozesse in Lebewesen.

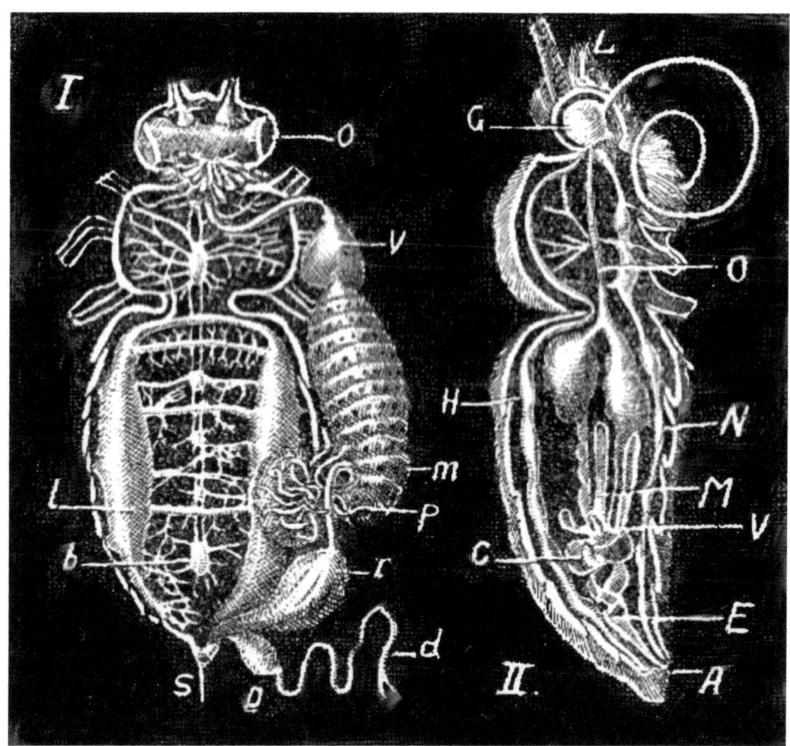

Abb. 2.20: Der anatomische Bau der Insekten. I. Die Innenorgane der Honigbiene (Apis mellifica). O Augen mit dem durch den Augenlappen in Verbindung stehenden Gehirn, von dem Nerven nach oben zu den Antennen ausgehen. Das strickleiterförmige Nervensystem setzt sich durch den Körper mit vielen ausstrahlenden Nerven fort, besonders gut sichtbar im Bruststück (Thorax), von dem die drei Beinpaare ausgehen. Im Abdomen befinden sich außerdem die zwei großen luftgefüllten Tracheenblasen (1) mit dem weitverzweigten Netz der Atmungsröhren (Tracheen). Die Eingeweide sind seitwärts herausgeschlagen und beginnen am Kopf mit den Speicheldrüsen, aus deren Kranz das lange Schlundrohr in den Vorderdarm (Kropf v) führt; dieser geht in den Mitteldarm (Chlydusdarm) (m) über, an den sich die Malpighi'schen Gefäße (p), der Rektaldarm (r) anschließen. S der Giftstachel in der Verbindung mit der Giftblase (g) und Giftdrüse (d). 11. Ein Längsschnitt durch ein geöffnetes Männchen des Ligusterschwärmers (Sphinx ligustri). Die Maxillen sind aufgerollt, von der Antenne ist nur ein Stück gezeichnet. L der Lippentaster. G das Gehirn, mit dem die Ganglien (N) der Brust und des Bauches in Verbindung sind, Ö Oesophagus, das in den Kropf und Mitteldarm (M) führt. V Malpighi'sche Gefäße. E Enddarm, A After, C Hoden. Auf der Rückseite liegt das lange gekammerte Herz (H).

tung. Wer pflanzenanatomisch gebildet ist, weiß zur Genüge, dass sie bei dem Eindringen in den Embryosack funktionsgemäße Schraubenzieherform annehmen.

Hier ist ein Neuland der Forschung voll lockender Ziele; ist doch noch nicht einmal die physiologische Anatomie der Zelle restlos geklärt. Wohl sind rein äußerlich (und ohne Kenntnis ihrer technischen Struktur auch unvollkommen und falsch) die Formen plasmatischer Organe aufgezeichnet, und in großen Tafelwerken unterscheidet man außer den 6000 Radiolarien an 6000 spezifische Formen von einzelligen Protozoen, an 6000 Diatomaceen und 4000 Desmidiaceen unter den einzelligen Grünalgen allein, von denen jede eine technische Lösung ihrer jeweiligen Bedürfnissituation ist. Jede Lebensform hat eine andere solche Aufgabe zu lösen in Bezug auf Kriechen, Schwimmen, Schweben, Schutz, Einstellung zum Licht, Nahrungserwerb und Fortpflanzungssicherung, und jede löst sie auch auf andere Weise. Sonst wäre es ja nicht möglich, ihre Differenzialdiagnose festzustellen. Die Unterscheidung der Arten nimmt bekanntlich gar keine phylogenetischen Merkmale auf (deren Berücksichtigung entscheidet über die Gattungen, noch mehr in zunehmender Wichtigkeit über Familie, Ordnung, Klasse und Phylum), sondern benutzt ausschließlich die Anpassungsmerkmale. Das aber sind die biotechnisch erzeugten, und deshalb ist das Studium der Anpassungen zugleich das der biologischen Techniken.

Da liegt denn schon durch die Betrachtung der zellulären Funktionen im Einzellerleben von unserem neuen Gesichtspunkt aus ein geradezu unübersehbares Reich aufgeschlossen vor dem Menschengeist. Wenn nun die Geißelbewegungen der Flagellaten, die Balanziereinrichtungen und Stützvorrichtungen der Radiolarien, die Schutzbauten der edaphischen Wurzelfüßler (Abb. 2.21) und Dinoflagellaten (Abbildung 2.22), die Festigungseinrichtungen der Bacillariaceenpanzer, welche Widerstandsfähigkeit gegen enormen Druck mit größter Leichtigkeit und Materialersparnis vereinigen müssen, und ähnliche derartige Anpassungen von technisch geschulten Köpfen studiert würden, die diese Leistungen sinngemäß auf menschliche Kulturbedürfnisse umrechnen, so würde allein schon das Lexikon technischer Leistungen um viele tausend neue Stichworte vermehrt.

Das Studium der Verspannungen im Kieselalgenpanzer, dem ich mich einige Zeit hingegeben habe, hat z. B. in kürzester Zeit Vorschläge zur Eisenzimmerung für Streckenausbau in Bergwerken ergeben, die den Technikern, denen ich sie vorlegte, neu waren. Es waren darunter sowohl Modelle zur Abhaltung des Firstendruckes, wie für Seiten- und Sohlendruck, und es zeigte sich sofort, wie in den gebräuchlichen Streckenbogen der Mensch das gleiche technische Prinzip an-

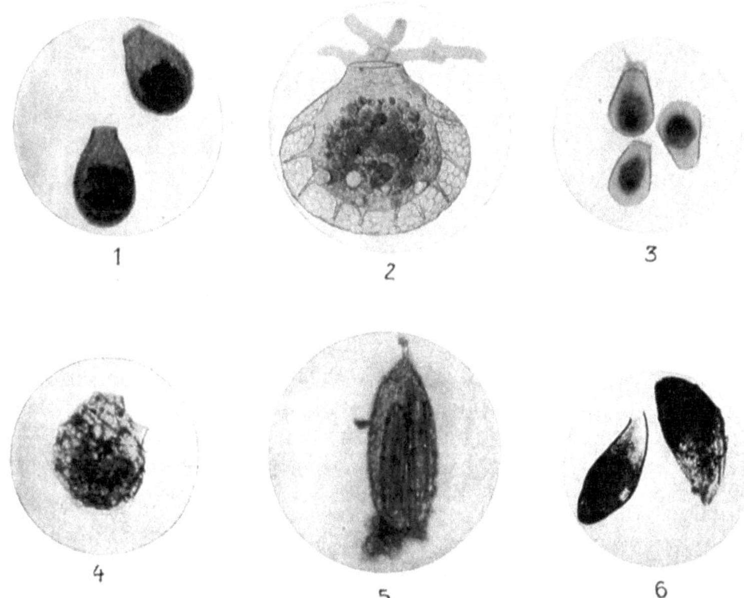

Abb. 2.21: Tierische Edaphonorganismen des Waldbodens 1 Nebela carinata Leidy, 2 Nebela, 3 Hyalosphenia papilio, 4 Pontigulasia bigibbosa Pen., 5 Oromia sp., 6 Cyphoderia ampulla Ehrb. Mäßig vergrößerte Originalaufnahmen des Biologischen Instituts München. Zu diesen beschalten Wurzelfüßlern gesellen sich nackte und halbstarre Amöben, Bodenbakterien (besonders die Gattungen Azotobaeter, Clostridium, Nitrosomonas) ferner Kieselalgen (im besonderen Hantzschia, Navicula, Fragilaria, Nitzschia und Primularia, sowie Ennotia), Spaltalgen (besonders Oscillatorien, Isocystis, Stichocollus und Nostoc), Grünalgen (Mesotaenium, Enastrum), zahlreiche Bodenpilze (Leitformen Cadosporium, Mucor, Aspergillus) dazu Rädertiere (besonders Rotifer, Philodina, Callidina), Fadenwürmer (Dorylaimus, Tripyla), Regenwürmer und zahlreiche sonstige Kleintiere, welche zusammen die Lebensgemeinschaft des Edaphons (bisher an 330 Arten bekannt) bilden, welche die Grundlage aller Bodenfruchtbarkeit und Düngerwirkung ist.

wendet, aber auch in welcher Weise diese Anwendungen ihrem Optimum nähergeführt werden könnten. Durch das gleiche Studium wurden technisch realisierbare Erfindungsideen zur Herstellung von unzerbrechlichen Schachteln und Kisten zutage gefördert, welche Leichtigkeit (daher Billigkeit) mit enormer Widerstandsfähigkeit gegen Außendruck vereinigen; desgleichen Vorlagen für bomben- und drucksichere Gewölbe, im Besonderen für Schiffsrümpfe, die wie die Walfischfänger oder Eisbrecher kolossalem Eisdruck ausgesetzt sind.

Es kann natürlich nicht der Zweck dieses Abschnittes sein, hier einen auch nur annähernd vollständigen Abriss der Biotechnik zu entwerfen; für die botanische Seite der Frage

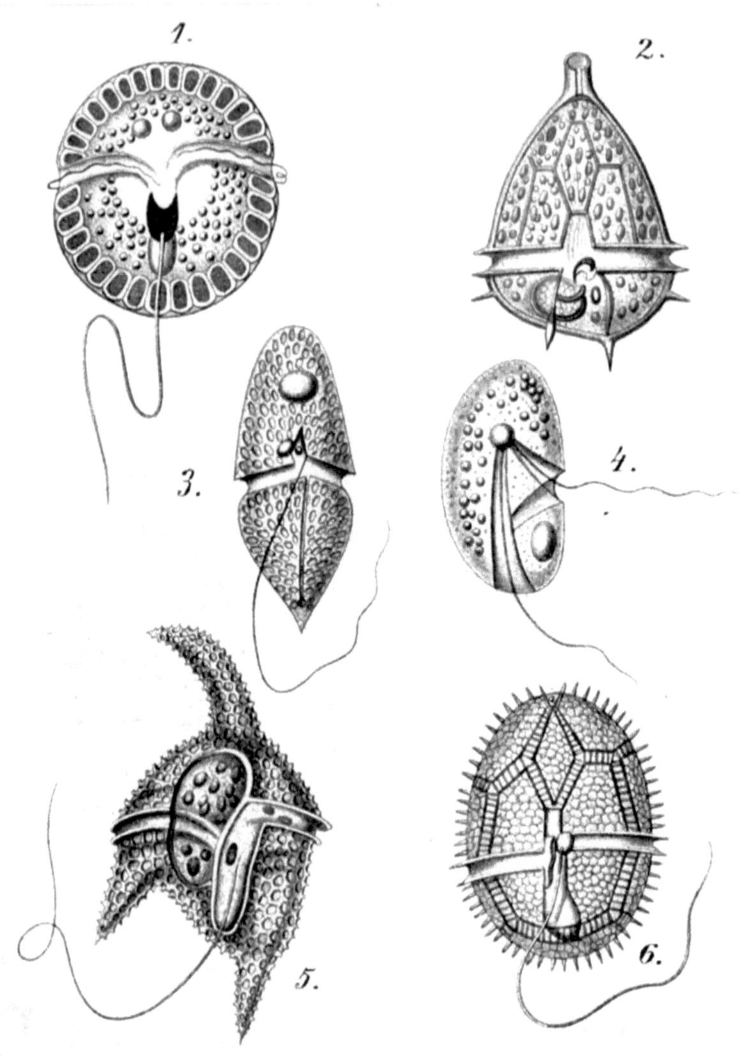

Abb. 2.22: Technische Einrichtungen zum Schweben im Pflanzenreich Dinoflagellaten der Gattungen Gymnodinium (1), Glenodinium (2), Amphidinium (3), Hemidinium (4), Ceratium (5), Peridinium (6) aus den heimischen süßen Gewässern, von denen jede eine andere technische Lösung des Schwebeproblems darstellt. Stark vergrößert.

habe ich das bereits versucht in meinem Werk über die technischen Leistungen der Pflanzen, das die Serie der „Grundlagen einer objektiven Philosophie" einleitete, um die Aufmerksamkeit zuerst auf den unmittelbaren und greifbaren Nutzen dieser Denkungsart zu lenken.

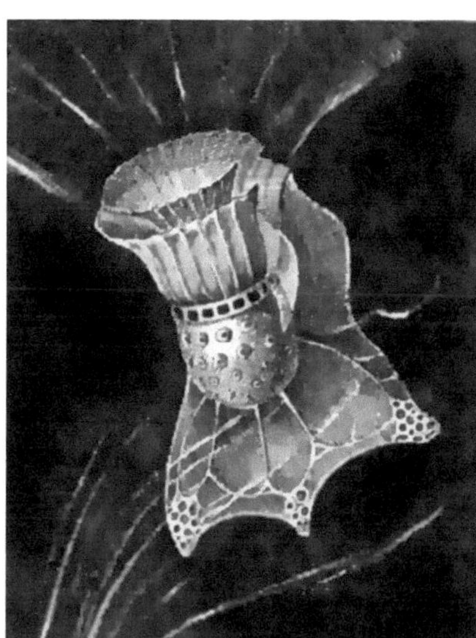

Abb. 2.23: Eine Schwebeform des Meeres (Ornitho-cercus). Sehr stark vergrößert. Durch die technischen Einrichtungen des Vorderendes und den Kiel wird die bestimmte gezeichnete Stellung der Pflanze festgehalten, in der das Gebilde in einem kleinen Wasserwirbel langsam sinkt und wieder emporsteigt, wodurch es dauernd schwebt.

Eine zoologische und zytologische Biotechnik, die ich zuerst in Aussicht genommen, musste ich vorläufig wieder fallen lassen, da der Stoff in solchem Übermaß dazu drängte, dass die Harmonie des Gesamtwerkes, das mir vorschwebt, darunter gelitten hätte. Andere, mit zureichenderer technischer Vorbildung werden das ausführen. Die einmal in ihrem praktischen Nutzen gezeigte Idee wird nicht ruhen, und das Jahrhundert nach uns wird ganze biotechnische Bibliotheken besitzen und seine Produktion längst im neuen Geiste umgestaltet haben. Dass man das Jahr 1917, in dem diese Wende des Denkens einsetzte, dann auch als den Beginn einer neuen Epoche des Kulturlebens im Gedächtnis behalten wird, daran habe ich nicht den geringsten Zweifel, so unvollkommen auch heute noch die Gedanken sind, welche diese Ära eröffnen. Wohl aber kann ich hier an ausgewählten Beispielen einen Begriff davon schaffen, wie ausgedehnt das Neuland des Wissens ist, das sich nun eröffnet. Ein noch unübersehbares Kapitel darin sind unter den Gestalten der Einzeller die Geißeln der Flagellaten und die Einrichtungen, welche den im Wasser lebenden Kleinwesen das Schwimmen und Schweben gestatten.

Die Abbildungen 2.23 und 2.22 stellen einige hervorragende technische Versuche des Plasmas dar, dieses Problem optimal zu lösen. Alle die abgebildeten Zellen, Bewohner sowohl des Süßwassers wie des Meeres und spezifisch schwerer als das Wasser, sind darauf angewiesen, an der Oberfläche zu leben, da sie zur Kohlenstoffassimilation des Lichtes bedürfen. Sie dürfen aber zu diesem Zweck nicht den Wasserspiegel selbst aufsuchen, da sie dort einer Zerreibung durch die Wellen ausgesetzt wären. Das zu lösende technische Pro-

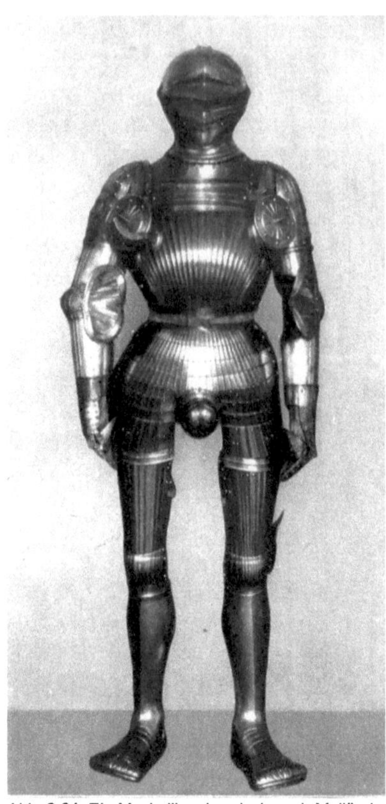

Abb. 2.24: Ein Maximiliansharnisch nach Mailändr Art "geriefelt" aus Nürnberg

blem war demnach für sie: Wie erhält man sich dauernd in der Region zwischen einem halben und zwei bis drei Metern unter der Oberfläche schwebend?

Die Formen dieser Zellen verraten, durch welche Konstruktion diese Aufgabe lösbar ist. Dass sie auf diese Weise gelöst wurde, ist nicht zu bezweifeln, denn die in Frage kommenden Dinoflagellaten wären sonst längst ausgestorben, wenn sie je in die lichtlose Tiefe sinken würden. Man findet sie stets auf- und niederschwebend in den lichtschimmernden Regionen der Seen und des Meeres. Wenn man nun ihre merkwürdige Einrichtung näher studiert, wird man finden, dass sie eine eigentümliche Zwischenkonstruktion ist, die teils an Fallschirme, teils an die Leitapparate von Turbinen erinnert, jedenfalls in der menschlichen Technik nicht ihresgleichen hat und dem Maschineningenieur ein Studienobjekt von hervorragendem Interesse bietet, umso mehr, wenn man bedenkt, dass es an 600 spezifisch verschiedene solcher Konstruktionen gibt.

Die Ceratiumformen der Abbildung 2.22 überraschen durch eine andere Anpassung merkwürdigster Art. Wenn man sie mit der Ritterrüstung auf der Abbildung 2.24 vergleicht, so kann man nicht verkennen, dass eine prinzipielle Übereinstimmung besteht zwischen der Plattenrüstung einer solchen Zelle und den Harnischen der Ritter des XV. Jahrhunderts. Im Besonderen ist die bewegliche Verbindung der Armkacheln mit den Armschienen eine Konstruktionsidee, die in Natur und Kultur sich aus der gleichen mechanischen Notwendigkeit der beweglichen Verbindung bewährte. Ganz besonders bemerkenswert ist auch die Riefung der Ceratium-

platten, wenn man sich an die alte Erfahrung der Plattner-
kunst erinnert, wonach geriffelte Rüstungen (der sogenannte
Maximiliansharnisch) besondere Widerstandsfähigkeit hatten. Beides, sowohl der geschiente Harnisch wie die Riffelung
sind übrigens technische Leistungen, die als Konvergenzerscheinung (siehe S. 192) im Bau der Käfer wiederkehren,
als ein Zeichen dessen, dass es sich bei aller Biotechnik nicht
um spezifische Leistungen der Organismen, sondern um die
Kundgebung eines alles Sein durchprägenden Weltgesetzes
handelt.

Sind nun aber die freilebenden Zellen auf ihre funktionellen Anpassungen nicht immer leicht einzuschätzen, so ist das
noch weit mehr erschwert bei den im Zellenverband sich spe-
zialisierenden Gewebezellen, obwohl gerade sie das von der
entwicklungsmechanischen Schule für klassisch erklärte Beispiel funktioneller Anpassung sind. Schon die Gesell-
schaftsbildung selbst ist eine solche, die sich vom Archiplasten an durch alle Integrationsstufen bis zum Kosmos verfolgen lässt, und in deren Rahmen die menschlichen Gesell-
schaften und Staaten ihre Besonderheit verlieren, dagegen
das Naturgesetzliche besonders scharf hervortritt.

Auch der Staat, sowie jede Organisation, handle es sich
nun um eine wissenschaftliche Gesellschaft oder eine politi-
sche Partei, ein Weißwarengeschäft oder eine große Bank,
sind biotechnische Produkte und werden nur dann von voller
Wirksamkeit, krisenfrei, daher von Dauer sein, wenn sie das
im Organismus deutlich und vorbildlich erkennbare Weltgesetz der Organisation befolgen, was allein schon genügen
dürfte, um Politiker und Staatsmänner wie gewiegte Kaufleu-
te zum genauen Studium der objektiven Philosophie zu veranlassen. Sie können wahrlich ihr genug ausschlaggebende
Anregungen entnehmen.

In diesem Rahmen gliedern sich die Teile des Organismus
in Organsystemen, Organen, Gewebesystemen und Geweben
nach dem Gesetz der Integration, die dadurch gleichfalls als
Gestalt des Weltphänomens durchschaut ist.

Dieser Gedanke rührt unmittelbar an das Herz der Physiologie, indem er zwingt, sich auf allen Stufen der Organisation die Ursache der Formbildung klar zu machen. Das aber
ist das physiologische Problem kat exochen. Formbildung
ist immer nur ein Ausdruck des Geschehens, sei es

nun in der lebenden oder in der sogenannten toten Substanz, untrennbar von Energieumsetzungen und Stoffwechsel. Auch die scheinbar feste organische Gestalt, also das Bild, das unser Erleben von einer Leber, einer Hand, einem Insekt empfängt, ist nur der jeweilige Ausdruck eines Komplexes von Vorgängen, ganz ähnlich wie das Bild einer Flamme oder eines Springbrunnens, die es als „Individuum" in Wirklichkeit gar nicht gibt. Wirklichkeit ist nur die Bewegung stets wechselnder Wasserteilchen, die leuchtende Oxidation auftauchender und verschwindender Materiepartikel, wirklich ist nur die Funktion von Zellen als Stoffaustausch, Formänderung durch Kontraktion, Wachstum und Teilung, Farben Wechsel durch Änderung ihres physikalischen Zustandes, weshalb jeder Wechsel der Funktion einen Wechsel der Gestalt, das Wort im weitesten Sinn genommen, nach sich zieht. Es ist ein und dieselbe Tatsache, welche dreimal verschieden bezeichnet wird, wenn man sie als biotechnisches Geschehen, funktionelle Anpassung oder physiologische Funktion benennt, je nach den Gesichtspunkten, nach denen man sie betrachtet.

Alles physiologische Geschehen produziert Biotechniken. Die Atmung ist eine solche, ebenso gut wie die Bewegung; der Stoffwechsel durch Ernährung ist eine solche, die Ausscheidung und die Zirkulation (Sekretion) haben ihre technischen Methoden, ebenso die Sinnestätigkeit, das Denken ebenso gut wie die Fortpflanzung, das Wachstum und die Speicherung von Reserven, die Ausheilung erlittener Schäden, die Regeneration und was der physiologischen Funktionen sonst noch mehr sind. Sie alle macht der Mensch nach, zum größeren Teil unbewusst, teilweise mit vollem Bewusstsein in seinem Dasein, auf höherer Integrationsstufe und mit teilweise anderen Mitteln. Aber auch diese Integrierung ist nichts Neues, denn schon innerhalb des Organismus wiederholt sie sich. Die Biotechnik der Gewebe wiederholt sich im Großen und Ganzen in den Organen, dann im ganzen Organismus. Die schon erwähnten Knochenlamellen der Spongiosa (Abb. 2.15, S. 150), die ein Trajektoriensystem bilden, arbeiten dabei nach einem mechanischen Gesetz, dem auch der einzelne Knochen im Verhältnis zum Organsystem, in das er eingebaut ist, folgt. Auch die ganzen Knochen sind, wovon ein Blick auf das Skelett des Menschen (vgl. dessen Bild) überzeugt, wieder nur die Druck- und Zuglinien im sich bewegen-

Abb. 2.25: Lianen von Clematis im heimischen Auwald. Motiv aus dem Isartal bei München.

den Bein oder Arm, die nach dem Ökonomiegesetz stabil ausgefüllt sind und sich nach den mechanischen Gesetzen größter Haltbarkeit zusammenschließen. Will der Mensch seinen ganzen Körper in ein über ihn hinausgehendes System einbauen, so wird er das optimal wieder nur durch Verwirklichung derselben Prinzipien machen können, auch wenn er dazu andere Mittel, also etwa Holz, Stein oder Eisen verwendet. Wendet er nicht die richtigen Prinzipien an, dann trägt ihn eben das Bauwerk nicht. Wünscht er also sein Bein zu verlängern oder seinen Standpunkt zu erhöhen, so kann er das zweckmäßig nur, indem er sich künstliche Röhrenknochen, d. h. Stelzen anschafft oder sich auf Gerüste stellt, die bei größter Materialersparnis dann am haltbarsten sind, wenn sie in den Verspannungen ihrer Balken- oder Eisenteile wieder das Funktionsgesetz seiner feinsten Knochentrajektorien wiederholen.

Es gibt eben nur eine Art, um etwas vollkommen zu gestalten, und die ist auf jeder Integrationsstufe dieselbe; sie geht durchgängig durch das ganze System von Zusammenhängen, das der Mensch Welt nennt. Darum imitiert die Menschentechnik bereits unbewusst die organische Technik. Beide vollziehen einfach das Funktionsgesetz, weil alles nur nach diesem Gesetz funktionieren kann.

Wenn eine Zugleistung stattfinden soll, dann ist die entsprechende Gestalt eine feste Verbindung zwischen einem stabilen und dem heranzuziehenden Punkt. Sie hat Seilform, mag sie nun ausgebildet sein einmal als Myofibrille im Muskelprisma, oder als Muskelfaser, als ganzer Muskel, als Muskelgruppe des Armes, als Arm, als Liane (Abb. 2.25), als ganzer Mensch, der etwas zieht, oder in seiner Verlängerung als Seil, kompliziertes Kabel, das den Muskelbau wiederholt. Die Sachlage dieser Beispiele begleitet uns nun die gesamte Physiologie hindurch. Man mag hinblicken, wohin man will, sei es auf die Anpassungen der Zellen im Gewebe oder die der Organe oder des ganzen Organismus, immer und überall vom Kleinsten bis ins Größte, vom Einfachsten bis zum Kompliziertesten ist Pflanze, Einzeller, Tier und Mensch so gestaltet, dass er seine Funktionen optimal ausführt. Das war den Menschen auch von je bewusst; nur haben sie sich einer anderen Ausdrucksweise dafür bedient; sie nannten einen Organismus mit optimalen Funktionen „normal" und „gesund" und wussten, dass er, solange er beide Bezeichnungen verdient, auch unbeschränkte Dauer habe. Ein Zurückbleiben hinter dem Optimum infolge nicht vollkommen gesetzmäßiger Funktion wird von der Sprachlogik als krüppelhaft, pathologisch, anormal, als Krankheit bezeichnet und mit dem Bewusstsein verknüpft, dass nun entweder eine Rückkehr zur Norm erfolgen oder die Dauer erlöschen muss.

Der anormale Organismus stirbt und beendet die Funktionen des Lebens. Da nun alle Organismen gestorben oder krank sind, die nicht optimal funktionieren, ist in dieser Norm die Gewähr der bestmöglichen Funktion, als der günstigsten Lösung des jeweils vorliegenden technischen Problems gegeben. Und daraus leitete ich in der Biotechnik das Recht ab, die normalen, lebenden Organismen der Technik als unbedingte Vorbilder hinzustellen, wenn das gleiche technische Problem wie im Vorbild vorliegt.

Es wird mithin der Techniker, der Ingenieur so gut wie der Chemiker oder der Architekt nicht umhinkönnen, sich der Biologie mit den Fragestellungen der objektiven Philosophie zu nähern und ihr genaues technisches Studium in sein Programm aufzunehmen.

In den physiologischen Gesetzen wird diese biologisch orientierte Technik alsbald ein prachtvolles Beispiel für das Funktionieren einer Kraftmaschine erkennen, im Organismus ein „stationäres System", das selbstständig die zu seinem Betrieb nötige Energie als sogenannte Nahrung aufnimmt und die Fähigkeit hat, sich zu vervielfachen.

Dieser Energiewechsel hat dreierlei Formen, die man hergebrachtermaßen als tierische, pflanzliche oder parasitäre Lebensweise bezeichnet, und wonach man ziemlich inkonsequent Tiere und Pflanzen unterscheidet. Inkonsequent ist das deshalb, weil dann die tierisch lebenden, sogenannten

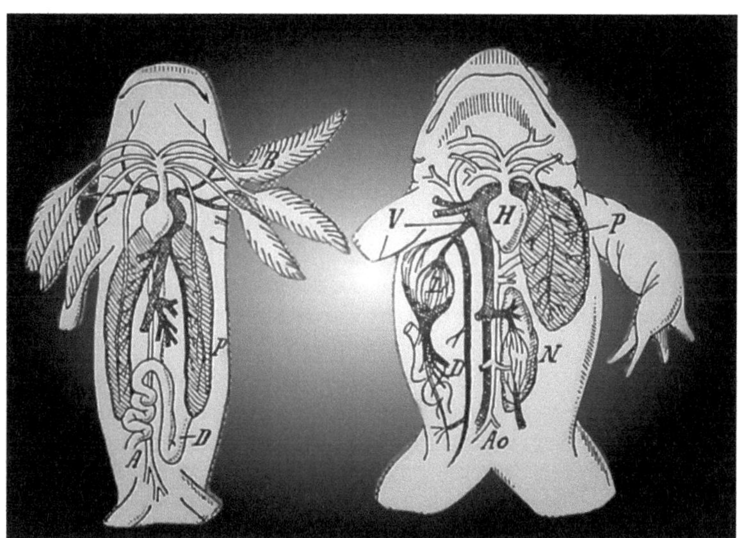

Abb. 2.26: . Atmungsorgane der Amphibien. Links ein Olm, der Kiemen (B) und Lungensäcke (P) zugleich besitzt. D Darm, A Aorta. Rechts die Darstellung des Kreislauforgans eines Frosches. P = Lunge der linken Seite (der rechte Lungensack ist nicht gezeichnet) mit der Arteria pulmonalis (hell) und der Vene (dunkel) der Lunge. H Herz, V Vena cava. L Pfortaderkreislauf der Leber, Ao Aorta, N Niere, D Darm.

fleischfressenden Pflanzen, deren Mahlzeit auf Abbildung 30 dargestellt ist, ebenso zu Unrecht dem Pflanzenreich zugeteilt werden, wie die halb Aas verzehrenden, halb Bodenpilze, also Eiweiß verzehrenden Schmarotzer nach Art der Nestwurz (Abb. 2.19, S. 160), während man schmarotzende und dadurch die Gestalt von Wurzelfäden annehmende Krebse unbedenklich ihrer Abstammung zuliebe im Tierreich belässt.

Die Pflanze (Ausnahmen s. oben) nimmt durch die Blätter nur Gase, im Besonderen Kohlensäure und Wasserdampf auf, durch die Wurzeln dazu Wasser und darin gelöste Stickstoffverbindungen, Kali-, Magnesium- und phosphorsaure Salze, verarbeitet diese mithilfe von Oxygen, das sie durch einen anderen Prozess, den man Atmung nennt, aufnimmt. Dadurch wird Energie frei. Davon besorgt die Pflanze die molekularmechanischen Umwechselungen, die sich als Wachstum, Bewegungen, Sinnestätigkeit und Fortpflanzung kundgeben, sowie Atomumsetzungen, die noch zu dem Chemismus ihrer Ernährung gehören, kurz alles, was man ihren Lebensprozess nennt. Was nicht verbraucht wird, speichert sie, so wie wir Elektrizität in Akkumulatoren speichern, in Knollen (Kartoffeln), Samen (Getreide) und Früchten als Reservenahrung.

Das Tier nimmt aus seiner Umwelt gasförmige Stoffe, feste und flüssige Nahrung auf, die im Wesentlichen (und das tut auch sowohl der Saprophyt [Aasverzehrer] wie der Parasit) aus Oxygen, Eiweiß, Fett, Kohlehydraten und Wasser bestehen. Mit Hilfe des durch die Atmungsorgane (vgl. Abb. 2.26) aufgenommenen Oxygens werden die zwei anderen verbrannt und verdampft; durch diese Oxidation wird Energie frei, genauso wie im Pflanzenleib, dessen Stoffwechsel daher prinzipiell durchaus mit dem tierischen identisch ist. Da somit die letzte trennende Barriere zwischen den beiden Gruppen von Lebewesen fällt, wird die Forschung, und damit auch der Unterricht nicht umhinkönnen, so wie es auch in diesem Werke geschieht, nicht mehr Botanik und Zoologie, sondern nur mehr eine einheitliche vergleichende Biologie zu betreiben, welcher allein die Zukunft gehört.[23]

Von der freigewordenen Energie lebt auch das Tier genau nach dem gleichen Gesetz wie der pflanzliche Organismus. Im Besonderen werden im Stoffwechsel Fette und Kohlehydrate gleichsam wie in einem Ofen zu H_2O und Kohlensäure verbrannt, Eiweiß aber mithilfe von Verdauungsenzymen auf kaltem Wege nur bis zum Harnstoff und ähnlichen Substanzen abgebaut. Der deutsche Physiologe Rubner maß die Kalorien der aufgenommenen Nahrung, verglich sie mit der Abgabe an Wärme beim Menschen und fand, dass das Aufgenommene durch Lunge, Nieren, Darm und Haut fast restlos wieder hergegeben wird. Die Differenz betrug nur 0,1 Prozent.

Es stammt also das, was man vitale Energie nennt und wozu auch die geistigen Funktionen gehören, nur aus der Nahrung. Das meiste der Energie wird für die Muskeltätigkeit und die Funktion der großen Drüsen, wie der Leber und der Nieren verwandt und ebenso zur Verdauung; das Gehirn dagegen erhält davon so wenig, dass man es noch nicht messen konnte. Beim jungen Organismus von der Pflanze bis zum Menschenkinde kommt dazu noch ein erheblicher Energieverbrauch durch das Wachstum, der bei der Pflanze zeitlebens größer bleibt als bei dem animalischen Organismus. Die klassischen Rubner'schen Untersuchungen haben die Mechanik dieser Vorgänge klargelegt. Seit ihnen weiß man z. B.,

---

23   Vgl. Grundlagen zu einer objektiven Philosophie I. Teil. Vergleichende Biologie Leipzig (Theod. Thomas). 1922.

dass zum Ansatz von einem Kilo Körpersubstanz des Menschen 4800 Kalorien Nahrung notwendig sind, zu dessen technischem Aufbau nur 800 Kalorien verwandt werden. Der Mensch ist also, als Kraftmaschine betrachtet — ein Vergleich, der sich schon Lavoisier aufdrängte — in einer ähnlichen Lage wie die kalorischen Maschinen, also die Dampfmaschinen oder Benzinmotoren, die das Prinzip seiner Biotechnik wiederholen. Er leistet nur durch den physiologischen Prozess eine zweifache Umwandlung, zuerst der chemischen Energie in Wärme, dann dieser in chemische Energie. Der Stoffwechsel kann von diesem Standpunkt aus definiert werden als eine Überführung der chemischen Energie in Arbeit und Wärme. So wie wir gelernt haben, durch den Akkumulator aus chemischer Energie unmittelbar elektrische Energie herzustellen, so kann auch der „Muskelmotor", wie er im tierischen Organismus verwirklicht ist, als chemo-dynamische Maschine das gleiche leisten, wobei die Wärme (wie „heiß" macht doch Muskelarbeit!) nur mehr ein Nebenprodukt ist.

Diese Wärme wird nach Bedarf durch thermoregulatorische Einrichtungen, wie die Haut, die Körperform, die Schweißdrüsen abgeleitet oder durch das Fett und das Haarkleid (Pelze) zurückgehalten. Wenn wir uns im Winter eines Pelzmantels erfreuen, war der Kürschner ein Biotechniker, der nur den Organismus nachahmte, und dass die Pflanze nicht die 36 °C der Blutwärme in ihrem Innern aufweist, sondern Baumstämme im Innern bei Winterfrost nur wenige Grad über Null, also eine geringe Körperwärme besitzen, rührt namentlich von ihrer Körperform, der Zerteilung durch Äste, Wurzeln und Blätter her. An sich produzieren die Pflanzen durch Atmungsoxidation ebenso gut Wärme wie das Tier, und in halbgeschlossenen Blüten gleich der auf Abbildung 2.27 dargestellten Aquilegia herrscht immer eine annehmbare Temperatur, die sich in den Arumblütenständen bis auf Blutwärme und darüber steigert. Heizen, d. i. die Oxidation von Kohle, Holz oder Tran, ist demnach ebenso gut eine Nachahmung eines organischen Vorganges, wie das ganze Kulturleben nur eine angewandte Biologie ist. Diese zunächst vom allgemeinsten Gesichtspunkt betrachteten ...

... Funktionen schaffen sich nun im Organismus ihre Organe, ...

Abb. 2.27: Honigsporne der Blüten von Aquilegia chrysantha.

...deren Bau vom Größten bis ins Feinste ein unerschöpflicher Wunderborn der Biotechnik ist, den man von unserem Gesichtspunkt aus noch kaum zu studieren begonnen hat.

Aus dem notwendig werdenden Handbuch der physiologischen Biotechnik will ich hier nur einige wenige Seiten aufschlagen, da das, was zu beweisen war, vielleicht schon mehr als genügend belegt ist.

Gar nicht studiert von der Praxis sind z. B. die Mundwerkzeuge der Tiere. V. Gräber, einer der ganz wenigen Zoologen, denen schon in der älteren Generation etwas von dem Problem der Biotechnik aufgegangen ist, sagte einmal mit Recht, dass die Schneide- und Stechwerkzeuge der Tiere den Neid der Mechaniker schon allein durch das Material erregen würden. Ohne jede Theorie, nur aus dem plumpen Bedürfnis heraus, hat man sich gezwungen gesehen, gewisse Werkzeuge nicht nur in der Form nachzuahmen, sondern aus dem tierischen Material, nämlich aus Horn und Elfenbein, zu verfertigen, weil dieses das Optimale für den gegebenen Zweck ist.

So bestehen, um ein konkretes Beispiel zu nennen, die Chitin-Mundwerkzeuge aller Gliederfüßler aus einem Material, das man in seinen unerreichbaren Qualitäten nicht nachmachen kann. Wohl aber hat man in der Schere, der Zange, der Nadel, dem Hammer und dem Amboss, der Ahle Gestalten nachgeahmt, die, wie ein Blick auf die Abbildung 2.29 überzeugend lehrt, von der Organisation der Rädertiere (Rotatorien) und Käfer, Fliegen und ihrer Verwandten längst angewandt werden.

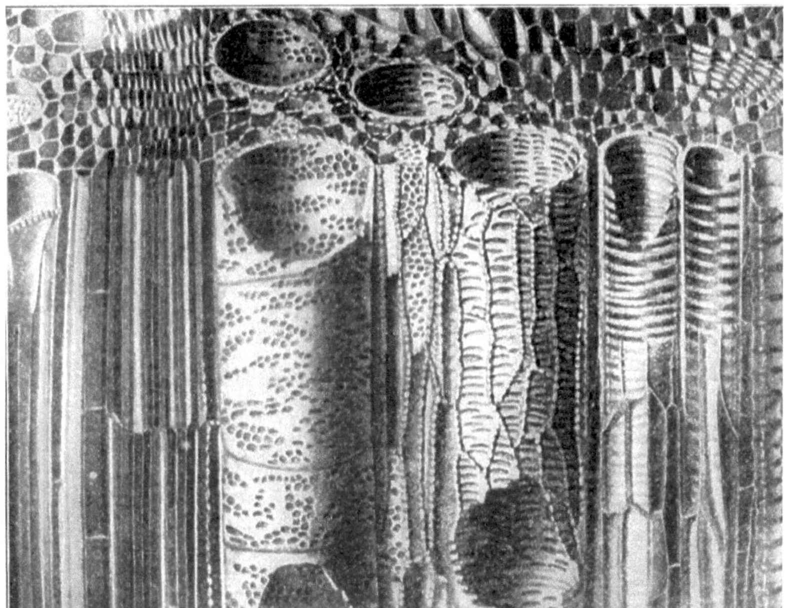

Abb. 2.28: Die Anwendung technischer Mittel im inneren Bau der PflanzeEinblick in das Röhrensystem eines Stängels der Sonnenblume. In den großen Röhren wird die Nahrungslösung, in den Siebröhren (links am Rande) werden kolloidale Substanzen geleitet. Die Wandung der Röhren ist nach dem Gesetz der Ökonomie nur in bestimmter Weise verdickt, um optimale Festigkeit zu erreichen. Sehr stark vergrößert. Nach Hegi

Ein chemisches Laboratorium von verwirrend vielfachen, noch längst nicht durchschauten Arbeitsmethoden ist der Verdauungsapparat der Tiere und des Menschen, zu dessen biotechnischem Verständnis hier die Abbildung 2.20, S. 161 betrachtet werden möge.

Alle Verdauung geht nach der neuen, vom Menschen bisher kaum ausgenützten Arbeitsmethode der katalytischen Arbeitsbeschleunigung ohne Wärme vor sich, durch Fermente, die als Ptyalin im Speichel, Pankreassaft durch die Bauchspeicheldrüse, im Darmsaft und durch die Leber ausgeschieden werden, um die Kohlehydrate zu invertieren, das Fett mit Hilfe der Galle zu emulgieren und die Eiweiße von ihrem hochmolekularen Zustand in einfachere Verbindungen abzubauen. Die dazu gehörigen technischen Formen sind die der Drüse (vgl. Abb. 2.20) in ihren verschiedensten Formen, die vom Menschen als Retorte, Eprouvette, Flasche nachgemacht werden. Zu ihrer Leitung dienen Röhren nach Art der Ausführungsgänge der bekannten Ohrspeicheldrüse (Parotis)

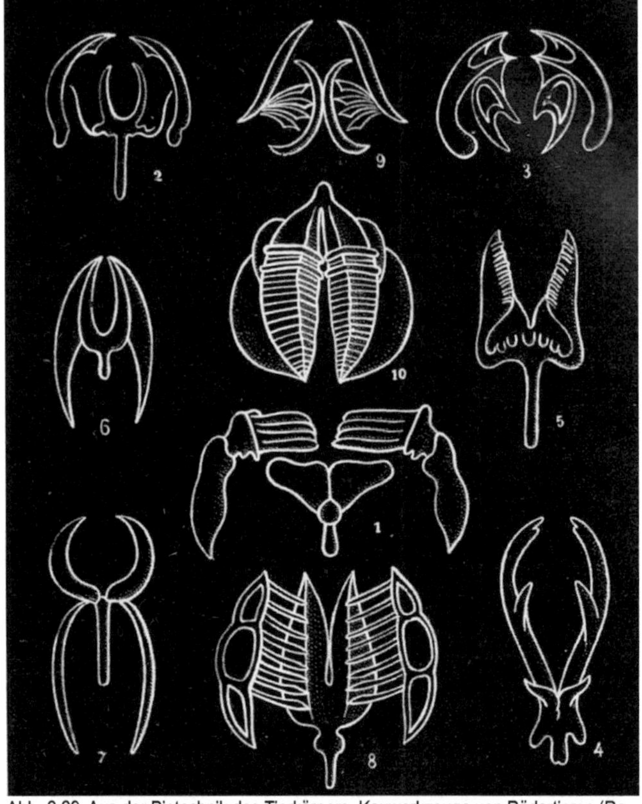

Abb. 2.29: Aus der Biotechnik des Tierkörpers. Kauwerkzeuge von Rädertieren (Radiolarien), welche ebensoviele Werkzeugtypen (Amboß, Hammer, Kamme, Zahnleisten, Pfriemen, Sicheln, Messer) darstellen.

oder der Gallengänge, vom Menschen in den Gummiröhren ebenso kopiert, wie in dem Pflanzeninneren in Gestalt der wasserleitenden Gefäße (Abb. 2.28) und eiweißleitenden Siebröhren, äußerlich aber als Blattstiel oder Liane (Abb. 2.25, S. 169) in höherer Integrationsstufe vertreten, was sogar in der anorganischen Natur als Gestalt des Bachrinnsals, der Hochgebirgsrunse oder des Höhlenflusses wiederkehrt. Behälter wie den der Mazeration dienenden Magen oder die Gallenblase oder die Harnblase wendet der Mensch in den Ziegenschläuchen des Orients und der Antike, in den Kesseln und Alembiks tausendfach variiert an.

Wem diese ewige Wiederkehr gleicher Formen bei gleicher Funktion auf allen denkbaren Seinsstufen nicht klar macht, dass „Technik" unter allen Verhältnissen ein und demselben

Gesetz folgt, dessen Kopf ist für Denkarbeit überhaupt verloren. Wenn aber die Funktionen gesetzmäßig an bestimmte Formen gebunden sind, dann kann der Mensch die Objekte, welche ihn umgeben, und die bei ihrer weit älteren Vergangenheit als seine Erfahrung stets optimale Lösungen darstellen, als Modellbuch für von ihm gewünschte Leistungen verwenden und seiner Technik das Studium der Natur zur maßgeblichen Unterlage geben. Mit anderen Worten, dann ist die Berechtigung der Biotechnik evident.

Röhren sind auch die Tracheen der Insekten (Abb. 2.20, S. 161) oder die Därme (Abb. 2.26, S. 171), deren Lagerung in der Bauchhöhle (wieder ein Behälter höherer Seinsstufe) maximale Unterbringung auf kleinstem Raum verwirklicht, deren Inneres mit den Darmzotten das ideale Vorbild elektiver Aufsaugung wäre, wenn es nicht nach einer Technik tätig wäre, die man mit unseren Hilfsmitteln noch gar nicht nachahmen kann. Sie geht nämlich aktiv vor sich durch eine energetische Arbeit, die nicht den rein physikalischen Gesetzen folgt, sondern regulativ, also den teleologischen Gesetzen der Psyche. Klassische Maschinen und Mechanismen sind alle Automaten mit heteronomer, von außen in sie hineingelegter Teleologie, während die lebenden Organismen maschinenähnliche Systeme mit autonomer Zielgerichtetheit sind. Dies übersah der Materialismus, der sich als naturphilosophische Richtung Mechanismus gegenüber dem Vitalismus nennt; gut und richtig herausgearbeitet haben dagegen diese Erkenntnis ein Teil der vitalistischen deutschen Biologen, namentlich H. Driesch und A. Pauly, die aber alle über das Ziel hinausgingen und jeden Zusammenhang des Seelischen mit der maschinenähnlichen Struktur des Lebendigen in Abrede stellten. Dass der Organismus teleologisch befähigt ist, braucht man gar nicht nachzuweisen angesichts des eigenen Erlebens, und dass er einer Maschine ähnlich ist, lässt sich doch nun einmal nicht leugnen. Er gehört nur zur Kategorie der Maschinen mit Selbststeuerung nach dem teleologischen Gesetz des Psychischen, er hat also eine besondere Konstruktionsart, die man derzeit noch nicht anders nachmachen kann, als dass man diese Teleologie von außen dazu bringt, also z. B. zur Lokomotive, die keine Orientierung hat und keinen Bedürfnissen folgt, einen Lokomotivführer stellt, der die Aufgabe ihrer psychischen Lenkung hat. Beide zusammen stellen dann eine neue Art von Organismus, ein lebendiges System dar: Einen Menschen mit biotechnischen Kräften, die über seine individuellen hinausgehen. So vermehrt die Technik die Leistungen des Menschen; die Techniken sind gesteigerte Anpassungen und haben hierin ihre Rechtfertigung und ihre Grenze.

Die Röhren der Tiere und Pflanzen enthalten nun zahlreiche Eigenheiten, die dem Techniker Neues lehren können. Zu ihnen gehören doch auch die Röhren, welche das Blut, nämlich das Mittel zu allen Zellen bringen, das den Atmungs- und Ernährungsstoffwechsel durchführt. Diese Blutgefäße, sowohl die sauerstoffreiches Blut transportierenden Arterien wie die Venen, sind eingerichtet für die notwendigen Funktionen der Beschleunigung und Regulation dieses Transportes, weshalb sie sowohl elastische wie kontraktile, d. h. selbsttätig zusammenziehbare Elemente in ihrer Wandung ausbilden. Der Anatom bezeichnet diese als Elastin- und glatte Muskelfasern. Und die Selbstregulation spricht sich wieder darin aus, dass sie mit einem unwillkürlich funktionierenden Nervensystem verbunden sind, das es beurteilt, wann diese Faser im Dienste des Ganzen zu erschlaffen, und wann sie sich zu kontrahieren habe. Danach tritt Blutfülle in einem Organ ein oder Blutleere. Weil aber diese Urteile nur als Reflexe, also schematisch vor sich gehen, geschieht das manchmal nicht zweckmäßig, und so entstehen Entzündungen, Eiterungen, Ohnmächte (Blutleere des Gehirns) und damit auch schwere Schädigungen. Von diesen Eigenschaften kann man weder die Peristaltik[24] noch die reflektive Regulation nachmachen, wohl aber die Elastizität, und die Industrie benützt denn auch tatsächlich geflochtene, daher elastische Röhren für gewisse Zwecke. Ein anderer Umstand aber ist bislang noch ihrer Aufmerksamkeit entgangen. Alle Blutgefäße setzen bei Verzweigungen stets mit einer kleinen Erweiterung an, was zur Folge hat, dass der Abfluss beschleunigt wird und Stauungen vermieden werden. Überall, wo die mechanische Lage einer Zirkulation gegeben ist, müsste man sich daher dieses biotechnischen Mittels zu gleichem Zweck bedienen. Tatsächlich erfüllen ihn die Muffen an den Zusammensetzungen der Kanalisationsrohre. Sie vermindern auch bei den Verzweigungsstellen die Reibung und dadurch Anhäufung der in ihnen zirkulierenden Stoffe genauso wie die gleiche Gestalt

---

24   = Rhythmus der Muskelbewegung, der sich als Puls zeigt und aus zwei Elementen besteht, der Herzsystole als Kontraktion des Herzmuskels und dem Dikrotismus als Kontraktion der Muscularis der Adern.

die Reibung der Blutzellen auf ein Minimum herabsetzt. Nimmt man die Pläne altdeutscher Städte, also etwa Hildesheim, Frankfurt a. M., Nürnberg oder Nördlingen zur Hand, so wird man in ihrer Altstadt den Verlauf der Gassen und den Ansatz der in sie mündenden Gässchen das Gesetz der Blutgefäße wiederholen sehen. Überall besteht die Neigung, die Abzweigungsstelle mit einer kleinen Erweiterung zu versehen. Es ist nun nicht anzunehmen, dass die alten Stadtbaumeister sich dessen bewusst waren, wie sehr sie dadurch dem regen Verkehr in der quetschenden Enge dieser kleinen Gässchen eine Erleichterung verschafften, wohl aber haben es unter dem Zwang der Not die modernen Stadtarchitekten gelernt, und namentlich in den Weltstädten (man sehe sich auf das hin den Hausvogtei- oder Nollendorfplatz in Berlin oder die Place de Opera in Paris an) trachtet man wenigstens an den verkehrsreichsten Plätzen dem Verkehr diese Reibungsverminderung zu verschaffen. Ich würde vorschlagen, das biotechnische Vorbild der Arterien an allen Straßenabzweigungen anzuwenden, zum mindesten, wenn die Bodenpreise es an der Oberfläche verbieten, in der Kanalisation, da dadurch ein rascherer Abfluss erzielt werden wird.

Mit den organischen Röhren hängt aufs Engste das Herz zusammen, das sich als verdickte Gefäßschlinge aus einer Erweiterung der wichtigsten

Arterie, nämlich der Aorta, herausbildete, dessen Funktion als Pumpe heute schon jedem Volksschüler klargemacht wird, als Zeichen dessen, wie eine Kryptobiotechnik" unvermeidlich schon in der gesamten Physiologie enthalten ist. Es ist nicht notwendig, dass ich meinen kostbaren Platz der Schilderung dessen widme, wie sehr auch das menschliche Herz mit seinen Klappenventilen Vorbild und Parallele der Technik ist, denn man kann das ja in jeder leidlichen physiologischen Anatomie nachlesen. Nur auf das weniger Bekannte und Unbekannte möchte ich hinweisen, dass eine solche Druckpumpe auch im Baum, in allen Gefäßpflanzen funktioniert (vgl. Abb. 2.28, S. 175), allerdings mit einer Leistung und Mechanik, die noch zu den dunkelsten Rätseln der Biologie gehört. Können doch die Riesen der Baumwelt, wie eine 120 m hohe Mammutfichte (Wellingtonia) oder ein 150 m hoher australischer Eukalyptus, nicht minder gut auch eine an 200 m lange Liane sich anstandslos das Wasser aus dem Boden bis zu ihrem letzten Blatt pumpen, ohne dass uns die

Kraftquelle der Leistung verständlich ist. Aber auf eines möchte ich dabei aufmerksam machen. Die Leistung von Druckpumpen hängt bekanntlich mit von der Wandstärke des Druck- und Saugrohres ab. Es ist nun auffällig, dass die Tracheen (Abb. 2.28), wie man mit einem sehr missverständlichen Wort die Saugrohre der Pflanzen benennt, besondere spiralige oder netzförmige Wandverdickungen haben. Die biotechnischen Versuchs- Laboratorien, die es hoffentlich in Verbindung mit Fabriken bald geben wird, werden sich veranlasst sehen, Pump- und Brunnenrohre nach diesem Modell auf ihre Leistungsfähigkeit zu prüfen. Meine Vorversuche haben Hoffnung gemacht, dass sich durch diese Konstruktion bei gleichem Druck in Pumpenleitungen die Hubhöhe steigern, mindestens Material sparen lässt. So denke ich mir die nächste biotechnische Arbeit.

Durchgehen müsste der Techniker mit seinem Wissen die gesamte tierische wie pflanzliche physiologische Anatomie, und überall an tausend Stellen würde ihm das Gegenstück seiner Erfahrungen vermehrt und bereichert durch neue Anregungen entgegentreten.

Der Ernährungsvorgang der Pflanzen wäre ihm ein noch ganz unbeackertes Feld, so viel Arbeit auch die Pflanzenphysiologen schon hineingesteckt haben. Während bei dem Tier Ernährung und Blutzirkulation auf das Innigste ineinandergreifen und der Nahrungssaft, der schließlich aus dem Aufgenommenen entsteht, als Lymphe in einen Zustand gerät, dass man ihn ebenso gut als Nahrung wie als farbloses Blut ansprechen könnte, ist zwar bei der Pflanze im Eiweißsaft der Siebröhren ebenfalls etwas der Lymphe Entsprechendes vorhanden, aber die Zirkulation scheint doch zu fehlen, wenn auch die neuesten Untersuchungen von Ch. Bose ein rhythmisches Pulsieren in der Pflanze unzweifelhaft dargetan haben.

Im Tier sind die Kreislauf Organe ein höchst verwickeltes Kanalsystem, durch das des Herzens oder des Rückenorgans (s. Anatomie der Insekten Abb. 2.20, S. 161) Pumpwerk das Blut treibt, während zahlreiche präzise funktionierende Einrichtungen die Stromgeschwindigkeit, den Druck und die Verteilung regeln. In der Pflanze ist insofern ein Kreislauf vorhanden, als durch die Transpiration des Wassers aus den Blättern eine Zirkulation ermöglicht wird, durch die Wasser

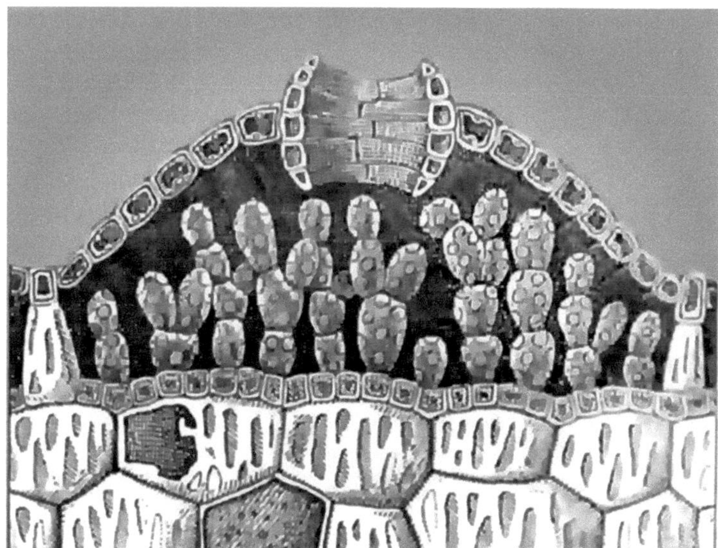

Abb. 2.30: Vergrößerter Querschnitt durch das Lager des Brunnenlebermooses (Marchantia polymorpha), als Beispiel der biotechnischen Einrichtungen einer einfacheren Pflanze. Der Querschnitt stellt einen Interzellularraum mit assimilierenden Zellen, der aufgewölbten Epidermis und einer Spaltöffnung dar. Unter dem primitiven „Schwammparenchym" liegt ein farbloses netzförmiges verdicktes Parenchym. Funktionell stellen diese Differenzierungen folgende biotechnischen Einrichtungen dar: Die Verarbeitung der Kohlensäure geschieht in den retortenförmigen Lichtkraftmaschinen (= Assimilationszeilen), die zu zweit oder dritt so angeordnet sind, dass sie durch die glasartig durchsichtige Decke die Betriebsenergie, das Licht genügend erhalten. Diese Decke ist in Bogenwölbungen konstruiert und ruht auf vier bis sechs (in der Zeichnung sind nur zwei sichtbar) Stützpfeilern mit je einem abacusartigen Aufsatz. Die Wandung dieser hohlen Stützsäulen ist nach dem technischen Ökonomieprinzip konstruiert; es sind Füllungen herausgenommen, dadurch Material erspart, ohne der Festigkeit Abbruch zu tun. In die Decke eingelassen ist ein Ventilationsschacht, dessen Bauelemente verzahnt sind. Dadurch findet ungehemmte Kohlensäure- und Wasserdampfzufuhr statt, zugleich ist Atmung möglich. Die kleinen Lichtkraftapparate enthalten die fotochemischen Einrichtungen zur Zerlegung der Kohlensäure (Chlorophyllkörner). Diese haben die Gestalt von transportablen, selbsttätig sich ins Lichtoptimum setzenden Scheiben. Diese Apparate sitzen auf einem Pflaster kleiner Zellen, durch deren feinste Poren, auch auf osmotischem Weg die Assimilate abgeleitet werden. Die darunter stehenden Zellen haben wieder die Festigungseinrichtungen der Stützpfeiler. Eine Zelle davon enthält Schleim, der außerordentlich viel Wasser speichern kann und davon zu trockenen Zeiten ab- gibt. Es sind also auf dem Bild nicht weniger als 15, dem Menschen bekannte, aber von ihm nur teilweise in seiner Technik verwandte biotechnische Einrichtungen dargestellt.

mit Mineralsalzen, also eine Nährlösung aus den Wurzeln in das Laub befördert und eine aus Zucker und Eiweiß bestehende Lösung durch bestimmte Zellen von oben nach unten geschafft werden. Dieser Funktion angemessen findet man die verschiedensten Röhren-Einrichtungen nach Art der Kammerfilterpressen, die man gehöfte Tüpfel in der Sprache

Abb. 2.31: Ein Blütenstand von Ceropegia Sanderso-
ni. Die Corolla istzu einem Regenschutzdach geworden, das die Niederschläge von dentief an der Basis
der Blütenröhre stehenden Staubblättern abhält.

der Botanik nennt, außerdem eingeschaltete Siebe und Filtermembranen. Dazu kommen noch osmotische Techniken. (So wandert die Glykose.)

Die „Funktion der pflanzlichen Ernährung" ist natürlich dabei auch ein Stoffwechsel. Und er vollzieht sich in prachtvollen Formen chemischer Synthese[25], also atomarer Variation, deren Nachahmung heute nicht mehr ganz hoffnungslos erscheint. Gelänge diese Biotechnik, dann wäre mit der synthetischen Herstellung von Mehl, Zucker, Holz und Fett, sowie Eiweiß aus Gasen und Erdsalzen den Menschen alle Ernährungssorge genommen.

Diese Fotosynthese, die sich der Lichtwellen als Energie bedient, indem sie namentlich die weniger brechbaren zu einer Verbindung von CO_2 und H_2O bei Herstellung von $C_6H_{10}O_5$ (Kohlehydrat) heranzieht, ist noch nicht die endgültige Leistung der Pflanze, denn auf einem noch unbekannten Wege wird mit den Kohlehydraten außerdem Stickstoff, Phosphor und Schwefel in einer höheren Synthese zu Plasma verbunden, das zuerst die Vorstufe von Asparagin annimmt. Das Wesentliche ist, dass die Nitrate, Phosphate und Sulfate des Magnesiums und Kalis die Materie dieser Synthese liefern, weshalb wir durch die Biotechnik des Düngens diesem Prozess nachhelfen können, ferner dass die Oxalsäure hierbei ein durch Kalk zu bindendes, sonst schädliches Nebenprodukt ist, weshalb auch der Kalk beim Düngen nicht entbehrt werden kann.

---

25   Durch Oxydasen, Amylasen, Zymasen usw.

Die Gestalt, in der das alles sich vollzieht, sind offenbar die Kolloidstruktur und die Formen der Vakuolenbildung des Plasmas mit seinen osmotischen Membranen und verbindenden Plasmodesmen, durch die die Zelle instand gesetzt wird, wie in einem wohlassortierten Laboratorium gleichzeitig nebeneinander Oxidationen und Reduktionen, analytische und synthetische Prozesse auszuführen. Dazu das Chlorophyll mit seinem plasmatischen Substrat, das in mehreren Integrationsstufen die Fotosynthese von der Funktion im kleinsten Raum der Zelle an zu einem Kreislaufprozess gestaltet, der das ganze

Abb. 2.32: Stelzenbildung des Ruprechtkrautes(Geramum Robertianum). Die junge im Topf kultivierte, etwas verteilte Pflanze wurde bei dem Versuch in waagrechte Lage gebracht. Binnen kurzem senkten sich an geeigneter Stelle drei Blattstiele um die Pflanze zu stützen Drei Stadien des für die Teleologie des pflanzlichen Geschehens überaus wichtigen Vorgangs sind im Bild festgehalten.

Erdenleben in sich schließt. Denn diese Farbstoffträger im Protoplasma, die je nach der Funktionsbesonderheit, nämlich der Wellenlänge des verwendbaren Lichtes durch Zusatzstoffe blaugrün, braun (Kieselalgen und Brauntange) oder rot (Rottange des Meeres) sein können, bilden Dingen jeder denkbaren Art und Komplikation.

Sie erscheinen als Chromatophor in hundert Formen in der Zelle, sie bilden durch den Zusammenschluss der Zellen Lager wie im Kreise der Algen und Flechten und Lebermoose (Abb. 2.30, S. 181) oder in Gestalt komplexer Zellsysteme Blätter, die wieder ganz unbeschreiblich vielgestaltig sein können (vgl. Abb. 2.31). Aus den Blättern setzen sich die Laubkronen zusammen in Vereinigung mit den durch ihre Funktion variabel gestalteten Stielen, Zweigen, Stängeln, Ästen und Stämmen. Dadurch entsteht ein neues biologisches Individuum, die Einzelpflanze, deren Habitus (vgl. Abb. 2.32) auch eine Gestalt des Chlorophylls auf sehr hoher Stufe ist. Aus Einzelpflanzen setzt sich das dem Naturfreund und Künstler so wohlbekannte Mosaik der Vegetationsdecke, gegliedert in Pflanzenvereine, in den der Moose, der Wiese, des Unterholzes (Abb. 2.25, S. 169), der Parklandschaft, des Waldes, des Moores usw. zusammen. Und es entsteht eine Flora, die auch nur ein Glied, durch viele Ringe zusammengeheftet mit anderen Gliedern der Lebensdecke ist.

Und auf jeder Stufe dieser Hierarchie sind die Gestalten biotechnisch durchgeprägt in einer Vollendung, welche die Pflanze für immer zum Musterbeispiel und unerschöpflichen Studienobjekt unseres neuen Wissenszweiges machen wird. Ist doch mit diesem neuen Blick auch die ganze Biologie wieder zum Neuland geworden, jungfräulich, unberührt und dankbar, hingegeben auch den einfachsten Methoden. Man muss die ganze Botanik, Zoologie und Anatomie neuerdings biotechnisch durcharbeiten.

Das Blatt allein schon bedeutet biotechnisch genommen eine Wissensfülle, die hier nicht einmal im Umriss ausgebreitet werden kann, ebenso wenig wie etwa Kolumbus nach allen seinen Fahrten nicht imstande sein konnte, nur annähernd zu beurteilen, was er mit seinem Neuindien entdeckt hatte.

Dem Techniker würde es auffallen, dass das Blatt in seinem Bau bis in die letzte Einzelheit hinein (vgl. Abb. 2.30 S. 181) ein System von Funktionen darstellt, die alle nach dem Einen: optimale Leistung streben. Ich werde ja in den folgenden Kapiteln zum Glück wiederholt Gelegenheit nehmen können, verschiedene dieser Funktionen noch näher zu analysieren.

Hier aber möchte ich immerhin in Erinnerung rufen, dass nicht nur die Formen, die Trockenheits- oder Transpirationsanpassungen des Blattes, sein anatomischer Bau ebenso wie der der assimilierenden Zelle Ausdruck der Funktion im Sinne unserer Gesetzlichkeit sind, sondern auch die Maßverhältnisse in Größe und Stellung und die Bewegungen, angefangen von der einfachen Fototaxis der Blattgrünkörner bis zu den Wachstums- und aitiogenen Bewegungen der Blattstiele und Sprosse. Auf diesem Wege wird es niemand leugnen,

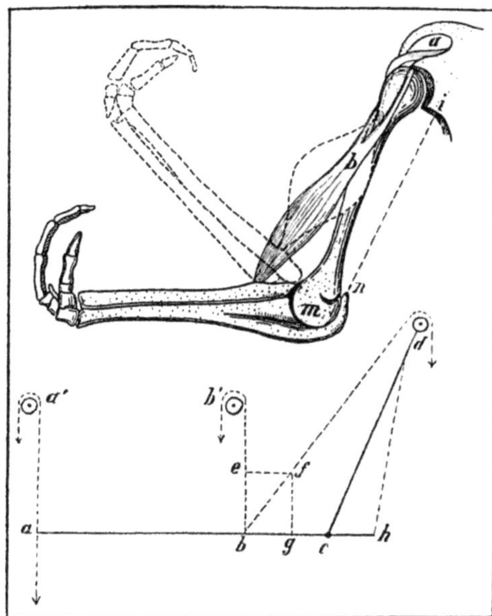

Abb. 2.33: Die biotechnische Einrichtung des menschlichen Oberarmes, a c bedeutet den Vorder-, d c den Oberarm. Der Armbeugemuskel (Biceps, b) kann wegen der Art seines Ansatzes nur wenige Zentner heben, während der Wadenmuskel bei voller Ausnutzung seiner Konstruktion 5000 kg heben kann. Damit dies der Biceps könnte, müsste er bei a der unteren Abbildung inseriert sein und in der Richtung a a' wirken können. Da er aber nicht am Ende des Hebels, sondern bei b der unteren Abbildung angreift, und nicht in der optimalen Kraftrichtung b b wirkt, sondern im unvorteilhaften Winkel b d, kommt also die Komponente b e zur Geltung, während die Komponente b g für die Hebung verloren geht. Hieraus folgt, dass der Armbeugemuskel nicht zum Heben von Lasten da ist und unzweckmäßig d. i. unorganisch verwendet wird. Dagegen ist er optimal ausgenutzt und von eminenter Leistungsfähigkeit für das Emporheben des Körpers beim Klettern.

dass die Tropismen und Nastien (Abb. 2.32) der Pflanze Funktionen ihres Zellplasmas, ihr gesamtes „inneres" Regulieren und Funktionieren, das sich in dem „Wurzelhirn" und den Scheitelzellen der Sprosse seine Zentren schafft, ein Organ zur Verwirklichung ihres Daseinsoptimums ist.

Als eine ungeheure Fabrik voll von den wunderbarsten Einrichtungen und Maschinen wird ihm das Blatt und die ganze Pflanze vorkommen, in der oft sogar die äußeren Formen mit denen unserer Industriewerke übereinstimmen, wie z. B. der Ventilationsschacht im Lager der Brunnenlebermoose, der auf Abb. 2.30 S. 181 dargestellt ist, zumeist aber Erfindung über Erfindung verwirklicht ist, von der sich die Anthropotechnik nichts träumen lässt, deren Problemstellung sie oft sogar nicht einmal noch empfunden hat. Was ist eine Erfindung? Nach so viel Einsichten in ihr Wesen ist es nicht schwer, die Frage zu beantworten.

Erfindungen des Menschen entstehen dann, wenn der menschliche Organismus im Sinne der Weltgesetzlichkeit, nämlich funktionsmäßig tätig ist. Man macht stets eine Erfindung, wenn man das Funktionsgesetz auf eine Beziehung des Menschen zur Umwelt anwendet. Darum fallen die biotechnischen Erfindungen mit den anthropotechnischen zusammen. Man wird daher von selbst zu Erfindungen kommen, wenn man die Gestalten der Pflanze bei identischem Funktionsverhältnis auf die Materialien überträgt, welche uns zur Verfügung stehen, wenn man sie nicht mit identischem Material wiederholen kann. Erfindungen im gleichen Reichtum birgt für den technisch geschulten Blick auch der tierische Organismus. So haben wir den tiefsten Sinn der aller Bildung bekannten Tatsachen erfasst, dass die Lunge ein Blasebalg, die Gliedmaßen der Tiere Hebel, die Gelenkrolle des Menschen, wie schon ihr Namen andeutet, eine Rolle (vgl. Abb. 2.33) in physikalischem Sinn, das Auge der Säugetiere eine Camera obscura und das Ohr ein Saiteninstrument ist. Nur müsste der Satz, um vollständig der Wahrheit zu entsprechen, umgekehrt werden, denn Ohren, Augen, Füße und Lungen und die ganze Biotechnik waren früher schon da als des Menschen Technik, und man muss eigentlich sagen: Die Camera obscura ist ein Auge, der Blasebalg eine Lunge, von der man künstlich nur die Eigenschaften nachmacht, die man für einen gegebenen Zweck brauchen will.

Noch nie hat der Mensch etwas anderes getan, nie wird er etwas anderes machen können, als das Funktionsgesetz mit den ihm zu Gebote stehenden Materialien zu verwirklichen, so wie der Organismus, ja die ganze Welt nie etwas anderes getan hat, als der Gestalt ein Sein verliehen.

Darum muss beides, Biotechnik und Menschentechnik, in identischen Funktionen ablaufen.

Wenn nach den Sachs'schen Versuchen, die im Jahre 1910 Thoday bestätigte, die Sonnenblume (Helianthus) pro Quadratmeter Blattfläche ihr Gewicht in der Stunde um 1,684 g vermehren kann, ist das der Beweis einer so vollkommenen Technik, dass man mit vollem Recht das Blatt als eine der bewundernswertesten Fabrikeinrichtungen der Welt bezeichnen kann. Durch diese Fabrikation speichert z. B. die Waldfläche Bayerns jährlich acht Milliarden Kilogramm Kohlen auf, eine Leistung, die man wirklich nicht unterschätzen darf. Überträgt man sie auf die ganze Pflanzenwelt, steht man vor der Tatsache, dass die Pflanzen ein ganz wichtiges Glied in der Erhaltung der irdischen Harmonie sein müssen, da sie allein die Vermehrung der durch die Vulkane, die Heizung der Menschen und die Atmung der Lebewesen ausgehauchte Kohlensäure verhindern und dadurch einer sonst unvermeid-

lichen Verschlechterung des Klimas und einem Kohlensäure-
tod des irdischen Lebens Vorbeugen.

Das winzige „Stoma", die Spaltöffnungen des Blattes,
durch welche die Kohlensäure ins Innere des Blattes ein-
dringt (vgl. Abb. 2.30, S. 181), das feine System von Lücken,
durch welches die Luft in der Pflanze zirkuliert, sie machen
den Biotechniker auf eine neue Eigenheit der organischen
Techniken aufmerksam, die in der menschlichen Tätigkeit
keineswegs in dem Maße eingeführt ist wie in der Natur,
nämlich auf die Verkettung der Techniken, wodurch höchste
Ökonomie durch die Verwendung derselben Gestalt als
Durchgangspunkt verschiedener, manchmal einander sogar
entgegenstehender Prozesse erreicht wird. Wohlverstanden,
nicht so ist das gemeint, dass eine Gestalt mehreren verschiedenen Funktionen dient, denn unverbrüchlich gilt der
Satz, dass jede eindeutige Funktion nur eine ihr zukommende spezifische Gestalt haben könne, sondern das Bewundernswerte liegt darin, dass die gleiche Funktion als Teilvor-
gang in verschiedenen Prozessen eingeordnet und dann ein
Organ zu verschiedener Zeit in anderem teleologischen Zusammenhang in Anspruch genommen wird. Die Spaltöffnungen dienen z. B. von Sonnenaufgang bis Untergang der Roh-
stoffzufuhr für Assimilationszwecke, später aber nicht mehr,
weil nicht assimiliert wird. Die gesamten 24 Stunden aber
dienen sie zugleich der Luftzufuhr zum Zwecke der Atmung,
also der Energiegewinnung für die Fabrikation, außerdem der
Entfernung der verbrauchten Luft, und als dritte Funktion,
für die sie durch Schiebetüren, oft besondere Schutzvorrich-
tungen angepasst sind, auch der Entfernung des Wasser-
dampfes (buchstäblich des Betriebsabwassers) durch Transpiration. Dem Biotechniker werden, wenn er diesen Prozess
der Atmung durchgängig in den lebenden technischen Einrichtungen verfolgt, auch da sofort bei den Wirbeltieren Verbesserungen auffallen, gegenüber den Exhaustoren und Ge-
bläsen, die in der Menschentechnik die Funktion der Atmung
ausführen. Die tierischen Exhaustoren arbeiten nämlich nur
mit einem einzigen Rohr.

Die Lunge ist ein Blasebalg mit einer einzigen Öffnung,
worauf hiermit zum Nachdenken und der eventuellen Verbesserung der Blasebälge aufmerksam gemacht wird.

2.19 Gestalten der Fortpflanzung

Auch der Fortpflanzungsvorgang bietet, von dem Gesichtspunkt seiner technischen Ausführung aus gesehen, Anregung über Anregungen. Auch in ihm sind wieder zwei Funktionsketten mit Vorliebe so durcheinandergeschoben, dass es für zwei Arbeiten nur eines Organes bedarf. So verwenden Vögel und Reptilien zur Ausscheidung und Fortpflanzung nur eine gemeinsame Kloake, was entsprechend dem „weh' dir, dass du ein Enkel bist", in der stammesgeschichtlichen Vererbung so weit nachwirkt, dass selbst der Mensch in seinem Körper für die Eierstöcke noch keine besonderen getrennten Organe der Ausführung ausgebildet hat, sondern die edelsten Organe der Zeugung in unappetitlicher Nachbarschaft der Auswurföffnungen für die Verdauungsabfälle und Abscheidungen bergen muss. Doch man sieht an dieser Unvollkommenheit höchst belehrend in die absolute Gültigkeit des Funktionsgesetzes hinein, da man aus der vergleichenden Anatomie des Genitalsystems von den Fischen bis zum Menschen unwiderleglich erkennen kann, wie sich jede Funktionsänderung sofort ihre Organabänderung erschafft.

Im einfachsten Fall werden z. B. bei den Rundmäulern unter den Fischen die Eier durch den Porus abdominalis direkt in das Wasser entleert. Aber schon bei den Selachiern, also den Haien, bleibt die Leibeshöhle der Aufbewahrungsort der Keime. Und nun sieht man Schritt für Schritt, wie sich aus der Funktion neue Organe herausbilden. Der Müller'sche Gang, der der Leitung der Eier nach auswärts dient und im ersten Fall nichts als eine Abspaltung des Urnierenganges (Wolff'scher Gang) war und dadurch die Entstehung der Genitalien aus den Harnorganen verrät (daher Urogenitalsystem), wird schon bei den Lurchen erweitert, um die in ihm herabgleitenden Eier anzusammeln, damit der Organismus sich nur in größeren Zwischenräumen mit dem Eierlegen zu bemühen braucht. Da haben wir also schon den Beginn der (Uterussbildung, die dann zu einer so fundamentalen Umgestaltung der ganzen Organisation führte, wie sie die Amnioten kennzeichnet. In ihrem Kreise, namentlich bei den höheren Säugetieren sind die äußeren Geschlechtsteile, im besonderen Penis und Vagina, einfach das Optimum von Gestalten in Bezug aufeinander, weshalb man sich hier auch längst gewöhnt hat, aus der Gestalt sogar Rückschlüsse auf die Funktion zu ziehen, was doch der echt biotechnische Gedanke ist.

Der gleiche Organkomplex ist überdies noch geeignet, eine zweite, dem Denker allerdings selbstverständliche, dem Erleben dagegen sehr wichtig erscheinende Konsequenz des Funktionsgesetzes so recht nachdrücklich vor Augen zu führen. Das ist die Rückentwicklung der nicht funktionierenden Teile.

Angesichts der durchgängigen Bilateralität der Wirbeltiere sind die Müller'schen Gänge so wie die Nieren auch paarig angelegt. Aber was sieht man bei den Vögeln? Sie besitzen nur ein ausgebildetes Ovarium aus Gründen, die offenbar mit ihrer Lebensweise Zusammenhängen. Das der rechten Seite wird zwar angelegt, dann aber bis zum Ver-

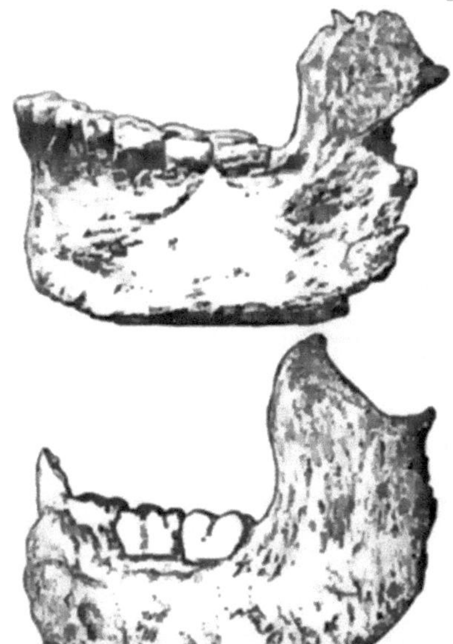

Abb. 2.34: Paläolithischer menschlicher Kiefer. Fund aus der GrubeGrafenrain bei Mauer (Homo Heidelbergensis) im Vergleich zu dem Unterkiefer eines Orangs (unten). Man beachte die primitive Gestaltung und das Fehlen des Kinns.

schwinden rückgebildet. Der rechte Müller'sche Gang, dem dadurch keine Funktion zufällt, wird von den bekannten Fresszellen in seine Bestandteile zerlegt und diese anderweitig verwandt, der linke dagegen, dem alles an Funktion zufällt, entwickelt sich übermächtig, liefert in besonderen, neugebildeten Drüsen die Eiweißschichten, die Schalenhaut, mit scinem uterinen Teil sogar die Kalkschale und deren Farben, was alles dem Vogelei zukommt. Ein Gegenstück hierzu bieten die Säuger. Noch die Beuteltiere unter ihnen verfügen über einen paarigen Uterus, von den Plazentalien an aber verwachsen diese beiden zu einem Uterus duplex, der sogar bei den Nagetieren noch paarig in den Muttermund ragt. Erst bei den Primaten, also auch bei dem Menschen, ist die einheitliche Gebärmutter ausgebildet, die aber immer entsprechend ihrem Ursprung asymmetrisch ausgebildet ist. Weil beide Eierstöcke vorhanden sind, bleiben auch beide Eileiter funktionstüchtig, das heißt wohl ausgebildet.

Diese Zusammenhänge, im Sprichwort sogar in den Volksmund übergegangen (Arbeit stärkt die Glieder), wurden

Abb. 2.35: Zwei Einzelblüten des Sauerdorns (Berberis vulgaris). Die inneren gelben Blütenblätter tragen je zwei Nektarien, zwischen welche sich die Staubfäden mit ihren zwei Staubbeuteln in ungereiztem Zustand schmiegen (links).Bei Berührung des Staubfadens (was durch besuchende Insekten leicht geschieht) führen die Staubfäden Bewegungen aus, die rechts dargestellt sind. Durch diese gamotropen Bewegungen wird der Besucher aus den mit Schlitzen versehenen Staubbeuteln mit Pollen überstäubt.

sehr früh durchschaut und von den Franzosen Jean de Lamarck und E. Geoffroy de St.-Hilaire zu einer Theorie der direkten Bewirkung (Lamarckismus), beziehungsweise der Lehre vom Gebrauch und Nichtgebrauch der Organe verdichtet, die in einem gewissen Sinn der Mutterschoß der objektiven Philosophie gewesen ist, da ich auf dem Umweg über den Lamarckismus zu ihrer derzeitigen Formulierung gelangt bin. Die Biologie hat sich von diesen Grundlagen aus schon längst eine Funktionslehre erarbeitet, die in ihren Ansätzen als Entwicklungsmechanik (durch Roux) und als experimentelle Morphologie (namentlich durch den Münchner Botaniker K. Goebel) nur darauf wartet, einheitlich zusammengefasst und dargestellt zu werden. In der funktionellen Histologie der Tiere und Pflanzen hat diese Richtung ein klassisches Arbeitsfeld gefunden, um ihre Thesen von der Funktion als trophischer Reiz und der direkten Anpassung mit zahllosen Belegen stützen zu können, die der Biotechnik ebenso viele der unschätzbarsten Vorarbeiten bedeuten. Hier war es, wo der Schweizer Wolff den zu so großer Bedeutung gelangten Beweis des funktionsmäßigen Umbaues der Knochentrajektorien (vgl. Abb. 2.15, S. 150) fand, der seitdem dermaßen zum gesicherten Bestand der Erkenntnis wurde, dass der Münchner O. Walkhoff aus der Röntgendurchleuchtung paläoanthropologischer Kiefer (vgl. Abb. 2.34) die Behauptung wagen konnte, die Vorfahren der Kulturmenschen aus den Zeiten des Paläolithikums hätten noch gar keine artikulierte Sprache besessen.

In dieser meines Wissens nicht abgelehnten Methodik steckt die vollkommene Anerkennung des biotechnischen Grundgedankens. Es wird von der Gestalt auf die Funktion unbedenklich unter der Voraussetzung zurückgeschlossen, dass zu jeder eindeutigen Funktion (in diesem Fall also zur

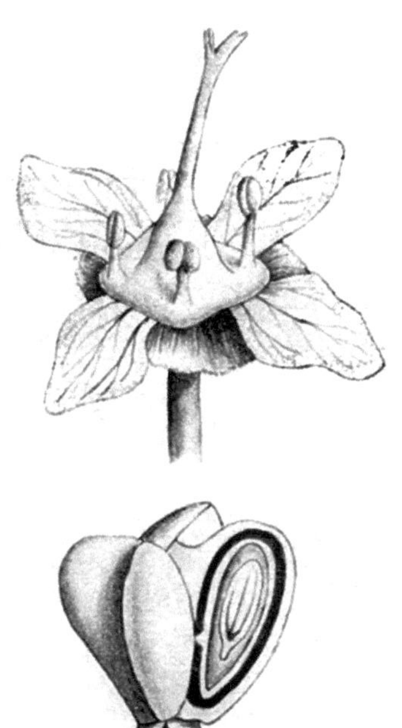

Abb. 2.36: Der Bau eines pflanzlichen Fruchtknotens. Einzelblüte des Spindelbaumes (Evonyums vulgaris), darunter die Frucht. Die zwittrige Blüte besteht aus einem vierblättrigen Kelch, vier Blumen- und vier Staubblättern um einen vierfächrigen Fruchtknoten, der in einen gespaltenen Griffel ausgeht. Unten ist ein Fach des fast reifen Fruchtknotes aufgeschnitten, und man sieht den Samen mit dem Embryo, an dem sich Plumula und Würzelchen bereits unterscheiden.

artikulierten Sprache) gesetzmäßig eine eindeutige spezifische Form gehört, es wird also die Formulierung angewandt, die wir dem Funktionsgesetz gegeben haben.

Hierher gehören die berühmten vorderbeinlosen Känguruhunde von E. Fuld, die bekanntermaßen das erste unbestreitbare Beispiel der Lamarckschen direkten Anpassung sind. Diese Tiere erlitten typische Veränderungen in der Mechanik des anatomischen Baues ihrer Hinterbeine infolge der veränderten Funktion, da sie sich anders bewegen mussten.

Diese Funktionenlehre wird auch dem sogenannten Konvergenzgesetz, das bisher schon einige Mal flüchtig unseren Gedankenweg kreuzte, seine befriedigende Einordnung als Konsequenz des Funktionsgesetzes ermöglichen.

Unter Konvergenz verstand man bisher die Feststellung der Tatsache, dass trotz verschiedener Abstammung die gleiche Lebensweise dennoch zum gleichen Anpassungstypus führe, und zitierte gewöhnlich als die klassischen Beispiele den Fledermaus-, Vogel- und Insektenflügel, die Fischähnlichkeit der Wale und Delfine u. dgl. mehr. Eine Erklärung war nicht möglich; man sagte sich nur, dass die Erscheinung irgendwie in den Kreis der direkten Bewirkung fallen müsse. Von unserem Standpunkt aus, der sich mit dem der auf ganz richtigen Wegen wandelnden Entwicklungsmechanik und experimentellen Morphologie deckt, ist das auch wirklich der Fall.

Konvergenz ist für die Biotechnik der Ausdruck dessen, dass gleiche Funktionen tatsächlich immer und überall gleiche Gestalten nach sich ziehen.

Dieser Gesichtspunkt ist weit höher gewählt und erlaubt es, die Konvergenzerscheinungen in der ganzen Natur sowohl bei Tieren wie bei Pflanzen aufzusuchen und sie sogar bei der vergleichenden Betrachtung lebender und lebloser Gestalten zu verstehen.

Abb. 2.37: Blütenstand des Lerchensporns (Corydalis cava)der äußeren Kronblätter ist gespornt (gut sichtbar an der ersten und zweiten Blüte von J. h. sackartig erweitert und birgt darin Honig.

So ist denn mit dieser Idee dem Denken ein Werkzeug gegeben, aus der Ähnlichkeit der Formen Schlüsse auf die Funktionen ziehen zu können. Man versteht seitdem auf den ersten Blick, warum die Formen der tierischen Geschlechtswerkzeuge im Bau der Blüten wiederkehren, wozu man die beigegebenen Abbildungen einer Berberisblüte (Abb. 2.35), eines Fruchtknotens (Abb. 2.36) und eines Blütenstandes des Lerchenspornes (Corydalis, Abb. 2.37) als Vorschule für ihre Betrachtung in der Natur eingehender studieren möge.

Nicht auf eine leere Ähnlichkeitsjagd begibt sich damit der biotechnisch denkende Forscher nach Art derer, in der sich die Biologie alter Zeit zu gerne gefiel, wenn sie in der Signaturlehre dem Grundsatz des similis similibus gemäß nach der Leberlappenform der Hepaticablätter ihnen Beziehungen zu Leberleiden zusprach oder nach Art der ägyptischen Mythologie den Skarabäuskäfern (Abb. 2.38) wegen ihrer kugeligen Mistpillen eine symbolische Bedeutung für die Weltkugel andichtete, sondern sehr wohl und bis in die feinsten Beziehungen motiviert weiß man nun, warum die Gestal-

Abb. 2.38: Der Copris-Mistkäfer auf der um ein Ei herum angefertigten Nahrungspille.

tungsverhältnisse des pflanzlichen Fruchtknotens bei Blütenpflanzen die gleichen sind wie bei Moosen (vgl. Abb. 2.36), deren Archegon morphologisch doch eine ganz andere Bildung ist, warum aber im Prinzip ein Fruchtknoten gestaltlich mit einem Uterus der Wirbeltiere übereinstimmt und die Blütenöffnung überraschend den weiblichen Genitalien der Tiere (Abb. 2.35, S. 190) (besonders auffällig ist dies bei gewissen Orchideen) ähnlich sind, warum Spermatozoiden im Pflanzen- und Tierreich bei völligem Mangel an Verwandtschaft oft größte Übereinstimmung zeigen (Abb. 2.18, S. 158), bei naher Verwandtschaft z. B. im Kreise der Gliedertiere aber auch ganz verschieden sein können.

Ein dickes Buch könnte man füllen mit den Tatsachen, die von hier aus verständlich werden. Ein besonders glänzendes Kapitel wäre darin jenes von den Parasiten, die im Tier- und Pflanzenreich eine Fülle von konvergenten Merkmalen (Wurmgestalt, Saugfäden, vgl. Abbildung 2.19, S. 160) aufweisen. Verständlich wird nun auch ein viel studiertes Phänomen, nämlich das der Schwebeanpassungen und Schwimmvorrichtungen im Tier- und Pflanzenreich.

2.20 Funktionen der Lebewelt im Wasser

Die merkwürdige Lebewelt des Planktons in Meer und Süßwasser (Abbild. 2.39) überrascht seit fast zwei Menschenaltern die Forschung mit immer neuen und seltsamen Anpassungen, die diesen drolligen Kleinwesen, die sich in der unglücklichen Situation steten Schwimmenmüssens befinden, ganz gleichmäßig zukommen, ob es sich nun dabei um Algen, Urtiere, Würmer oder Krebse handelt. (Vgl. hierzu die Abbildungen 2.39, 2.40 und 2.41, S. 196).

Gemeinsame Züge sind ihnen allen aufgeprägt. Sie streben alle nach möglichster Oberflächenvergrößerung, die besonders durch „Ausleger" oder fallschirmartige Schwimmsäume, blattartige Ausbreitung, Entwicklung von Schaufeln und

Abb. 2.39: Schwebeanpassungen mariner Planktonkrebse. Etwas vergrößert. 1 Weibchen desRuderfüßlers Setelia gracilis. 2 Weibchen von Calocalanus. 3 Weibchen von Oithona plumifera.

enormen Borsten nach Art der auf Abb. 2.39 dargestellten Meereskrebschen erreicht wird. Woher stammt aber diese Notwendigkeit? Sie alle (mit Ausnahme der mit Gasballons im Meere obenauf schwimmenden Siphonophoren) sind spezifisch schwerer als das Wasser. Die Wirkungen dieses Übergewichtes müssen also vom Organismus selbst überwunden werden. Und das geschieht zumeist durch die Gestalt. Die Sinkgeschwindigkeit ist von der spezifischen Oberfläche und der horizontalen Projektion des Körpers abhängig. Das sind also die Punkte, an denen der nach teleologischem Prinzip arbeitende Körper der Organismen eingreifen muss, um die Sinkgeschwindigkeit auf Null zu reduzieren. Daher sehen wir die Formveränderungen, im Besonderen die Vergrößerung der Oberfläche bei den der Sinkgefahr ausgesetzten Planktonten. Und gemäß der Tatsache, dass die Viskosität, also die Tragfähigkeit des Wassers bei 25 °C nur die Hälfte dessen ist wie bei null Grad, entstehen so ganz im Einklang mit dem Funktionsgesetz sogenannte Temperaturvariationen, also z. B. die Ceratien (Abb. 2.22, S. 164), die im Winter drei, im Sommer aber vier Hörner haben, oder die reizenden Hyalodaphniakrebschen, deren drolliges Heimchen nur in der Winterzeit aufgesetzt wird, während die kleinen Köpfchen im Sommer unbewehrt sind.

Die Konvergenz zwischen Pflanzen (Dinoflagellaten) und Tieren (Krebsen), die durch hundert andere Beispiele aus dem großen Bilderbuch der Planktologie belegt werden könnte, liegt nun auf der Hand.

Abb. 2.40: Kleinkrebschen des Brackwassers (Artemia salina) in einem mit
Queller (Salicornia) bestandenen Tümpel. Das mittlere Pärchen in Begattung.

Es liegt nahe, dass das Denken bei Betrachtung dieser
Erscheinung auf den Gedanken gerät, auch für die so vieler-
örterte Mimikry zwischen den Organismen die gleiche Erklärung anwenden zu können.

Unter Mimikry oder schützender Nachäffung versteht man
bekanntlich die Tatsache, dass Tiere und Pflanzen die Gestalt
und die Farben anderer, oft sogar unbelebter Dinge annehmen. Dass sie solches tun, um sich vor Nachstellungen ihrer
Feinde zu schützen, das war eben die unberechtigte, weil
ganz willkürliche Annahme des älteren Darwinismus, die der
Mimikrytheorie so viel Feinde geschaffen hat.

Von dieser Annahme und auch von dem Einwurf, dass
nicht alle Tierformen Sehgeschöpfe sind wie wir, sich daher
bei ihrem oft farbenblinden Auge, ihrem gleich den Ameisen
für ultraviolettes Licht empfänglichen Sehvermögen und
ihrem staunenswerten Geruch von dem optischen Bild nicht
so täuschen lassen wie der Mensch, wollen wir ganz absehen;
Tatsache ist, dass die das „wandelnde Blatt" genannte Heu-
schrecken(Pterochroza-)arten auf ihren Flügeln bis in die
feinsten Einzelheiten Struktur und Farben von Laubblättern,
oft sogar welke samt den Fraßgängen, Schimmelpilzen und
Tautropfen imitieren; Tatsache ist, dass die Stabheuschrecke
(Bacillus) einem dürren Zweig zum Verwechseln gleicht, so
wie Rindenwanzen der Baumrinde, dass die überall zu fin-

Abb. 2.41: Die Kleinwelt des Süßwassers. Technische Einrichtungen heimischer Süßwassertiere und Pflanzen. Das Blasenkrant (Utricularia) links, bildet an seinen Blättern zum Tierfang eingerichtete „Blasen" mit ventilartigen Klappen Die Wasserspinne (Argyroneta aquatica), rechts oben, füllt eine von ihr verfertigte „Taucherglocke" mit Luft, um darin unter Wasser lauern zu können. Die Larven der Kocherfliegen (Phryganceen), am Boden, bauen aus abgebissenen Pflauzenstängeln, Sand- oder Quarzkörnchen und dergleichen zum Schutz Gehäuse, in denen sie umherwandern.

Abb. 2.42: Der große Fetzenfisch (Phyllopteryx eques Ca-thr.) ein Beispiel vollkommener Schutzanpassung im Tang-wald.

denden Spannerraupen nicht nur Form und Farbe von Stängeln und Ästchen haben, sondern auch holzsteif, ganz gegen die Art der sonstigen Raupen ihren Körper nach Artvon Zweigchen hinaushalten; unleugbar ist es ferner, dass die einheimische Motte, welche die Zoologen Tortrix acellaria nennen, im Ruhezustand einem Häufchen Vogelkot zum Verwechseln ähnlich sieht, und dass der südamerikanische Spinner Aides Kokons anfertigt, in denen Nachahmungen der Schlupfwespen Löcher angebracht sind. Auch im Reich der höheren Tiere fehlen Fälle von Mimetismus nicht.

Der auf Seite 197 abgebildete Fetzenfisch (Phyllopteryx eques) lebt zwischen Meerestangen und nimmt ihre Gestalt und Farbe an, der Polarfuchs ist schneeweiß so wie der Schneehase, der Löwe ist wüstenfarben und der österreichische Zoologe P. Kämmerer, der den Gedanken der Mimikrykonvergenz auch streifte, hat mir einmal Salamander gezeigt, die er jahrelang auf dunkler Erde hielt, und die ganz schwarz wurden, während die auf hellem Boden orangefarben blieben.

An den Tatsachen lässt sich also nicht zweifeln. Sehr wohl muss man dagegen, wie im ganzen Problem der Gestalten, die aktiven von den passiven Anpassungen unter den Schauspielern der Natur trennen.

Wenn der Aidesspinner künstlich die Kokons mit Löchern der Schlupfwespen, die seine größten Feinde sind, ausstattet, so tut er dasselbe wie die Maskenkrabben, die den Seetangen ähnlich sehen, zwischen ihnen leben und, wenn sie einmal gezwungen sind, auf fremden tanglosen Boden hinaus zu

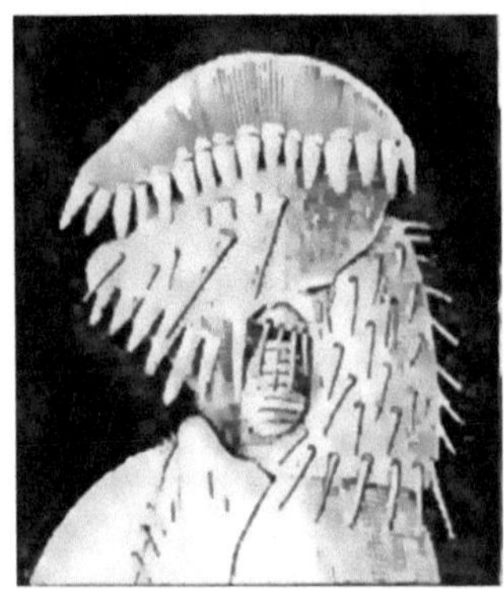

Abb. 2.43: Die Biotechnik der Tiere. Der Kopf eines Fledermausflohes mit kammartigen Einrichtungen zum Zerteilen der Haare seines Opfers.

wandern, dann ein Seetangstückchen mit den Scheren abkneifen und schützend über sich halten. Sie tun dasselbe wie eine Raupe, die zwischen Knospen lebend, sich auf ihren Stacheln Knospen aufspießt uns sich so maskiert. Die Wespen handeln tatsächlich nicht anders, wie die Soldaten im verflossenen Kriege, die nicht nur ihre Kanonen und Tanks grün anstrichen, sondern selbst mimetische Schutzgewänder anzogen.

Das alles aber ist ein ganz anderes Problem als die Mimikry; es gehört in das Kapitel der Intellektleistungen und ist nichts anderes als eine Anwendung der Kenntnisse von der Mimikry der anderen, die sich ebenso gut auch auf der anderen Seite, nämlich bei den Feinden findet. Darum ist es gar kein Gegenbeweis gewesen, als man hervorhob, dass die angeblich geschützten Mimikrysten doch gefressen werden. Dass ein Schwindler durchschaut und verhaftet wird, ändert eben nichts an der Tatsache, dass er doch ein Schwindler ist.

2.21 Konvergenzerscheinungen

Die wahre Mimikry ist keine Intellektleistung, sondern eine funktionelle Anpassung wie die, dass alles, was trägt, zu einer Säule wird, mag das nun Eis oder Erde, ein Baumstamm oder das Bein eines Storches sein, und mag die „bewirkende Ursache" nun die Wärme, die mechanische Kraft des Wassers oder ein biologisches Bedürfnis heißen.

Die Erdpyramide, die ich hier (Abb. 2.44) habe abbilden lassen, ist eine solche Säule. Zu Hunderten stehen sie bei Bozen, im Wallis und in anderen Gebirgstälern an Orten, wo in weichen Lehm größere Felsblöcke eingebacken sind. Der Regen und die Schmelzwasser waschen die lösbaren Bestandteile einer solchen Moräne aus.

Wo ein größerer Block liegt, übt er die Schutzfunktion aus, und die unter ihm steckenden Partikel bleiben unversehrt. Je weiter die Erosion fortschreitet, desto ausgebildeter

Abb. 2.44: Erdpyramide. Motiv von Ritten bei Bozen.

erhebt sich die Säule. Genau so kommen aber an den Gletscherrändern die Gletschertische zustande, nur dass hier Eis das Material und das Abschmelzen des Eises ohne schattenspendenden Hut die bewirkende Kraft ist. Die tragende Funktion lässt aber auch in den Zellelementen eines Baumstammes die funktionierenden nach dem Gesetz von Druck und Zug zu bestimmten Systemen zusammentreten, wie der Roux'sche Versuch mit Gummi bewiesen hat, und verleiht ihnen die Säulenform, indem sie sich zu Ringen zusammenschließen, in denen die Festigungselemente (vgl. Abb. 2.28, S. 175) — Stereome nennt sie der Pflanzenanatom — die Anordnung befolgen, die der Mensch nachgemacht hat, als er die Konstruktion der I-Träger erfand. Das Trajektoriensystem in anderer Anwendung steht damit vor uns, und wenn man eine I-Träger-Gitterbrücke (vgl. Abb. 2.45) aus Eisenschienen erbaut, wissen die wenigsten, dass damit eine Biotechnik als Konvergenzerscheinung ins Leben getreten ist.

So wie das stete Durchkämmen der feinsten Haare den Kopf des Fledermausflohs zu dem drolligen Kamm, der auf Abbildung 2.43 vor uns steht, umgestaltet oder die Funktion des Laufens, Schwimmens oder Fliegens die entsprechenden Gliedmaßen und die Körpergestalt der Läufer, Schwimmer oder Flieger, wofür das Tier- und Pflanzenreich in vielen Konvergenzerscheinungen ein wahres Album aufschlägt, so veranlasst das hier der Beurteilung Vorgelegte, um zu seiner Zusammenfassung zu gelangen, den Gedanken wirklich ernstlich zu erwägen, ob die wahren Nachahmungsfälle denn nicht eigentlich bloß Fälle ausgeprägter Konvergenz sind? Ist es wirklich so unmöglich, dass die gleichen Faktoren der Umwelt, die das Blatt und die auf Blättern lebende Raupe beeinflussen, beide in gewisse ähnliche Gestaltungen bringen? Für eine Anzahl der noch nach der obigen Kritik bestehen blei-

Abb. 2.45: Schema einer Gitterbrücke, die nach dem Prinzip einer Pflanzenzelle durchbrochen ist, d. h. nur entlang den Druck- und Zuglinien feste Elemente enthält.

benden Mimikryerscheinungen muss diese Erklärung ohne Zweifel zutreffen.

Allerdings ist es eine ihrer Konsequenzen, die mit in Kauf genommen werden muss, dass dann eine Art Mimikry auch im Unbelebten Vorkommen müsste. Nun gibt es Derartiges tatsächlich, und man hat nur nicht genügend darauf geachtet. Die Übereinstimmung von Erdpyramide und Gletschertisch ist nichts anderes; Rundhöcker, entstanden durch abschleifendes Eis (Abb. 2.14, S. 148), und Gerölle, hervorgerufen durch abscheuerndes Wasser (Abb. 2.3, S. 93) sind echte Mimikryformen, auch die Kugelform der Sandkörner und der sich im Wind zurechtschleifenden Eiskörner oder die der schönen rundhöckerigen Wolken des Cumulustypus, der von den Luftströmungen zurechtgebosselt wird. Die Wellenzüge des bewegten Meeres und die aus Erdkrustenbewegungen hervorgegangenen Wellenzüge der Gebirge (Abb. 2.4, S. 96), die von manchem Aussichtsberg so unabweislich ins Auge fallen, dazu die Wellenzüge der Dünen und Barchane im großen und der Rippelmarken im kleinen — das alles sind Fälle von Mimikry im Anorganischen. Und es ist nur die notwendige Beschränkung auf das Wesentliche, die mich abhält, hier Hunderte von Fällen zusammenzustellen, die sich bis auf die „Mimikry" im molekularen und atomaren Bau (Isomerie!?) erstrecken könnten. Ob nun das Mimikryproblem mit der Konvergenzerscheinung restlos geklärt ist oder nicht, Tatsache ist, dass das Konvergenzphänomen (für das die objektive Philosophie der Wissenschaft erst die Augen richtig zu öffnen heißt) von ungeahnter und allgemeiner Verbreitung als eine Konsequenz des Funktionsgesetzes ist.

Nach dieser Vorbereitung hat man denn erst auch das richtige Verständnis, dass auch alle technischen Leistungen, mögen sie nun der zellulären, der histologischen oder individuellen Integrationsstufe entstammen, auch zu Konvergenzerscheinungen führen müssen.

Die vielen, deren Aufmerksamkeit die Biotechnik bisher erregt hat, haben wohl die Bilder und nicht ableugbaren Beispiele mit Erstaunen gemustert, als sie sahen, dass das Herz eine Pumpe ist, die Pflanze Wasserleitungsröhren besitzt und die Ahornfrüchte Propellerflügel, der Haifischschwanz ebenso gut eine Propellerschraube ist wie gewisse Flagellaten im ganzen, dass der innere Bau des Ohres (Abb. 2.6, S. 99) ein Saiteninstrument ist, dass gewisse Pflanzen Honigsporne in Form von Trinkhumpen (Abb. 2.27, S. 174) und Regenschirme (Abb. 2.31, S. 182) besitzen, dass die Gelenke der Tiere und die Kugelgelenke der Mechaniker identisch sind (Abb. 2.33, S. 185), die Bienen ganz ähnliche Schutzwälle aus Wachs (Abb. 2.46) um ihr Flugloch aufführen wie gewisse Pflanzen um ihre Transpirationsöffnungen, sie haben sich ungläubig und mit Recht misstrauisch gegen eine Behauptung von so ungeheurer Tragweite auch gesagt: Zufälle können so viele und so frappante Übereinstimmungen doch nicht alle sein. In dem Werk über die technischen Leistungen der Pflanzen sind rund hundert Erfindungen angeführt, die sowohl dem Prinzip nach im Pflanzenleib wie in der menschlichen Technik verwirklicht sind, und wenn ich, der ich kein Techniker, sondern Biologe bin, auch manches nicht richtig gedeutet und missverstanden haben mag im guten wie im schlechten Sinn, so sieht man doch daraus, sowie aus der praktischen Anwendbarkeit meiner daraus gezogenen Vorschläge, dass in diesen Dingen ein Gesetz walten muss, um das sich die Menschheit mit allen Kräften bemühen soll.

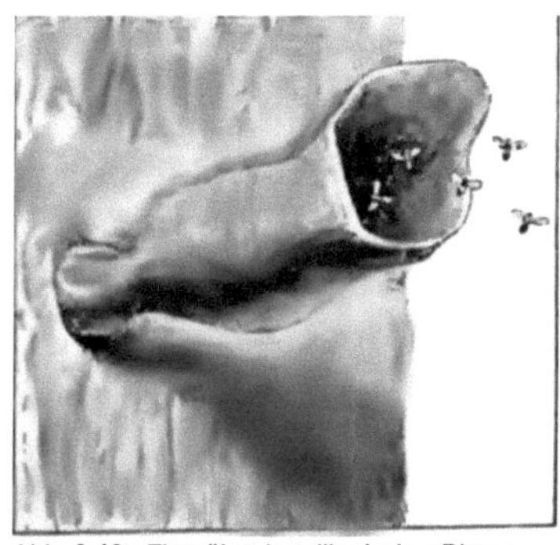

Abb. 2.46: Flugröhre brasilianischer Bienen an einemBaum als Beispiel tierischer Bauleistungen.

Ob sie nun die Art des Denkens, die ich von da ab eingeschlagen habe, rechtfertigt oder nicht, ob sie die objektive Philosophie annimmt oder andere Konsequenzen aus diesen Tatsachen zieht als ich, darüber kann man nie mehr wieder hinwegkommen: Dass die zellulären und histologischen Bauten und Leistungen der Protoplasten und Organe dieselben mechanischen Zusammenhänge aufweisen wie die von den Tierindividuen und von den Menschen primitiver und kultivierter Art verwendeten Geräte, Mechanismen, Schutzbauten, Waffen, Maschinen, überhaupt Einrichtungen materieller und geistiger Art, dass sich also die einen ganz gut als Vorbilder für die anderen eignen.

Es liegt hier eine Konvergenzerscheinung größten Maßstabs vor, und die gesamte Kultur erscheint nur als eine Fortsetzung und Kopie der natürlichen Gesetze, soweit sie Haltbares, Zweckmäßiges, Lebensförderndes hervorbringt.

Jede Kritik der Biotechnik und damit der objektiven Philosophie, aus der sie folgerichtig abgeleitet ist, muss sich, wenn sie die Lehre treffen will, gegen diese Sätze wenden; alle anderen sind nebensächlich, können fallen, weggenommen, durch andere ersetzt werden, ohne dass dadurch die Biotechnik ins Wanken gerät und mit ihren Konsequenzen aufgegeben zu werden braucht. Ich wiederhole gegenüber gewissen Kritikern der Biotechnik, dass es für die Richtigkeit des biotechnischen Gedankens gar nichts ausmacht, ob der Tragmodul des Stahles den von lebensfrischem Bast übertrifft oder nicht, ob die Hydathoden wirklich nach dem Prinzip der Feuerspritze, also einer hydraulischen Presse oder nach dem einer anderen Maschine arbeiten, ob die Dinoflagellateneinrichtungen durch die Turbinen nachgemacht sind oder vielleicht noch gar nicht in der menschlichen Technik existieren, „ob die Ozeandampfer relativ schneller fahren" oder die schiffförmigen Flagellaten (das etwa sind die Einwände, die mir bisher gegen die Biotechnik zu Gesicht gekommen sind. Das alles sind nebensächliche Einzelheiten; wichtig und wesentlich dagegen ist, dass eine allgemeine und erstaunlich große Konvergenz zwischen Einzeller, Gewebe, Pflanze, Tier und Mensch in den „Gestalten" besteht.

Eine alte Gelehrtenanekdote sagt zwar, dass wenn die Menschen eine neue Idee nicht mehr als staatsgefährlich (als Pythagoras seinen Lehrsatz fand, opferte er den Göttern eine Hekatombe Ochsen, seitdem zittern alle Ochsen, so oft etwas Neues entdeckt ward) empfinden, sie zu schreien pflegen, das Neue sei nicht wahr, und wenn ihnen das auch widerlegt wird, dann sagen sie: Die Sache sei ja alt!

So wird man denn im letzten Stadium des Kampfes wider die objektive Philosophie und ihres Abkömmlings auch sagen: durch Simon Schwendener (schon 1871), durch Culmann und andere, durch die funktionelle Anpassung überhaupt, sei der biotechnische Gedanke längst geschaffen worden. Ich verneige mich respektvoll vor jedem meiner Vorläufer, freue mich aber trotzdem dessen, dass die Menschen nicht mehr länger zugewartet haben mit jenen Ansätzen wirklich Ernst zu machen, sie in lebendige Wirkung zu übersetzen und sie in eine Philosophie einzuordnen, und dass gerade ich es war, dem das vergönnt gewesen, und der auch schon mit Früchten dieses Verdienstes einigermaßen belohnt zu werden beginnt. Nun aber hoffe ich, dass man es nicht mehr übersehen wird, welch frappante Konvergenz zwischen dem Menschen und den ihm untergeordneten Integrationsstufen besteht.

Man wird von nun an eben endlich sehen, dass der Arm des Menschen und die Werkzeugmaschinen nach ein und demselben Prinzip gebaut sind (Abb. 2.33, S. 185), dass der Arm aber als natürliches Hammerwerk mit seinen Muskeln ganz anderes leistet als die Maschinen [die Wadenmuskeln des Menschen sind z. B. imstande 5000 kg zu heben (V. Gräber)]. Man wird hoffentlich einsehen, warum der Mensch erst dann „fliegen" konnte, als er die Gesetze der Flugmaschinen der Natur auf seine Sonderverhältnisse anwendete. Die Idee des Lenkballons ist trotz aller Zeppeline nicht die optimale; die vielen Zeppelinunfälle beweisen es, und eines Tages wird man die Lenkballone wieder aufgeben, zum mindesten nur für bestimmte Sonderzwecke verwenden. Denn der Lenkballon löst die Bewegungsproblematik für die Luft so wie es die Biotechnik in den später abgebildeten Siphonophoren und mit Gasblasen schwebenden Spaltalgen für das Wasser gelöst hat. Die Gesetze, welche das „Naturgeschehen" zwangen, andere Wege zu gehen, werden daher auch das Menschenschaffen dazu zwingen. Dagegen ist O. Lilienthals Werk über den Vogelflug als Grundlage der Fliegekunst ein unverfälscht biotechnisches Werk gewesen, und bekanntlich baut sich alle Aviatik auf diesem unglücklichen Berliner auf. Schon die eine Tatsache, dass die Flugmaschine zum horizontalen Flug nur $^1/_{17}$ der Arbeit des Luftballons bedarf (K. Steiger), entscheidet den Wettkampf zwischen beiden definitiv. Tatsächlich hat man die Rumplertaube genau nach den Samen der Zanonniapflanze konstruiert aufgrund der Angaben, die das Göttinger botanische Institut lieferte.

Die 62 Prozent der Tierwelt, die außer den Pflanzensamen das Fliegen gelernt haben, worunter allein 248.000 Insekten- und 12.000 Vogelarten sind, haben dieses Problem besser gelöst als der Mensch, der, wie der französische Großmeister der Aviatik, Bleriot im Jahre 1909 ganz richtig sagte: In erster Linie dabei die Vorgänge in der Natur so getreu als möglich kopieren musste und sich namentlich die Eule, die Pflanzensamen und die Libelle als Modell wählte, mit dem Endresultat: je vogelhafter seine Maschine sei, desto besser sei es auch für ihre Leistung. Man lasse sich dabei nicht irreführen, dass der Mensch keine Flügelbewegung, sondern Schrauben anwendet. Die Schraube funktioniert genau wie der Niederschlag des Flügels, und die Gleitflächen des Flugapparates sind letzten Endes nichts anderes als steife Flügel zum Gleitflug, der nebst dem Segelflug auch für den Vogel die ausschlaggebende Leistung ist. In höheren Luftschichten segeln alle Vögel, da jeder angeblich horizontale Wind doch 3 — 4° Neigungswinkel besitzt (Lilienthal); mit anderen Worten sie machen biotechnischen Gebrauch von den Gesetzen der schiefen Ebene, genau so wie der Mensch. Nur ist dieser noch nicht so weit gekommen im Fliegen wie seine Vorbilder, wofür die ungeheuren von den Ringversuchen der Vogelwarte Rossitten nachgewiesenen Flugleistungen der Zugvögel das beste Zeugnis sind. Flugleistung vieler tausend Kilometer (Rossitten bis Afrika) sind einwandfrei beobachtet worden. Übertroffen hat der Mensch solche Flugleistungen keineswegs, die, wie Gould berichtet, einem Riesen-Sturmvogel vom Kap der guten Hoffnung bis Tasmanien drei Wochen hindurch in Kreisen ein Schiff zu begleiten erlaubten.

Man wird hoffentlich jetzt dazu gelangen, das Werk der Tiere und Pflanzen bewusst fortzusetzen, das schon längst in angewandter Biotechnik besteht, um Nahrungs- und Schutzbedürfnisse zu befriedigen, sich vor Feinden zu schützen, sogar das Leben heiterer und reicher zu gestalten. Es gibt schon längst eine höhere Integrationsstufe von Biotechnik, die eigentlich nichts anderes als die Kultur- und Kunstgeschichte der Tierwelt ist, die tausendmal beobachtet und erforscht, in hundert Monografien dargestellt und merkwürdigerweise noch niemals durch ein geistiges Band mit der menschlichen Ur- und Kulturgeschichte verknüpft wurde, trotzdem diese die gerade Fortsetzung dieser Linie, nichts als ihre endlich bewusst gewordene Entfaltung ist.

Wieder zwingt der Reichtum des Seienden hier, den Inhalt von Büchern auf Seiten zusammenzupressen, und nur erinnern kann ich daher daran, dass gemäß dem biotechnischen Konvergenzgesetz genau nach den Prinzipien der cyto- und organogenetischen Leistungen, die z. B. die Waffen der Pflanzen allein bestimmen, die Tiere prinzipiell die gleichen Mittel als Waffe anwenden. Ein Beispiel möge hierfür an Stelle von vielen stehen. Die Brennnessel (Urtica) schützt sich durch Brennhaare, die ein kleines mehrzelliges Organ nach dem Prinzip einer gläsernen Phiole voll Schlangengift sind. Genau dasselbe Mittel, nämlich ätzende und brennende Drüsensäfte, wenden die Medusen im Meere an. Aber die Äolidier unter den marinen Nacktschnecken gehen einen Schritt weiter und üben mit dem Vergiften der Feinde eine aktive Biotechnik. Sie fressen nämlich nesselnde Polypen, nehmen sie in Darmblindsäcke auf, die sie bei Angriffen ihren Gegnern entgegenstrecken, damit sie danach schnappen. Das ist zugleich ein Fall von Anwendung von Werkzeugen im Tierreich, die zwar nicht häufig, aber der definitive Beweis dafür sind, dass man die Anfänge der technischen Kultur wirklich, wie H. Spencer wollte, im Tierreich finden kann. Die anderen berühmten Belege dieser Behauptung sind die von F. Doflein beobachteten Weberameisen, die spinnende Puppen verwenden, um Blätter zusammenzuheften, die kleine Raubwespe (Ammophila), die mit einem Kieselsteinchen in den Mandibeln den Boden stampft und glättet, in dessen geheimem Gang sie ihre Nachkommenschaft verborgen hat, und der Affe, der sich eines Stockes bedient und auch in der Wildnis mit Steinen wirft. Hierher gehören auch die entzückenden Laubenvögel (Ptilonorhynchus holosericeus und Chlamyderas maculata), die Tanzsäle erbauen, um erotische Bekanntschaften zu schließen. In diesen Gebäuden sind die Prinzipien der Statik richtig angewendet, es sind auch die Erfindungen verwendet, die zum Dachbauen, Tapezieren, Legen von Bodenmatten gehören. Ja, hier beginnt zum ersten Mal wirkliche gewollte Kunstausübung, denn sie schmücken diese Tanzhäuser mit bunten Lappen, Federn, sie suchen auch glitzernde Steine, überreichen solche den Weibchen, die dadurch ebenso gekö-

Abb. 2.47: Primitive Lehmburgen in Innerafrika, die sich von der Konstruktion von Termitenbauten nur durch die Rohrbedachung unterscheiden. Nach Heinrich Barths Zeichnung vom Dorf Duna.

dert werden wie menschliche „Tanzweibchen" durch Brillanten (Schomburgk).

Offen ist hiermit das unermessliche Museum tierischer Kunstfertigkeiten. Man denke nur an den Nestbau der Vögel, Fische, Säuger, an die Leistungen der solitären und sozialen Immen, an die Kultur der Ameisen und Termiten mit ihren Häusern, Städten, dem Bau überwölbter und gepflasterter Straßen (vgl. Abb. 2.46, S. 201), der Züchtung von Pilzkohlrabi, der Haltung von Blattläusen als Milchkühe, an die Ameisengäste, den erwiesenen Getreidebau gewisser Arten, an die Brotbereitung, an ihre Trillersprache, an die von Prof. v. Fritsch neu entdeckte Bienensprache, um zu ermessen, was der Begriff der untermenschlichen aktiven Biotechnik alles umfasst.

Die Tiere gebrauchen die Gesetze der Mechanik, Dynamik und Statik, die sich in den biotechnischen Leistungen der Zellen und Gewebe kundgeben, und sie arbeiten nach denselben Prinzipien, nach denen die Menschen ihre Kulturwerke schaffen. Die sozialen Insekten besitzen auch Kulturen, in deren Bann sie leben, so wie die Völker in den ihrigen. Zwischen einem Termitenbau und den Lehmburgen der afrikanischen Szolaleute in Togo ist kein prinzipieller Unterschied, und wie ähnlich sind doch diese (Abb. 2.46) den Befestigungswerken des europäischen Mittelalters, von denen sie unzweifelhaft unabhängig entstanden sind. Dabei sind solche aktive Biotechniken keineswegs das Privileg gewisser höchstentwickelter Ausnahmewesen, sondern kennzeichnen mehr oder minder alle Insekten, ja sie beginnen schon bei den Einzellern. Die kleinen Wurzelfüßler, die in jedem Ackerboden und im Humus des Waldes ihr stummes Spiel treiben (vgl. Abb. 2.21, S. 163), bauen sich aktiv mithilfe ihrer glasklaren, beweglichen Scheinfüßchen ein Gehäuse, zu dem sie Quarz- und Glimmersplitter zusammensuchen, um sie zu kunstgerechten Mosaiken zur Verstärkung der Wand des Häuschens dort anzukleben, weshalb man ihnen mit Recht den Namen Mosaiktierchen (Difflugia) gegeben hat.

Von dieser Stufe zum Eolithen, zum Schaber und Kratzer und zum Steinbeil des Steinzeitmenschen war nur ein Schritt. Wieder werden im Waffenhandwerk, auf der Jagd, im Wohnbau, Nahrungserwerb, in Tänzen, Gesängen, Sprache, Schmuck und Kleidung dieselben Prinzipien angewandt, die in der Funktion des Plasmas von jeher gegeben waren, und die heutige Kultur des Menschen ist nur das Ende einer Kette, die mit den Winden, den Wellen, den Gestirnen und Himmelsnebeln begann und von uns jetzt, wo wir die ganze Reihe bis zu ihren Ursprüngen überblicken, als das Weltgesetz der Funktion erkannt wird. Vom Anorganischen bis zu den Vorbildern im Bienenstaat (Abb. 2.46, S. 201) und Ameisennest hat der Mensch in seinen technischen Leistungen stets nur die Natur kopiert, und — was viel wichtiger ist — er kann prinzipiell nie etwas anderes machen.

Es gibt eine Anzahl scheinbar höchst komplizierter Techniken, auf denen Wissenschaften und große Industrien beruhen, deren Grundgesetz trotzdem in den einfachen Naturvorgängen des Alltags verwirklicht ist. Dass die Spektralanalyse und alle Anwendungen des Spektrums nur Nachahmungen der Gesetze sind, die sich im Regenbogen äußern, wurde schon erwähnt. Dass aber beim Anblick der marmorglatten Wände im Becken eines Wasserfalles (vgl. Abb. 2.48), wo sich der Wassergischt und die Steine im Kreise drehen, jemals einer auf den Gedanken geraten wäre, dass ihm damit das Modell einer Schleifmühle und eines Polierwerkes verraten sei, ist doch wohl nicht vorgekommen. Und doch ist es so.

Auch aus dem Golfstrom hat noch niemand die Konsequenz gezogen, dass sich durch zirkulierendes heißes Wasser eine Warmwasserheizung einrichten lässt. Stets hat sich bisher die Menschheit auf den Zufall, diesen großen Helfer des Technikers, verlassen, dem, wenn man die Geschichte der Erfindungen studiert, bisher fast alle die großen bis auf ihr Werden zurückverfolgbaren Erfindungen zu danken sind. Der

Abb. 2.48: Rückschreitende Erosion. Auflösung eines Wasserfalls in eine Reihe Fällen. Motiv vom Kesselbachwasserfall bei Kochel in Bayern.

Ausgang der Magd von James Watt, der ihn zum Hüter des Kochtopfes werden ließ, an dem er dann merkte, wie der Dampf den Deckel lüpfte, dieses Histörchen zur Entdeckung einer der folgenschwersten aller Erfindungen, oder die Legende vom zufällig Schwefel, Salpeter und Kohle reibenden Berthold Schwarz, sie müssen nicht wahr sein und verkünden doch eine große Wahrheit, nämlich die jämmerliche Geistesverfassung des Menschengeschlechts, das hungernd und frierend in der großen Nacht steht und sein Schicksal, seine Lebensverbesserung wie ein Lazzaroni dem Zufall in die Hand gibt. Der andere Faktor in der Erfindungsgeschichte war dagegen stets die meist vergessene und nur widerwillig zugestandene Nachahmung der Natur, also die Biotechnik. Wenn man die natürlichen Gräben, welche die Erosion schafft (Abb. 2.13, S. 147), künstlich als Kanal mit leichtem Gefälle nachahmte, dann war das ebenso Biotechnik, wie man sie in von Lilienthal und Blériot eingestandener Weise bei der größten Erfindung der Gegenwart: Der die Technik des Fliegens übte. Und in der Urzeit hat der Mensch — man denke nur an die Gärung, die Pfahlbaudörfer, das Zaungeflecht und derlei mehr — seine Technik den Tieren einfach abgesehen und sie gleich ihnen verbessert.

Errechnen und berechnen kann man nur die Verbesserungen und neuen Anwendungen, aber alle großen Erfinderideen, gerade die größten sind allem Rechnen entrückt, außer in der Nachprüfung, die aber durch die Praxis sicherer ausgeübt wird, wie die Erfindergilde schmerzlich genug weiß. Diesem menschenunwürdigen Kulturzustand wird nun die objektive Philosophie für immer ein Ende machen. Das ist heute vorläufig ihre wichtigste Bedeutung.

Durch die Biotechnik wird die Möglichkeit, das Leben optimal zu gestalten, unvergleichlich erweitert. Ausgeübt werden Techniken von dem ganzen Weltall, das hat sich durch die vorhergehenden Betrachtungen sichergestellt. Schon die Million verschiedener organischer Formen, die man kennt, allein birgt in sich eine solche Fülle technischer Probleme, dass ganze Generationen von Forschern dadurch immer noch mühelos Entdeckungen machen werden einfach dadurch, dass sie sie beschreiben und nachrechnen. Dabei ist die Sachlage so, dass alle diese technischen Lösungen grundsätzlich optimale Lösungen sind, denn es gehört erstens an sich zum Wesen der Funktion, dass sie nicht ins Sein tritt, bevor nicht ihre wesentlichen Vorbedingungen erfüllt sind, zweitens sorgt der stete funktionelle Wettbewerb dafür, dass nur jene Einrichtungen erhalten bleiben, die den schärfsten praktischen Prüfungen gewachsen sind. Die Prüfungsabteilungen der Patentämter sind durch die Bedingungen der Natur noch bei Weitem überboten.

Das Zeitalter der Erfindungen liegt also keineswegs hinter uns, sondern die größten und allgemeinsten Erfindungen sind erst noch zu machen. Sie werden auch gemacht werden, aber auf keinem anderen Wege als auf dem der Biotechnik, die die materielle Existenz der Menschen auf neue Grundlagen stellen wird.

Damit scheint dieser Gegenstand für denjenigen abgeschlossen, dem es um eine Erkenntnis der Gesetze der Welt zu tun ist. Aber das ist nur scheinbar so. In Wirklichkeit beginnt die wahre Bedeutung des Gesetzes, das hinter der Biotechnik steht, so richtig erst in dem Augenblick, in dem man es von den materiellen Dingen auf die geistigen Leistungen überträgt. Denn es ist doch klar, dass, so wie auch die Sinnesfunktionen nichts als Biotechniken sind, auch die auf ihnen beruhenden seelischen Funktionen dem gleichen Gesetz untertan sein müssen.

2.22 Die wahre Bedeutung des Funktionsgesetzes

Betrachtet man irgendein beliebiges Sinnesorgan des Menschen, der Tiere oder der Pflanzen, in welchem Kreise es bis hinunter zu den Einzellern alle denkbaren Abstufungen gibt, so wird man finden, dass es das teleologische Prinzip, das jeder Technik zugrunde liegt (Technik bedient sich wohl der Mechanik, geht aber ihrem Wesen nach über diese hinaus), deutlicher denn sonst erkennen lässt. Wählen wir als Beispiel das Ohr (Abb. 2.6, S. 99) des Menschen, so mag an diesem etwa Folgendes auffallen. Schon die Windungen der Ohrmuschel sind ein Apparat, um die Schallwellen optimal auf das Trommelfell zu übertragen. Es ist erstaunlich, dass man wohl wiederholt durch Zufall (Ohr des Dionysos) Gebäude nach diesem Grundsatz errichtete, nicht aber Konzertsäle, Theater, Vortragsräume, Schulen so baut, dass das Publikum im „Tympanon" sitzt, oder dass es noch niemandem eingefallen ist, an dem Schalltrichter des Telefons für Ferngespräche diesen Gedanken anzuwenden, um diese „hörbarer" zu machen. Die Schallwellen kommen wahllos vom Trommelfell durch die Vermittlung der Gehörknöchelchen (deren Biotechnik noch ganz dunkel ist) an die Flüssigkeit, welche die Schnecke (s. d. Bild) erfüllt. Die Flüssigkeit gerät wieder durch die Übertragung in Schwingungen, die jede Frequenz von eins bis zu vielen Tausenden in der Sekunde aufweisen müssen. Nun ist, um im Jargon der Histologen zu sprechen, an der tympanalen Wand des Ductus cochlearis das Epithel des Ganges zu einem Neuroepithel von ganz bestimmtem Bau umgestaltet (das Organon spirale, gemeinhin als Corti- sches Organ bekannt). In diesem innersten Gehörorgan ist nur das Bindegewebe der Träger der eigentlichen Funktion. Es ist nämlich die Membrana basilaris, die eigentliche bindegewebige Unterlage (die letzten Endes bloß ein Periost ist) aus starren geraden Fasern aufgebaut, die sich zwischen dem Ligamen spirale und Labium tympanicum ausspannen. Diese 13.000 bis 24.000 Corti'schen Fasern sind das schon einmal erwähnte Harfenvorbild. Sie geraten in Schwingungen, und diese werden — um von unwesentlicheren Einzelheiten des enorm komplizierten Organs abzusehen — von dem Sinnesepithel der „Haarzellen" aufgenommen, die innig mit den Fasern des Ramus cochlearis nervi acustici, die an ihnen enden, verbunden sind. Der Acusticus (Gehörnerv) führt dann bekanntlich ins Gehirn.

Die Gehörempfindung wird nun nach den unbestrittenen Untersuchungen von Helmholtz als eine Resonanz, also ein Mitschwingen aufgefasst, bei der sich die oben erwähnten Fasern der Basilarmembran wie verschieden abgestimmte Resonatoren, also wie schwingende Saiten verhalten. Sie sind abgestimmt durch ihre verschiedene Länge auf bestimmte Eigentöne; jede Faser wird durch den ihr zukommenden Ton in Mitschwingungen versetzt, diese werden vom Nerv als Reiz wahrgenommen. Man hört demnach nicht die Wellen der Luft, sondern nur eine von unserem Ohr vorgesehene und auch vorgeschriebene Auswahl. Darum ist das Unterscheidungsvermögen für Töne von Mensch zu Mensch verschieden (daher die Unterschiede der musikalischen Begabung).

So ist es auch erklärlich, warum auch mit dem allerbesten Gehör ein Schwingungsunterschied von 10 oder 20 Schwingungen, im oberen Bereich der musikalisch verwandten Töne Unterschiede von 800 Schwingungen (Schäfer, Guttmann) gar nicht wahrgenommen werden. „Gehör" bedeutet also nicht Feststellung wirklicher Qualitäten des Weltenseins, sondern nur die Konstatierung: „Ich habe diese oder jene Struktur", die ich erworben habe, um über die für meine Lebensprozesse wichtigen Geräusche orientiert zu sein. Und genau so verhält es sich nach der Erkenntnis von der Spezifizität der Sinneswahrnehmungen auch mit dem Sehen, Tasten, Fühlen, Schmecken, kurz mit dem gesamten Erleben der Außenwelt. Man erlebt sich und projiziert sein Erleben und dessen Verknüpfungen als Welt. Das ist alles freilich nicht neu, musste aber hier aufgefrischt werden, um das Verständnis für geistige Biotechnik richtig erwecken zu können.

Sinnesorgane sind Einrichtungen zur „Weltselektion" im Dienst lebender Systeme. Daran wird man nach dem Ausgeführten nicht zweifeln können. Mit ihnen verbunden aber ist eine andere technische Einrichtung des Körpers, die in ebenso vielen Integrationsstufen wie die Sinnesorgane selbst, durch die ganze Organismenkette hindurch vorhanden ist. Im Einzeller sind die Sinnesorganellen wie Geißel und Stigma durch fibrilläre Differenzierungen mit dem Zellkern verbunden, in der höheren Pflanze sind teilweise Reizleitungsstränge (Nemec, Fenner) bekannt geworden, teilweise der Zusammenhang zwischen Reizbeantwortungen (als Anzeichen von Sinnesfunktion) und der Unversehrtheit gewisser Teile, wie der Narbe oder der Vegetationskegel. Wenn also auch kein Gehirn vorhanden ist, so scheinen doch Reflexzentren vorhanden zu sein. Bei den Tieren üben schon im Kreise der Coelenteraten (schon bei den Medusen), gewisse Zellen die Technik der Umsetzung der Reize in Reizhandlungen aus. Man nennt sie Ganglien oder Nervenzellen (vgl. Abb. 2.20, S. 161) und kann nun bei dem Studium der vergleichenden Anatomie mit größtem Interesse Schritt für Schritt verfolgen, wie sich die im Körper eines Süßwasserpolypen (Hydra) noch ganz zerstreut stehenden Ganglienzellen zu Nervenknoten, zu einem Schlundring, zu einem Bauchmark, vereinigen, von dem aus Leitungsfasern alle funktionierenden Organe kontrollieren; man sieht, wie eine Arbeitsteilung einsetzt, jedes Organ seinen Ganglienknoten erhält, die sich einander koordinieren und subordinieren, wie das supraösophagale Ganglion allmählich immer mehr ein Primat erhält und sich als Gehirn (vgl. Abb. 2.20) dann zum Zentralorgan des gesamten Nervenlebens aufschwingt.

Da man an zahllosen Anzeichen, als Reflex, Instinkt, Triebhandlung, als Sprache und Kunstfertigkeit, bei den Mitmenschen auch als Intellekthandlung, geistige Betätigung, im eigenen Icherleben endlich als bewusste Empfindung, Wille, Gefühl, Gedanken, Bewusstsein die Funktionen dieser Nervenzellen erlebt, so zweifelt man nicht mehr daran, dass das seelische Leben auch eine Funktion des plasmatischen Lebens sei. Auch haben Ausfallserscheinungen bei teilweiser Zerstörung gewisser Ganglien über die Lokalisation dieser Funktionen Klarheit gewinnen lassen, und so hat sich eine ganze große Wissenschaft: Die Gehirnphysiologie und die Psychologie aufgebaut, von denen die Erstere den Zusammenhang zwischen physikalischen Änderungen und den Leistungen, die andere den Gesetzeszusammenhang der Leistungen erforscht.

Es bedarf dessen gar nicht, sich in die dichtverschlungenen Irrpfade dieser Wissenschaften zu verlieren, sondern es genügen einige einfache Erwägungen, um zu erkennen, dass schon bei dieser unanzweifelbaren und de facto auch nicht angezweifelten Sachlage der Wille, die Vorstellungen, die Gedanken Gestalten einer lebendigen Betätigung sind, weshalb auf sie logischerweise die Gesetze der Gestalten, unter anderem auch die der Biotechnik zutreffen müssen.

Dieser einfache Satz hat verschiedene Konsequenzen von außerordentlicher Tragweite. Wenn z. B. Schopenhauer, mit dem die objektive Philosophie durch manche grundlegende Überzeugung verbunden ist, den Willen als Grunderscheinung des Weltphänomens fassen und der Welt als das „Ding an sich" gegenüberstellen will, verstößt er gegen das Funktionsgesetz. Diese Behauptung des großen Frankfurter Philosophen von dem Primat des Willens ist keine Notwendigkeit, sondern entspringt der Willkür. Ihr kann der objektive Philosoph nicht unbedingt folgen, für ihn ist sie eine Versuchshypothese. So ordnet sich notwendigerweise aufgrund dieser Erwägungen das gesamte geistige und damit kulturelle Leben dem Rahmen der Welt und ihren Gesetzen ein, damit auch der Wille, der nur eine Funktion des Lebens ist. Man missverstehe nicht, es wird hier nicht die theoretische Unmöglichkeit jeder Metaphysik behauptet. Denn ebenso wenig wie für meine Denkungsart das Vorhandensein eines allgemeinen Willens in der Natur eine Notwendigkeit ist, ebenso wenig empfindet sie den Zwang, die Wiederkehr geistiger Fähigkeiten und damit auch des Willens für die suprahumanen Dinge zu bestreiten. Der objektiven Philosophie ist das Gebiet des geistigen Lebens aber nur das einer Psychotechnik, weshalb sie von den Geisteswissenschaften und dem Kulturleben, also von dem Menschen in seiner Lebensführung fordert, sich den Gesetzen des Biotechnischen als Teil der Weltgesetze zu unterwerfen. Sie lenkt den Blick darauf, dass man hier der tiefsten Wurzel nachgraben kann, warum das Psychische auch das Teleologische kat exochen[26] ist (das psychische Problem ist überhaupt nichts anderes als das teleologische Problem); sie fordert von ihren Anhängern für das Geistesleben die gleiche Betrachtungsweise wie für das Naturdasein und erklärt diese Forderung mit der soeben klargelegten Sachlage. Ein so wichtiger Punkt ist damit für unser Denken erreicht, dass ich nicht umhinkann, nochmals mit der größtmöglichen Klarheit das Prinzipielle des Standpunktes der objektiven Philosophie herauszuarbeiten. Es kann kein Zweifel sein, und kein denkender Biologe zweifelt auch daran, dass das „Erleben" den teleologischen Faktor in sich schließt. Teleologie, also Zielgerichtetheit, ist nun einmal vom Leben unzertrennlich, und jede Analyse des Lebensgeschehens enthält einen grundsätz-

26 Die biozentrische Beschaffenheit des Intellekts, d. h. die Notwendigkeit, alles Erleben in Beziehung zum Ichgefühl zu bringen, zwingt zur teleologischen Methode, nämlich zu einer Betrachtungsweise des „als ob", aus der auch die entsprechende Handlungsweise aller „Personen" folgt, deren Seinsprozess ja auch biozentrisch abläuft.

lich mechanistisch nicht analysierbaren Rest[27], der eben das eigentliche Problem der Biologie ist.

Dieser über den einfachen Kausalzusammenhang hinausgehende Rest ist schon längst von scharfsinnigen Biologen, namentlich von H. Driesch (auch A. Pauly, A. Wagner u. a.) erkannt worden. Driesch hat versucht, dieser Erkenntnis die Formulierung zu geben, dass er diesen Rest als eine Entelechie im Sinne von Aristoteles fasste und dadurch der Biologie entrückte, ihn ins metaphysisch Weltenschöpferische verwies. Im Verfolg dieser Denkungsart wird er notwendigerweise ganz von dem Aristotelismus und seiner Metaphysik in Beschlag genommen, sodass theosophische Schriftsteller ihn für sich zu reklamieren versuchten. Auch Schopenhauer hat diesen Rest erkannt; ist doch gerade er es, was er als das aktive, aktivierende im Organismus, als den Willen in seiner „Welt als Wille und Vorstellung" bezeichnet. Ja, mit ausgezeichnetem Scharfsinn hat er sogar gesehen, dass dieses Moment über das Biologische hinausreicht und das ganze Weltphänomen umfasst. Ich habe ihn ja gerade deswegen, weil er eine biologische Funktion auf die ganze Welt ausdehnt und sie dadurch biologisiert, den „biologischen Philosophen" genannt. Aber auch er fasst diesen Willen als den metaphysischen Urgrund des Seins und verlässt so das, was man wirklich wissen kann, oder anders ausgedrückt, er verlässt den naturwissenschaftlichen Pfad. Auch er schafft also eigentlich einen Gott damit, der eben nur das eine Attribut Willen hat.

Die objektive Philosophie teilt nun verschiedene dieser Grundlagen mit H. Driesch und Schopenhauer. Mit Driesch sieht sie das mechanisch[28] Unerklärbare des Lebens ein. Aber sie geht mit Schopenhauer weiter und findet noch ganz anders als er Teleologisches im Weltphänomen, auch im sogenannten mechanischen Geschehen. An gehörigem Ort (s. S. 149) hat der Leser diese Hinweise schon gefunden. Eine der auffälligsten waren die Störungen am Himmel; ein teleologisches Phänomen, das jetzt die Aufmerksamkeit der ganzen gebildeten Welt erregt, äußert sich in der Notwendigkeit auch Zeit und Raum relativistisch zu betrachten.

An diesem Punkt aber zwingen uns die heutigen Einsichten, die Schopenhauer'sche Annahme einzuschränken. Man hat keine zwingende Notwendigkeit, zu sagen: Die Ursache

---

27   Alles übrige an ihr löst sich in physikalische (mechanische) und chemische Teilfragen auf.
28   Mechanisch hier als rein kausaler Zusammenhang verstanden.

der Weltteleologie oder allgemeinen Relativität sei der Wille, sondern in Wirklichkeit, wenn man bei der reinen Erfahrung bleiben will — und zu mehr hat man kein Recht —, kann man nur sagen: Das Lebenszentrum (daher biozentrische Erkenntnistheorie), das sich in meinem Ichbewusstsein mir als unmittelbare und einzig unmittelbare Gewissheit fühlbar macht, ist die Ursache, warum mir alles nur in Bezug auf mich und daher auch teleologisch vorkommt. Weil unser „Ich" psychischen Gesetzen untertan ist (wir nennen nämlich die Ichgesetze psychische Gesetze), finden wir mehr als bloß Kausalzusammenhänge, deshalb ist uns die Welt psychisiert, biologisiert, relativisiert, daher besteht für uns die Notwendigkeit, die Zusammenhänge biozentrisch zu orientieren.

Die objektive Philosophie ist sich dessen, man kann es nicht deutlich genug wiederholen, bewusst, dass mit dieser Auffassung in keiner Weise ein Grund erkannt ist, warum das „Ich" diesen Gesetzen folgt, und woher das Ich stammt. Für die Metaphysik bleibt durchaus der Weg offen. Nur ist Metaphysik nicht jedermanns Geschmack, und ich halte es bezüglich der Metaphysik mit Kungh-Tseu, der einem Schüler, als ihn dieser nach dem Leben nach dem Tode befragte, antwortete: Du kennst ja das Leben noch nicht! Wie den Tod kennen? Wenn es einmal feststeht, dass der menschliche Intellekt nur eine relative Erkenntnisfähigkeit besitzt, dann ist es eine Forderung der intellektuellen Redlichkeit, auf die Erkenntnis „absoluter Wahrheit" zu verzichten. Das praktisch Unmögliche wollen ist keine Beschäftigung für ernste Leute. Und man kann diesen Verzicht umso leichter leisten, als Wissenschaft und Denken noch genug Arbeit haben, um das menschliche Leben annähernd optimal zu regeln. Dieses Ideal, die Hilfsbereitschaft für den Menschen, um seine Funktionen und damit ihn in seiner Art möglichst vollkommen zu machen, das ist das ausgesprochene Endziel der objektiven Philosophie. Erst wenn es einigermaßen erreicht sein wird, dann würden und dürfen Kräfte frei werden für metaphysische Fragen. Erst dann kann man überhaupt die Frage aufwerfen: Ist denn eine Metaphysik praktisch möglich?

Bei solcher Gesamtanschauung des Weltproblems, wonach Welt die Summe des in unserem Bewusstseinserlebnis sich Abspielenden ist, kann dem Denken kein anderer Charakter zugeschrieben werden, als der, den die gesamte Biotechnik hat; die Vorstellungen und ihre Verknüpfung sind funktionelle Anpassungen zur Orientierung im Dasein zum Zwecke seiner Erleichterung. Denken ist also keine Fähigkeit zur Durchdringung und Beherrschung der Welt, sondern nur zur richtigen Einstellung innerhalb der Lebenserscheinungen. Das muss immer wieder mit allem Nachdruck gesagt und festgehalten werden, sonst hören die Irrtümer und damit die Leiden der Menschheit durch falsche Einstellung nie auf. Von da aus versteht man erst, warum sich alles „Vorstellen" stets der Bilder bedienen, der Willen stets auf ein Objekt gerichtet sein muss, warum die Welt der Begriffe und der Sprache prinzipiell die Gesetze der Biotechnik wiederholt. Sinnestätigkeit, Denken und Erkenntnis sind die Signalkombinationen zum alleinigen Zweck der Lebensförderung; nie liegt in ihnen etwas anderes als eine Aussage, die sich auf das Verhältnis des Erlebens zum Lebensmilieu bezieht, ob das nun im engsten oder weitesten Sinn genommen wird. Das ist es, was durch die Kant-Mach'sche Erkenntnis vom relativistischen Charakter des Erkennens ausgesagt wird.

*

Wegen dieses technischen Charakters des Erkennens kann das Denken nun grundsätzlich nichts anderes liefern, als Übertragungen der biotechnischen Leistungen ins Vorgestellte, also Mechanismen aus Begriffen, Gütern, Tönen, Zahlen, Organisationen aus Menschen, Bausteinen, Maschinenelementen, kurz allen möglichen Materialien, eine Panmechanik, in der sich immer in allem wieder nur unsere eigenen biologischen Gesetze wiederholen.

Ich höre welche, die sagen, hiermit werde der Anschluss an den Mechanismus als Weltanschauung, also an den platten Materialismus vollzogen. Aber die so sprachen, würden nur ihr völliges Unvermögen zum richtigen Verständnis beweisen. Die objektive Philosophie ist gerade die Weltanschauung des geistigen Gesetzes. Sie ist mit aller Schärfe überzeugt davon, es gebe nichts Reales, wie nur die Vorstellung, die das einzig sicher Erlebte ist. Gerade ihr ist eigentlich alles „Geist" oder modern ausgedrückt „Information". Und außer dem Lebensgefühl ist ihr nur eines gewiss, das bereits in ihrem Lieblingswort ausgesprochen ist. Das ist nämlich die Gesetzmäßigkeit in den Zusammenhängen des Erlebens, jene, welche sie die Weltgesetze nennt. Alles Übrige bleibt für sie offen und ignotus. Sie leitet ebenso wenig zum Materialismus wie zur Mystik, denn wenn sie Aussagen macht über eine Endlichkeit der Welt, eine ewige Wiederkehr des Gleichen, über Knäuelung und Weltrhythmen, über Weltseele und Weltkörper oder den Begriff einer objektiven Gottesvorstellung, so hat das niemals anderen Sinn, als dass die Vorstellungswelt dem Zwang unterliegt, sich die Erlebnisse in solche Kategorien zusammenhängend zu ordnen. Das hat alles nur den Sinn und ist von ihm aus zu kritisieren, dass bei solchen Arten von Zuordnung sich die Erlebnisse der belebten Welt lückenlos zusammenschließen. Wenn unser Handeln in einem Sinn verläuft, der funktionsmäßig, d. h. logisch von diesem Weltbild abgeleitet ist, werden unsere Taten reibungslos sich mit ihren Folgen in dieser belebten Welt eingliedern und keine Erlebnisse nach sich ziehen, die als Leid empfunden werden. Das wird dann das einzige untrügliche Kennzeichen sein, dass das Handeln und die ihm zugrunde liegende Erkenntnis richtig war. Die Erzeugung einer Weltharmonie, zuerst als Harmonisierung des Innenlebens, dann als harmonische Einstellung zum Lebensmilieu, schließlich als Wirken auf Mitmenschen und Umwelt im Sinne der Weltharmonie, das ist für mich und meine Anhänger das sigillum veritatis. An den Taten eines so Gebildeten, zur Erkenntnis Durchgedrungenen wird man ihn erkennen. Das ist ihm der tiefste Sinn des Funktionsgesetzes.

3. Gestalten informationsverarbeitender Prozesse in lebenden Systemen

3.1 Die Informationsverarbeitung von Reizen

Der fortwährende Zusammenhang mit der Umgebung ist die hervorstechendste Eigentümlichkeit des Lebens. Ja das Leben konnte sogar geradezu als dieses Abgestimmtsein, der im Innern eines Systems ablaufenden Vorgänge, auf äußere gleichzeitig verlaufende, definiert werden.

Die Fähigkeit alles Lebendigen, auf Einwirkungen von außen mit eigenartigen Gegenwirkungen zu antworten, wird als Reizbarkeit bezeichnet, die äußeren Einwirkungen sind die Reize. Man kann also auch das Leben direkt als Reizbarkeit definieren, nur Lebewesen sind reizbar, tote Gegenstände nicht. Wodurch unterscheidet sich nun aber das Verhältnis „Reiz — Reaktion" von dem Verhältnis „Ursache — Wirkung", wie es in der Physik gilt?

Nehmen wir zwei Keimlinge von einer Bohne, die eben einen jungen Spross nach oben und eine Wurzel nach unten entwickelt haben, töten den einen etwa durch Chloroformdämpfe ab und befestigen beide in der Mitte, sodass sie waagerecht orientiert sind. Der tote Keimling verhält sich wie ein Stab, den man in der Mitte befestigt hat und horizontal hält. Die beiden freien Enden biegen sich unter dem Einfluss der Schwerkraft mehr oder weniger weit nach abwärts. Der lebendige Keimling daneben scheint sich, was die Wurzel anbelangt, ähnlich zu verhalten, auch sie biegt sich allmählich abwärts, jedoch viel weiter, bis sie genau senkrecht steht, und ferner selbst dann, wenn man sie unterstützen würde, ja sie sucht sogar gegen einen Widerstand diese Lage zu erreichen. Der Spross aber macht gerade das Gegenteil, er krümmt sich aufwärts. In beiden Fällen ist die äußere Einwirkung die Schwerkraft, der Erfolg jedoch ist ein ganz verschiedener. Die beiden Enden des toten Keimlings biegen sich nach Maßgabe ihrer Dehnbarkeit ein Stück weit nach unten und verharren sodann in dieser Lage. Aus Länge, Form, Gewicht, Dehnbarkeit kann man vorhersagen, welche Wirkung die Schwerkraft haben wird, wie weit sich die Enden biegen. Dies lässt sich bei dem lebenden Keimling nicht bestimmen. Die äußere Einwirkung, die Schwerkraft, steht in gar keinem übersehbaren Verhältnis zu der Gegenwirkung. Die Wurzel krümmt sich, ob lang oder kurz, dick oder dünn, lotrecht nach abwärts, und der Spross tut gerade das Gegenteil, er strebt lotrecht nach oben. Noch ausfallender aber wird der Unterschied, wenn wir die waagerechte Wurzel in die Nähe einer recht feuchten Tonplatte bringen. Sie folgt dann überhaupt nicht mehr der Schwerkraft, sondern krümmt sich nach dem Feuchten.

Also in einem Fall wirkt die Schwerkraft auf einen leblosen Körper. Die „Wirkung" steht in einfachem Verhältnis zur „Ursache", erfolgt immer in derselben Weise und ist mathematisch genau bestimmbar.

Im zweiten Fall „reizt" die Schwerkraft ein Lebewesen; die „Reaktion" steht zum „Reiz" in keinem einfachen, mathematisch fassbaren Verhältnis-, sie erfolgt an verschiedenen Stellen verschieden und ist unter besonderen Bedingungen abänderbar. Im ersten Fall wirkt die Schwerkraft auf einen stabilen physikalischen Körper, im zweiten trifft sie auf einen überaus labilen komplizierten Mechanismus, das lebende Plasma, in dem die mannigfachsten Kräfte schlummern deshalb kann ein und derselbe Reiz zu gewissen Zeiten gar keine, zu anderen sehr große Wirkungen hervorrufen, in verschiedenen Arten, Individuen, ja in verschiedenen Zellen desselben Individuums ganz verschiedene Effekte veranlassen; ein ganz geringfügiger Reiz kann die gewaltigsten Kraftanstrengungen auslösen.

Die Unterschiede der Reaktion auf denselben Reiz hängen beim Lebewesen damit zusammen, dass ein Reiz aus zwei Komponenten besteht. Die eine Komponente ist physikalischer, chemischer oder biochemischer Natur. Wir wollen diese Komponente den „energetischen Träger" des Reizes nennen. Die andere Komponente ist die Botschaft, die ein Reiz enthält. Die Botschaft ist eine bestimmte Information. Und diese Information ist das, was eine Wirkung hervorruft. Deshalb kann es vorkommen, dass derselbe Reiz zu einer anderen Zeit zwar durch einen gleich starken energetischen Träger vermittelt wird, aber die unsichtbare Information, die dieser Träger mit sich bringt, völlig anders bewertet wird. Einmal wird die Information als wichtig angesehen und die Reaktion ist heftig. Ein andermal wird die Informati-

on als unwichtig bewertet und es erfolgt gar keine oder nur
eine schwache Reaktion.

Mit dem Wort „auslösen" ist eine weitere Beleuchtung der
Sachlage gegeben. Die Reizvorgänge sind „Auslösungsvorgänge". Die Reize lösen das im Lebewesen vorhandene Spielwerk
aus, und da dies nicht eine fixe Struktur darstellt, sondern
durch tausendfältige Innenbeziehungen und Bewertungen
veränderlich und zudem nach Art, Individuum und Ort verschieden ist, so erklären sich zur Genüge die nicht vorher-
sehbaren Wirkungen.

Übrigens sind solche Auslösungsvorgänge nicht ohne Beispiel bei anorganischen Geschehnissen, wie sich ja überhaupt ein prinzipiell durchgreifender Unterschied zwischen
künstlichen und organischen Mechanismen nicht aufstellen
lässt. Wenn z. B. der Eröffner einer Ausstellung auf einen
Knopf drückt und in dem Moment durch elektrische Übertragung Böllerschüsse erdröhnen, Springbrunnen sprudeln,
Musikwerke Spielen, Maschinen arbeiten, so steht der Druck
in gar keinem Verhältnis zu den verschiedenartigen Wirkungen. Er löst nur die in der Bauart der verschiedenen Mechanismen ruhenden Spannkräfte aus. Es ist auch hier die Botschaft, also die Information, die durch den Knopfdruck weitergeleitet wird. Und die Botschaft lautet: „Das Spektakel soll
beginnen!" Nur diese Information wird elektrisch übertragen,
nicht aber die Stärke des Drucks auf den Startknopf. Vom
Startmechanismus des Spektakels wird die Information verstanden und dieser verteilt dann die Startinformation auf
elektrischem, mechanischem, chemischem, hydrodynami-
schem oder sonstigem Weg weiter an die einzelnen Vorrichtungen, die zum Spektakel beitragen.

Die Information bleibt die gleiche während der ganzen
Weiterleitung, nur der Träger der Information wechselt. Zuerst war der Träger mechanisch, nämlich der Druck. Dann
wechselte die Information auf einen elektrischen Träger und
schließlich wurde die Information auf zahlreiche andere Träger verteilt. Hierin erkennen wir ein Prinzip der Reizweiterlei-
tung, das sich auch Pflanzen oder Tiere zunutze machen.

In diesem Sinne sind alle Vorgänge in einem Organismus
Reizvorgänge. Sie beruhen auf einer reizbaren Struktur des
Plasmas.

Doch sind nur jene Reizvorgänge unserer direkten Beobachtung zugänglich, die eine sichtbare Gegenwirkung des Organismus erkennen lassen, und an diese denkt man vornehmlich, wenn man von Reizvorgängen spricht. Damit zunächst irgendeine äußere Ursache zu einem Lebewesen in Beziehung treten kann, muss dies einen Rezeptor dafür besitzen.

Das Lebewesen muss den Reiz „aufnehmen" oder, wie man auch sagen könnte, „wahrnehmen". Dadurch wird ja eine äußere Ursache überhaupt erst zum Reiz. Das ist nicht selbstverständlich. Uns geht für manche Einwirkungen der Außenwelt, wie zum Beispiel für die elektrischen Wellen, das Wahrnehmungsvermögen ab, ebenso wenig wie wir so feine Feuchtigkeitsdifferenzen wahrnehmen können, wie es Wurzeln vermögen. Menschen besitzen keine Rezeptoren für die Wahrnehmung elektrischer Wellen.

Um etwas wahrnehmen zu können, muss der Rezeptor für die Wahrnehmung des spezifischen Reizes geeignet sein und das Lebewesen muss den Reiz „erkennen" können. Erkennen bedeutet vergleichen mit einem erlernten oder angeborenen Muster. Dazu ist eine wie auch immer geartete Informationsverarbeitung nötig. Typische Rezeptoren sind solche für die Wahrnehmung von Licht, Schallwellen, Berührung, Druck, Dehnung, Temperatur, Geruch oder Geschmack.

Ferner muss der Reiz eine gewisse untere Grenze seiner Stärke erreichen, er muss, wie man sich ausdrückt; die Reizschwelle überschreiten. Bei den Pflanzen hat sich allgemein herausgestellt, dass diese Schwelle auch von der Zeit der Einwirkung des von außen herantretenden Agens in gesetzmäßiger Weise abhängt. Eine hohe Reizstärke erreicht nach kürzerer Zeit die Schwelle als eine geringere, und zwar ist diese Beziehung ganz gesetzmäßig derart, dass der erforderliche Schwellenwert des Reizes immer das Produkt aus der Reizstärke und der Zeit der Reizung ist, das heißt aber nichts anderes, als dass immer eine gewisse Menge der durch die äußeren Einwirkungen (Licht, Schwerkraft) erzeugten Veränderungen im reizbaren Plasma mindestens aufgehäuft sein muss, bis der Reizerfolg eintreten kann. Dieser selbst ist aber nun ganz allgemein bei Tier und Pflanze nicht mehr von weiterer Steigerung des Reizes abhängig, sondern erfolgt sofort mit der vollen Stärke, geradeso wie eine elektrische Klingel

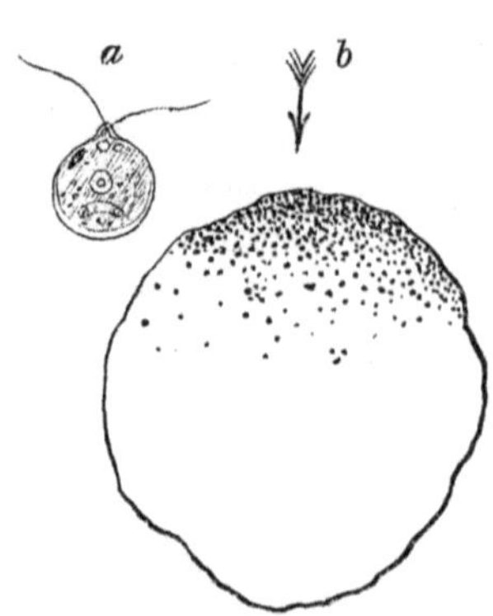

Abb. 3.1: Ein Wassertropfen, in welchem sich grüne Chlamydomonaden an der Lichtseite angesammelt haben. Die schwarzen Punkte stellen die Algen dar, der Pfeil bezeichnet die Richtung des einfallendeu Lichtes. er eine einzelne mit zwei Rudergeißeln versehene Chlamydomonas, stärker vergrößert. (a nach Goroschankin.)

auf den leichten Druck des Fingers, wenn er nur eben stark genug ist, in gleicher Weise, wie auf einen Hammerschlag antwortet. Das liegt eben in dem Auslösungscharakter aller Reizerscheinungen.

An die Aufnahme des Reizes muss sich eine Fortleitung der Erregung bzw. der Reiz-Information anschließen, denn wir sehen ja oft genug, dass der Erfolg räumlich getrennt von der Stelle ist, wo der Reiz wirkte, und schließlich tritt dann eben dieser Erfolg ein, sei es eine Muskelbewegung bei dem Tier, ein bestimmt gerichteter Wachstumsvorgang bei der Pflanze oder etwas anderes. Aus Reizaufnahme, Reizleitung der Information und Reizerfolg setzt sich also jeder Reizvorgang zusammen, sie bilden die sogenannte „Reizkette".

Dass die Reizverarbeitung nicht notwendig an besondere Organe und Nerven gebunden ist, sondern dass letztere erst nach dem Prinzip der Arbeitsteilung geschaffene, raffinierte Ausgestaltungen allgemeinster im Plasma schlummernder Fähigkeiten sind, zeigen die einfach organisierten niederen Lebewesen, mit denen wir uns infolgedessen in erster Linie zu befassen haben. Reizverarbeitung schließt die Verarbeitung der Information ein, die mit dem Reiz kommt. Und interessanterweise gehört zu den im Plasma schlummernden Fähigkeiten deshalb auch die Informationsverarbeitung.

Schon ein so einfaches Klümpchen Protoplasma, wie es eine Amöbe ist, zeigt ganz typische Reizerscheinungen. Prallt z. B. ein daherschießendes Infusor an einen ihrer ausgestreckten Fortsätze an, so zieht sie ihn ein. Sie hat die Berührung auch ohne Tastnerv wahrgenommen.

Auf Haufen von Gerberlohe quellen oft rahmartige gelbliche Massen hervor, die auch das Innere der Haufen in Form von netzartigen Strängen durchziehen. Ursache ist ein Lebewesen einfachster Art, die sogenannte Lohblüte (Fuligo septica). Jener gestaltlose, aus unzähligen amöbenähnlichen Einzelwesen zusammengesetzte Schleim, wird zu gewissen Zeiten veranlasst, aus dem Moder des Waldbodens ans Licht zu kriechen. Das Licht wirkt als Reiz auf den Schleimpilz, sodass er mit Sicherheit den Weg zum Tageslicht findet, und zwar ohne Augen. Zuzeiten sind auch Dorfteiche, Pfützen ganz grün gefärbt.

Ein Tropfen davon zeigt sich unter dem Mikroskop erfüllt von kleinsten, bläschenförmigen Zellen, die einen grünen Chlorophyllkörper besitzen und sich mittels zweier an einem Ende befestigter Geißeln lebhaft herumtummeln. Es sind sogenannte Chlamydomonaden (s. Abb. 3.1 a). Lässt man ein Glas, gefüllt mit dem grünen Wasser, am Fenster stehen, so bildet sich bald auf der dem Licht zugewandten Seite ein dichter grüner Überzug. Bringen wir einen Tropfen auf eine kleine Glasscheibe und beleuchten ihn einseitig, so sehen wir unter dem Mikroskop die grünen Bläschen stracks nach dem Rande des Tropfens hinschwimmen, von wo die Lichtstrahlen einfallen, und sich hier ansammeln (siehe Abb. 3.1 b).

Die Schwärmer sind alle dem Licht zugeeilt und haben dies auch ohne Augen gekonnt. Betrachten wir einen Tropfen aus einem Gefäß, in dem wir eine Handvoll Heu im Wasser haben faulen lassen, unter dem Mikroskop, so sehen wir Schwärme eines anderen niederen Lebewesens, welches erheblich größer als die grünen Chlamydomonaden und etwa 60-mal so groß als ein Bakterium ist (vgl. Abb. 3.3). Der einzellige Körper ist länglich, eiförmig, farblos und mit einem Kleid feiner Wimpern bedeckt, durch deren Ruderbewegung das Tierchen schwimmt, es heißt Paramaecium.

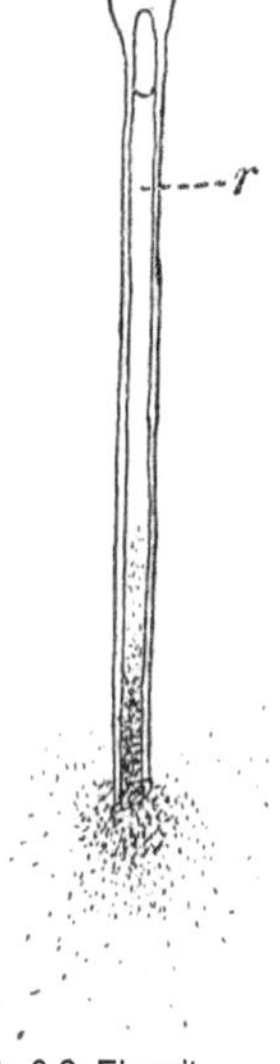

Abb. 3.2: Ein mit Fleischextraktlösung angefülltes Kapillarröhrchen (s) in einem Wassertropfen mit beweglichen Bakterien. Der aus der Mündung Auftretende Fleischextrakt hat die Bakterien angelockt; vergr.

Befindet sich zufällig ein Flöckchen verfaulten Heus im Tropfen, so wird dies bald von den Paramäzien umringt, immer mehr kommen dazu, sodass schließlich ein lebhaftes Gedränge um die Beute entsteht, etwa so, wie Fische von allen

Seiten zusammenschießen, wenn man einen Brocken ins Wasser wirft. Besonders hübsch lässt sich diese Erscheinung bei Bakterien demonstrieren.

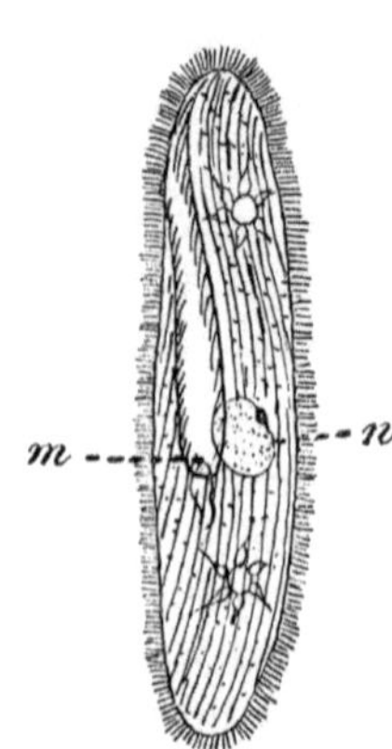

Abb. 3.3: Paramaecium caudatum, ein einzellig. Wimperinfusor, 230-fach vergrößert (Nach Bütschli.) Eine Furche führt zur Mundöffnung m; n Zellkern.

Wenn man ein haardünnes, an einem Ende zugeschmolzenes Glasröhrchen (siehe Abb. 3.2 r) mit einer Lösung von Fleischextrakt, also einem von den Bakterien sehr geschätzten Stoff, anfüllt und es dann in einen Wassertropfen hineinlegt, in welchem sich gleich einem tanzenden Mückenschwarm Myriaden beweglicher Fäulnisbakterien herumtummeln, so genießt man folgendes fesselnde Schauspiel. Vor der Mündung des Haarröhrchens bildet sich bald eine Ansammlung von Bakterien, die immer dichter wird. Allmählich dringt der aufgeregt durcheinanderwimmelnde Schwarm in das Röhrchen ein, das schließlich von einem dichten Bakterienpropf erfüllt ist. Der ins Wasser sich verbreitende „reizende" Stoff hat die Ansammlung der Bakterien bewirkt, sie haben ihn wahrgenommen. Ja, sie besitzen sogar ein Unterscheidungsvermögen für verschiedene Stoffe, wie sich gezeigt hat.

Paramäzien wie Bakterien haben keinerlei erkennbare Geruchs- oder Geschmacksorgane. Ohne Sinnesorgane leisten sie dasselbe wie ein mit seinem Geruchssinn begabter Spürhund, der auf der Fährte ist, oder wie eine Fliege, die aus der Ferne zu einem Aas angelockt wird.

Auch die höheren Pflanzen, deren leidenschaftsloses, ruhiges Vegetieren leicht den Anschein von Empfindungslosigkeit erweckt, sind eben so reizbar wie die Tiere, wenngleich ihre Reaktionen weniger mannigfaltig und energisch sind. Da sie im Boden festgewachsen und folglich ohne Ortsbewegung sind, auch im Allgemeinen keine rasch zusammenziehbaren Gewebe, vergleichbar den Muskeln der Tiere, besitzen, ermangeln ihre Reaktionen auf Reize der Außenwelt der auffälligen Raschheit und stellen meist nur ein langsames sich Einstellen auf neue Bedingungen des Milieus dar. Auch ist es nur ein kleiner Teil der Umgebung, für den die Pflanze einen Rezeptor hat.

Besonders für das Licht sind die Pflanzen empfindlich und müssen es sein, da ja, wenigstens für die grünen Pflanzen, das Licht die notwendige Bedingung für die Kohlenstoffgewinnung bei der Kohlensäureassimilation ist (Fotosynthese). So suchen die grünen wachsenden Pflanzenstängel das Licht auf, sie nehmen die Richtung der einfallenden Lichtstrahlen wahr und krümmen sich der

Abb. 3.4: Heliotropismus. Ein Topf mit Gerstenkeimlingen, welche einseitiger Beleuchtung ausgesetzt waren. Die Keimlinge haben sich in die durch den Pfeil angedeutete Richtung der Lichtstrahlen eingestellt.

Lichtquelle zu. Diese Erscheinung, die man als Lichtwendigkeit oder Heliotropismus bezeichnet, kann jeder aufmerksame Beobachter an Zimmerpflanzen studieren, die in der Nähe des Fensters stehen. Alle jungen wachsenden Spitzen der Topfgewächse haben sich nach dem Fenster zu gekrümmt, sie streben aus dem Halbdunkel des Zimmers nach der Helligkeit des Fensters. Besonders schön offenbart sich der Heliotropismus, wenn eine dichte Kultur junger Sämlinge, etwa von Kresse oder Gras, einseitiger Beleuchtung ausgesetzt wird. Jedes Pflänzchen weist genau nach dem Licht, sodass der kleine Wald wie gekämmt erscheint, wie dies die Abbildung 3.4 veranschaulicht, die einen einseitig beleuchteten Topf mit Gerstenkeimlingen darstellt.

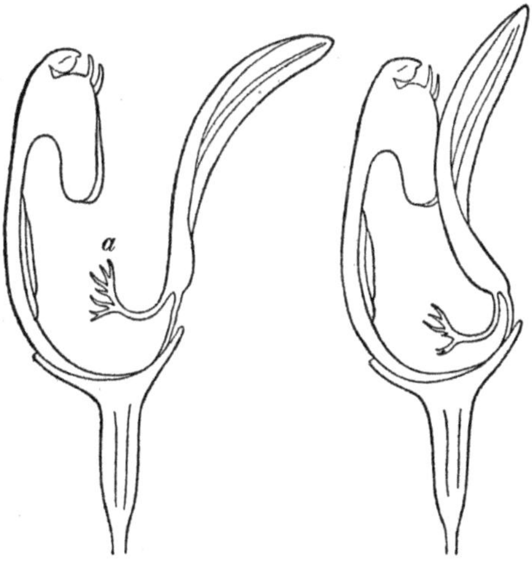

Abb. 3.5: Blüte von Pterostylis. Rechts nach Reizung geschlossen. (Halbschematisch mit Benutzung Fitzgeraldscher Figuren nach Haberlandt.)

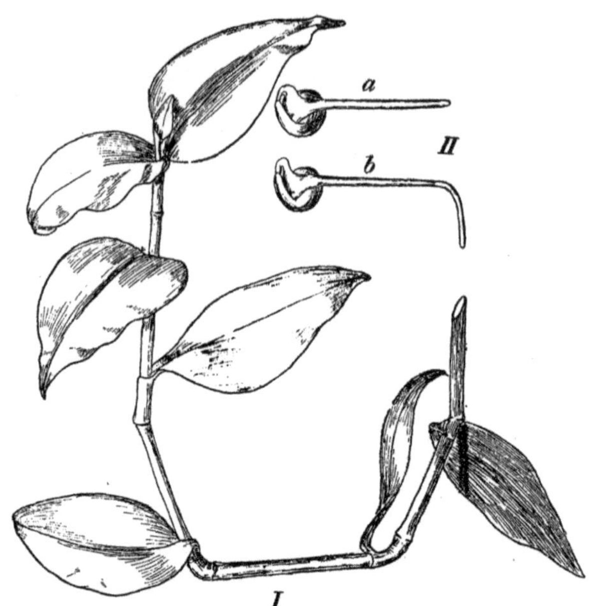

Abb. 3.6: Geotropismus. I Ein herabhängender Sproß der Ampelpflanze Trades-cantia fluminensis hat sich durch Krümmung in den Gelenken wieder senkrecht nach oben gewandt. II a Ein Keimling der Erbse in waagerechter Lage; b dersel-be nach 24 Stunden, nachdem sich die Keimwurzel gekrümmt hat und senkrecht nach unten gewachsen ist. (II nach Frank.)

Heliotropismus schließt ein, dass die Richtung des stärks-ten Lichtreizes erkannt wird und Maßnahmen getroffen wer-den, um zur Richtung des Reizes hinzustreben. Damit das geschieht, ist eine relativ komplexe Informationsverarbeitung vonnöten. Die Gerstenkeimlinge unseres Beispiels müssen sogar eine Art Entscheidung treffen, nämlich dann, wenn sie am Fenster stehen und das Licht beispielsweise im Tages-lauf regelmäßig von links nach rechts wandert. Sie müssen sich entscheiden, ob sie sich nach links, nach rechts oder vielleicht eher zur Mitte hin orientieren.

Um sich entscheiden zu können, müssen sie allerdings eine Art Reizbewertung durchführen, um die Richtung des stärksten Lichtreizes oder um die Richtung des Mittelwertes herauszufinden (keine leichte Aufgabe also für die Gersten-keimlinge, insbesondere wenn man bedenkt, dass sogar Men-schen manchmal mit der Berechnung eines Mittelwertes auf Kriegsfuß stehen).

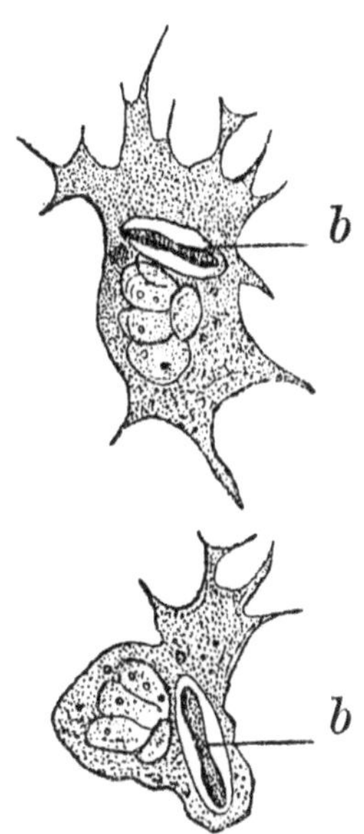

Abb. 3.7: Eine farblose Blutzelle vom Frosch in zwei Stadien des Kriechens dargestellt. Sie hat in ihr Inneres eine Bakterie (b) aufgenommen. (Nach Metschnikoff, aus „Kultur der Gegenwart".)

Schon das Beispiel des Schleimpilzes zeigte, dass auch farblose Wesen lichtempfindlich sein können. Einige Schimmelpilze sind sogar sehr empfindlich für die Richtung des einfallenden Lichtes. Das Fadengeflecht der Pilze, das sogenannte Myzelium, liebt freilich das Dunkle und wuchert in verwesenden Pflanzenresten, die Fruchtkörper jedoch kommen an die Luft und wachsen bei manchen Arten genau dem Licht zu. Mit welcher Genauigkeit dies geschieht, zeigt das Beispiel eines kleinen Schimmelpilzes (Pilobolus crystallinus), der sich gern auf Pferdemist ansiedelt. Er entwickelt an der Oberfläche einen Rasen dünner Härchen, an deren Spitze eine kleine Kugel sitzt, die mit den Fortpflanzungszellen, den Sporen, gefüllt ist. Die ganze Kugel kann mittels einer besonderen Vorrichtung fortgeschleudert werden. Bringt man nun eine Kultur dieses Pilzes in ein Kästchen, welches nur ein Glasfensterchen besitzt, im Übrigen aber lichtdicht ist, so wird man das Letztere nach einiger Zeit dicht beklebt finden mit den Sporenmassen. Die Träger haben sich alle in die Richtung der durch das Fensterchen einfallenden Lichtstrahlen gestellt und ihre Schrapnells abgeschossen, und so vortrefflich haben sie gezielt, dass fast alle Schüsse auf der kleinen Lichtscheibe sitzen.

Die Pflanzen haben sogar einen Rezeptor für die genaueste Empfindung ihrer Lage, der zwar auch den Tieren zukommt, aber noch feiner ist. Pflanzen vermögen die Richtung der Schwerkraft wahrzunehmen und sich zu ihr in verschiedener Weise zu orientieren. Werden die Pflanzenteile aus dieser bestimmten Lage gebracht, so krümmen sie sich so lange, bis sie dieselbe wieder erreicht haben.

Jahrhundertelang hat sich niemand darüber gewundert, dass die Stämme und Stängel der Bäume und Kräuter senkrecht in die Höhe wachsen und die Wurzel senkrecht hinab wächst, bis die Pflanzenphysiologie diese fast selbstverständ-

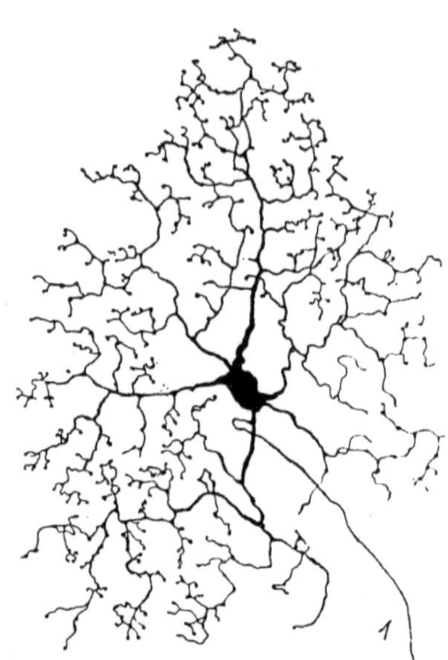

Abb. 3.8: Ganglienzelle aus der Netzhaut einer Ei-
dechse mit mehreren Dendriten und einem Achsenfortsatz (I). (Nach Ramony Cajal, aus Hes-
se-Dofleim Tierbau und Tierleben.)

liche Tatsache zum Problem machte. Es erwies sich, dass in der Tat die Gravitation auf die Pflanzen als Reiz wirkt. Doch, was geschieht, wenn eine junge Keimpflanze horizontal gelegt wird? Der Spross krümmt sich aufwärts, die Wurzel abwärts, und zwar so lange, bis sich beide genau in die Richtung des Erdradius eingestellt haben. In der Abb. 3.6 I ist ein Spross einer Gelenkpflanze (Tradescantia fluminensis, der bekannten Ampelpflanze) dargestellt, nachdem er durch Krümmung in seinen Gelenken den Gipfel in die senkrechte Lage gebracht hat.

Daneben (II) ist eine Keimwurzel der Erbse abgebildet, deren Spitze sich abwärts gekrümmt hat. Bei a ist ihre Anfangslage gezeichnet, bei b die Krümmung, die sie nach 24 Stunden ausgeführt hat. Andere Teile, wie Seitenwurzeln, Blüten, Blätter, nehmen andere Lagen ein, doch jeder Teil eine ganz bestimmte. So verspürt die Pflanze aufs Genaueste ihre Orientierung im Raum und vermag ihre normale Lage Wiederherzustellen, wenn sie durch Sturm, Wasser gestürzt ist. Eine umgewehte Tanne strebt mit allen ihren Zweigenden wieder empor. Nichts vermag so unmittelbar zu überzeugen, dass auch in dem harten holzigen Baum das Leben pulst, als dies mühsame Aufstehen eines gestürzten Baumes.

Bei der Empfindlichkeit der Pflanzen gegenüber der Schwerkraft, die man als Geotropismus bezeichnet, ist die Frage aufgeworfen worden, ob die Pflanzen etwa besondere Sinnesorgane besäßen, vergleichbar denen der Tiere. Kein Geringerer als Charles Darwin hat die Ansicht geäußert, dass das äußerste Spitzchen des Würzelchens allein die Richtung der Schwerkraft wahrnehme und wie das Gehirn eines niederen Tieres wirke (d. h. die Informationsverarbeitung eines

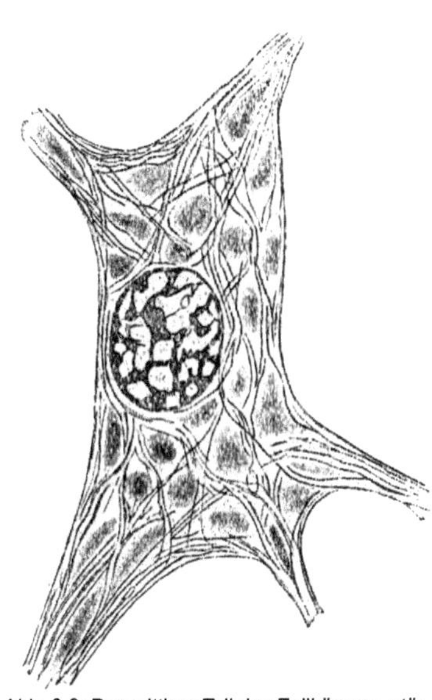

Abb. 3.9: Der mittlere Teil des Zellkörpers, stärker vergrößert. Man bemerkt den Zellkern und die das Plasma durchziehenden Neurofibrillen. (Nach Apáthy, aus Hesse-Doflein.Tierbau und Tierleben.)

Gehirns durchführe!), und man will sogar einen besonderen Rezeptor in der Wurzelspitze und auch in den Stängeln entdeckt haben, der die Lageempfindung vermittelt. Hier gibt es nämlich bestimmte Zellen, die sehr leicht verschiebbare Stärkekörner in ihrem Plasma enthalten. Bei veränderter Lage des Pflanzenorgans fallen diese Körnchen über und lasten auf einem andern Teile des Plasmas als vorher.

Das Plasma soll dann den Druck der Stärkekörner wahrnehmen und damit zugleich die eigene Lage im Raum. Der kleine Apparat soll in ganz ähnlichem Sinne arbeiten wie die sogenannten Statozysten (Gleichgewichtsorgane), die bei vielen niederen im Wasser lebenden Weichtieren, aber auch z. B. bei den Krebsen, vorkommen. Es sind kleine mit Flüssigkeit gefüllte Säckchen, deren Wandung mit empfindlichen Sinneshaaren bekleidet ist. In der Flüssigkeit befinden sich schwerere Körperchen, die sogenannten Gehörsteine, die je nach der Lage des Tieres mit verschiedenen Stellen der Sinneshaarschicht in Berührung kommen und so den Tieren die Wahrnehmung ihrer Lage vermitteln.

Auch im menschlichen Ohr finden sich an bestimmten Stellen, nämlich in den sogenannten Vorhofsbläschen, sehr kleine Kalkkörperchen, die in einer Flüssigkeit oberhalb von feinen Sinneshärchen schweben.

Merkwürdig ist es, dass in der Tat die Spitze der Wurzel eine besondere Empfindlichkeit für den Schwerereiz besitzt.

Ähnlich ist es mit der Lichtempfindlichkeit der Graskeimlinge, indem auch hier die Spitze des Keimblattes besonders empfindlich für den Lichtreiz ist. Bedeckt man das Keimblättchen eines Sämlings der Kolbenhirse mit einem kleinen Stanniolhütchen, so bleibt er bei einseitiger Beleuchtung gerade, obwohl die Zone, in welcher die Krümmung ausgeführt zu werden pflegt, vom Licht getroffen wird.

So ein Verhalten der Graskeimlinge lässt sich wieder erklären, wenn man sich vorstellt, dass eine Informationsverarbeitung vorhanden ist. Im Keimblättchen liegen die Lichtrezeptoren, die Reizinformation wird umgewandelt in eine Steuerung des Wachstumsprozesses. Wo genau diese Informationsverarbeitung stattfindet und wie sie genau weitergeleitet und umgesetzt wird in die Steuerung des Wachstumsprozesses an ganz anderer Stelle, das ist nicht bekannt.

Auch bei den heliotropischen Reaktionen der Pflanze hat man die Frage aufgeworfen, ob und welche besonderen Vorrichtungen sie besäße, um den Lichtreiz aufzunehmen. Irgendwelche Augen im tierischen Sinne besitzt sie natürlich nicht, doch besteht bei manchen Pflanzen, vornehmlich Schattenpflanzen, wie Begonien, Anthurien, die Oberhaut auf der Oberseite der Blätter aus ganz eigenartigen Zellen, die wohl die Wahrnehmung der Richtung der Lichtstrahlen vermitteln. Sie haben alle stark gewölbte Außenwände, sodass sie wie kleinste Sammellinsen aussehen und auch in der Tat, als solche wirken, indem sie das Sonnenlicht sammeln. Es entsteht auf diese Weise in jeder Zelle der Blattoberhaut ein kleiner Brennpunkt, der je nach der Richtung der einfallenden Strahlen auf verschiedene Stellen der inneren, der Linsenfläche gegenüberliegenden Wand der Oberhautzelle fällt. Die dieser Innenwand angelagerte Partie des lebendigen Plasmas soll nun empfindlich sein, sie nimmt den Lichtpunkt wahr, und vermöge der Wahrnehmung führt der Stiel des Blattes eine Bewegung aus, die die Blattseite senkrecht zum einfallenden Licht orientiert. Jede Verschiebung aus dieser Lage hat natürlich auch eine Verschiebung der Lichtpunkte zur Folge, die wiederum vom Plasma empfunden wird und die Veranlassung zu einer entsprechenden Krümmung des Blattstieles gibt. Aber alle genannten Vorgänge funktionieren nicht ohne die Verarbeitung der Information über die Richtung der Lichtstrahlen.

Eine weitere, durch gewisse, gleich zu erörternde Besonderheiten der tierischen Reizprozesse angeregte Frage ist die, ob die Pflanzen spezifische Bahnen für die Signalweiterleitung haben, auf welchen eine örtlich begrenzte Erregung sich

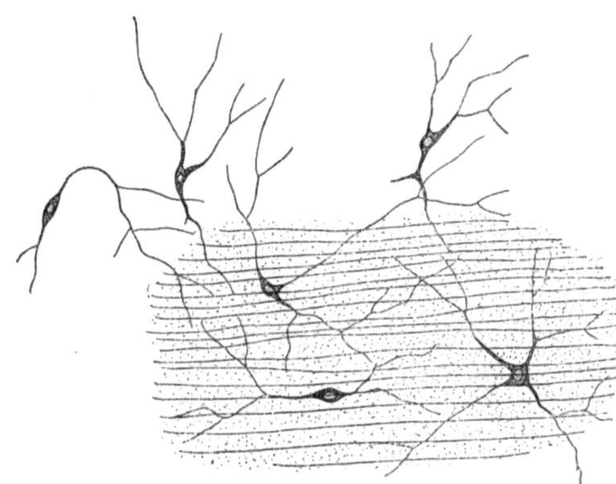

Abb. 3.10: Flächenansicht der Hautwand eines Süßwasserpolypen, das Netz von Nervenzellen zeigend. (Nach K. C. Schneider, aus „Kultur der Gegenwart".)

fortpflanzen kann. dass Weiterleitung lokaler Reize vorkommt, wie beispielsweise am Graskeimling gezeigt, ist sicher, wenn sie auch nicht überall sichtbar hervortritt. Am auffälligsten zeigt sich die Reizleitung z. B. bei der berühmten Sinnpflanze Mimosa pudica. Wird ein Fiederblättchen am Ende eines Blattes mit einem Streichholz etwas angesengt, so sehen wir die durch diesen Eingriff ausgelöste Erregung daran allmählich fortschreiten, dass wir ihre sichtbare Wirkung fortschreiten sehen. Nacheinander klappt ein Fiederpaar nach dem andern zusammen, ja nach einiger Zeit klappt auch der Hauptblattstiel nach unten und oft folgen benachbarte Blätter nach. Der Reiz ist also allmählich durch die Spindel des Fiederblattes, den Blattstiel und einen Teil des Stammes gelaufen. Ähnliche, wenn auch weniger auffällige Ausbreitung des Reizes von der Stelle aus, wo er ursprünglich einwirkte, ist auch sonst bei Pflanzen anzunehmen. Kann man nun besondere Reizleitungsbahnen nachweisen, vergleichbar den tierischen Nerven?

Sie müssen allerdings gar nicht vorhanden sein, da im gewöhnlichen Zellplasma Erregungen fortgeleitet werden können und sich durch die feinen plasmatischen Verbindungsfäden zwischen den Zellen auch von einer Zelle zur andern und so schließlich auf größere Entfernungen hin ausbreiten können.

Wir kommen also zu dem Schluss, dass die pflanzliche Reizverarbeitung, sich wohl physiologisch, aber nicht morphologisch definieren lässt, indem weder spezifisch ausgestaltete Aufnahmeorgane noch Leitbahnen in seinen ausschließlichen Dienst gestellt sind. Dieser Regel gegenüber sind einige interessante Erscheinungen nur als Ausnahmefälle zu bezeichnen. Wenn man die Borsten berührt, welche auf der inneren Fläche der Blätter der Venusfliegenfalle (Dinonaea muscipula) stehen, so klappen die beiden Hälften sofort zusammen. Sie fungieren also als eine Art Vermittler des Berührungsreizes.

Dann gibt es eine sehr merkwürdige Orchideenblüte (Pterostylis), die auf Berührungsreiz ihre Lippe bewegt und so den inneren Blütenraum abschließt. Diese Bewegung tritt (vgl. Abb. 3.5) nur ein, wenn das pinselförmige Anhängsel (a) berührt wird. Kann man diese Vorrichtungen als Sinnesorgane bezeichnen? Ich glaube nicht.

Auf die Aufnahme dieses Berührungsreizes, auf eine „Tastwahrnehmung" als solche ist es nicht abgesehen, sondern die Borsten und Pinsel sind nur Teile eines zu einem ganz besonderen und seltenen Zweck ausgebildeten Fallenmechanismus, der mit der Reizverarbeitung im tierischen Sinne wenig zu tun hat, wenn er auch natürlich nur durch die Tätigkeit des lebenden reizbaren Plasmas zustande kommt.

Bei den Tieren nun müssen wir annehmen, dass im Prinzip auch hier die Zellen ein einfaches Reizleben führen können und ihre mannigfachen Beziehungen untereinander sich als Reizprozesse darstellen. Alles Leben ist ja nur Reizbarkeit.

Die Zellen der Magenwand werden durch den Reiz der eingeführten Nahrung zur Absonderung des Verdauungsenzyms, des Pepsins, veranlasst. Die weißen Blutkörperchen (Leukozyten), die in ihrem aussehen kleinen Amöben gleichen, zeigen sogar ganz ähnliche Richtungsbewegungen wie die Bakterien. Aus dem Knochenmark und der Milz, wo sie gebildet werden, wandern sie in die Blutbahnen und werden hier passiv durch den ganzen Körper verbreitet. Sie können auch durch die Wandungen der Gefäße hindurchkriechen und sich zwischen die Gewebezellen eindrängen. Ist an irgendeiner Stelle Entzündung infolge einer Wunde eingetreten, so strömen sie dorthin in Massen und bilden den Hauptanteil des Eiters. Die Anlockung dieser Wanderzellen geschieht durch biochemische Stoffe, die die Erreger des Eiters, die Eiterkokken, in der Wunde bilden, und wenn man ein Haarröhrchen mit diesen Eiterkokken oder ihren Stoffwechselprodukten füllt und in das Gewebe eines Tieres bringt, so sind sie nach Kurzem ebenso vollgepfropft mit Leukozyten wie in dem oben beschriebenen entsprechenden Versuch mit Fäulnisbakterien. Sie können sogar Bakterien verschlucken, indem sie dieselben ganz wie die Amöben umfließen und in sich aufnehmen (Vergl. Abb. 3.7).

Bei manchen Reizvorgängen im Körper haben sich also einzelne Zellen einen ganz einfachen, selbstständigen Reizmechanismus bewahrt. Die Wichtigsten jedoch, hauptsächlich die, die das Tier in den innigen Kontakt mit den Dingen und Vorgängen der Umgebung bringen, sind in ihren einzelnen Phasen die Spezialität besonderer Zellen oder Zellengruppen geworden, nach dem Prinzip der Arbeitsteilung Besondere immer feiner gebaute scharf umschriebene Organe, die hier die Bezeichnung Sinnesorgan verdienen, nehmen die Reize auf, bestimmte strangartige Gewebe, die Nerven, leiten sie weiter, besondere Zellgruppen können sie kombinieren und magazinieren.

Immer mehr Bestandteile der Außenwelt wirken auf die Sinnesorgane ein, ihre zunächst nur grobe, lückenhafte, verschwommene Masse wird durch immer feinere Details bereichert und es arbeitet sich mit immer größerer Schärfe ein geschlossenes „Bild" heraus von den Dingen und Vorgängen der Umgebung. So zieht auch bei uns Menschen durch das Tor der Sinne die Außenwelt in uns hinein oder vielmehr, aus dieser Beziehung entsteht für uns das, was wir Außenwelt nennen. Doch vermittelt das Nervensystem nicht nur den Rapport mit der Umgebung, sondern auch den zwischen den einzelnen Teilen des Körpers, es beherrscht, wenigstens bei den höher organisierten Tieren somit die gesamten Lebensvorgänge, verbindet sie gewissermaßen zu einheitlichen koordinierten Leistungen. Er ist nach alledem um so reicher entwickelt, je inniger und differenzierter der Kontakt mit der Umwelt und je mannigfacher die Ausgestaltung des Körpers mit Organen ist, kompliziert sich also in der Entwicklungsreihe der Tiere immer mehr.

Die Haut ist es, die die Lebewesen mit der Umgebung zunächst in Berührung bringt, deshalb treten hier zuerst nervöse Elemente auf. Dieser Ursprung ist sogar noch bei den höchsten Tieren erkennbar, indem sich im Embryo das Nervensystem in der Haut anlegt und erst später in das Innere verlagert wird.

Die Protozoen lassen noch keine nervösen Elemente erkennen, wenn sie auch manchmal an bestimmten Stellen ihres

Körpers (z. B. dem Wimpernbesatz) besonders reizbar sind. Sie haben aber zum Teil schon zusammenziehbare Elemente, die den Muskeln vergleichbar sind, Zellmuskeln (Myophane), durch deren Kontraktion z. B. Das Trompetentierchen (Stentor) sich zusammenzieht. Auch die blitzartige Verkürzung des Stieles, auf dem das Glockentierchen (Vorticella) sitzt, wird durch die Kontraktion eines spiraligen Muskelfadens bewirkt.

Erst bei den Zölenteraten (zu denen der Süßwasserpolyp, die Seerosen, Korallen gehören) treffen wir Nervenzellen an, die dann von hier an in einer großen Mannigfaltigkeit der Form und Zusammenlagerung bei den Tieren ständig vorkommen. Die Nervenzellen sind alle durch ganz eigentümliche Gestalt ausgezeichnet. Sie haben nämlich Fortsätze, entweder einen oder zwei oder mehrere. Im letzteren Fall ist einer besonders lang und unverzweigt (der Achsenfortsatz), während die andern kürzer sind und sich in feinste bäumchenartige Verzweigung auflösen (die Dendriten, Abb. 3.8). Aber auch der innere Bau der Nervenzellen ist merkwürdig. In den Fortsätzen verlaufen nämlich äußerst feine Fasern (Neurofibrillen), die auch den Zellkörper selbst durchqueren und hier oft zu einem feinen Gitterwerke angeordnet sind (Abb. 3.9).

Die Nervenzellen oder die Neuronen vereinigen sich nun zu Systemen, indem die Fortsätze miteinander verbunden sind. Da wir bei den Pflanzen solche feinsten Plasmaverbindungen bereits kennenlernten, macht diese Vorstellung gar keine Schwierigkeiten. Die einfachste Form des Nervensystems ist ein derartig aus verbundenen Neuronen zusammengesetztes spinnwebenartig durch das Körpergewebe verbreitetes Nervennetz, wie es z. B. der Süßwasserpolyp zeigt (Abb. 3.10), und zwar liegt es in der Haut. Solche Nervennetze sind bei allen Tieren anzutreffen, doch kommen nun bei den höheren noch besondere Ausgestaltungen hinzu, die auf eine engere Vereinigung der Nervenzellen abzielen. (Schon bei manchen Zölenteraten ist das Netz an bestimmten Körperteilen dichter.) Die Nervenfasern, die oft außerordentliche Länge erreichen, ordnen sich parallel zu Strängen, die je nach der Zahl der Fasern verschieden dick sind und nun das darstellen, was man „Nerven" nennt. Außerdem werden in ihrem Verlauf Verdickungen eingeschaltet, neue Organe, die aus den dickeren Teilen des Zellkörpers der Neuronen bestehen, die wiederum von durcheinander gewirrten Fasern durchzogen werden. Solche Knoten werden als Ganglien bezeichnet. Innerhalb der Gruppe der Würmer treten Stränge und Knoten zuerst auf, zunächst in einfachster Form, dann strickleiterartig, ein System, das dann besonders bei den Insekten zu typischer Ausbildung gelangt.

Die vielen hintereinanderliegenden Knotenpaare sind durch Längsstränge verbunden. Dabei macht sich schon früh am vorderen Ende des Körpers eine starke Anhäufung und Anschwellung der Ganglien bemerkbar. Vorn, wo der Mund liegt und wohin das Tier sich bewegt, sind ja die Nachrichten aus der Umgebung am wichtigsten. Daneben tritt aber nun z. B. bei den Weichtieren, den Schnecken, Muscheln, die Tendenz hervor, die Knoten zu wenigen Hauptknoten zusammenzudrängen und diese Zentralisation erreicht z. B. beim Tintenfisch schon einen Höhepunkt. Den höchsten Grad dieser Zentralisierung und zugleich die massigste Ausbildung erreicht schließlich das Nervensystem bei den Wirbeltieren. Durch eine knöcherne Kapsel geschützt liegt im Kopf das Gehirn, von dem aus sich das Rückenmark, ebenfalls in ein aus den Wirbelknochen gebildetes Rohr eingeschlossen, durch die Längsachse des Körpers zieht.

Das ist die eine Seite der fortschreitenden Verfeinerung des Nervensystems, es kommen aber noch zwei hinzu. Während der Polyp oder die Seerose mit jedem Ende der Neuronen des Nervennetzes einen Reiz aufnehmen und mit jeder Zelle ihn leiten und die Reaktion auslösen kann, werden bei den fortgeschrittenen Tieren besondere Zellen an der Peripherie zu Aufnahmeapparaten ausgebildet und mit allerhand IIilfscinrichtungen versehen und damit auch die Nervenstränge in zwei Arten geschieden. Die einen, an den Sinnesorganen endend, leiten die Reize nach den Zentralorganen, das sind die sensorischen Nerven, die anderen gehen in umgekehrter Richtung von den Zentren nach den Erfolgsorganen, vorwiegend zu den Muskeln, und heißen nach der hauptsächlichen Reaktion, die sie auslösen, der Bewegung, motorische Nerven.

Im zentralen Teil des Nervensystems stehen nun die Nervenzellen dergestalt z. T. mit den Sinneszellen, z. T. mit den Muskeln (Drüsen usw.) in Verbindung. Daneben gibt es aber noch Zellen, die nicht mit ihren Enden bis zu der Anfangs-

und Schlussstation reichen, sondern die der Verbindung der zentralen Bestandteile selber ausschließlich dienen. Spärlich im Rückenmark, erreichen diese Assoziationszellen und -bahnen im Gehirn eine große Bedeutung, in dem große Bezirke ganz aus solchen bestehen. Ihre Menge ist um so größer, je höher das Tier organisiert ist.

Es ist hier nur möglich, eine pauschale Schilderung der Sinnesorgane zu geben. Das Prinzip ist überall, dass bestimmte Zellen an ganz bestimmte Reize der Umgebung angepasst sind insofern, als sie für diese eine ganz besondere Empfindlichkeit zeigen. Daneben gibt es noch mannigfaltige Einrichtungen von indirekter Bedeutung, Hilfsapparate, welche den Zutritt der Reize erleichtern, ihre Intensität steigern, sie örtlich beschränken, das ganze Organ schützen, ernähren usw. So sehen wir in der Tierreihe, etwa von den Quallen an, Sinnesorgane für Licht, Schall, Berührung, Druck, die Schwerkraft, die Temperatur, chemische Stoffe usw. als mehr oder weniger hoch ausgestaltete Augen, Ohren usw. entwickelt. Es ist übrigens gar nicht leicht, außerhalb der Säugetiere, deren Sinnesorgane bequem nach Analogie mit den menschlichen zu deuten sind, etwa anatomisch und morphologisch nachweisbare nervöse Organe richtig aufzufassen. Wir können auch deshalb nicht wissen, ob nicht bei ihnen ein Aufnahmevermögen für Reize existiert, das uns abgeht. Wir hatten z. B. schon oben darauf hingewiesen, dass Wurzeln durch Feuchtigkeitsunterschiede gereizt werden, und so wäre es auch möglich, dass z. B. elektrische Wellen, ultraviolette Strahlen, die unsere Sinne nur mithilfe einer wissenschaftlichen Hilfsapparatur wahrnehmen, von manchen Lebewesen direkt perzipiert werden können.

Viele der Reaktionen auf Reize, besonders bei niederen aber auch bei den höchsten Tieren, verlaufen stets in derselben Weise und erinnern durch ihren unabänderlichen, zwangsmäßigen Ablauf an physikalische Prozesse. Mit derselben Sicherheit und Präzision, wie an geeigneten Flächen Licht- oder Schallwellen reflektiert werden, reflektiert auch das Lebewesen auf eine äußere Einwirkung hin eine bestimmte Lebensäußerung Solche nervöse Prozesse werden deshalb reflektorische oder Reflexe genannt. Die Reflexmechanismen gehören gewissermaßen zum ererbten eisernen Bestand der nervösen Organisation aus ihnen setzen sich auch die angeborenen Reaktionen zusammen, insofern „als auch sie fertig vererbt und nicht gelernt werden, wie z. B. das angeborene sexuelle Verhalten, das Fressverhalten, das Verhalten Nester zu bauen usw.

Auch der Mensch zeigt Reflexe. Führt er doch während zwei Drittel seines Lebens ein Reflexleben, nämlich während des Schlafes.

Dazu kommt nun aber noch ein nach Maßgabe der Entwicklungsstufe geringerer oder größerer, im individuellen Leben anwachsender Vorrat von erworbenen Erinnerungen hinzu, Rückstände früherer Eindrücke, die auf der allgemein der lebenden Substanz zukommenden Fähigkeit beruhen, Spuren der Reizprozesse auch nach der Einwirkungsdauer zu bewahren und die im extremen Fall geradezu als in nervösen Elementen magazinierte Speicherstoffe zu bezeichnen wären. In besonderen Partien des Gehirns lokalisiert, Spielen sie auf unübersehbaren Wegen in die Reizketten hinein, sodass der Erfolg unberechenbar, willkürlich ausfällt, individuell gefärbt, durch Erfahrung verändert wird.

Und nicht allein, wenigstens beim Menschen, durch die persönliche Erfahrung, sondern auch durch die Aufspeicherung des mündlich oder schriftlich überlieferten Kulturbesitzes. Das sind dann keine Reflexe oder angeborene Verhaltensweisen mehr, sondern Handlungen.

Absichtlich wurde in der obigen Auseinandersetzung ein Punkt noch nicht berührt, den wir aber jetzt nicht umgehen können. Wir sprachen von physikalischen Einwirkungen, Veränderungen in nervösen Bahnen usw. Blicken wir aber in uns hinein, die wir ja auch Objekt aller jener Überlegungen sind, so bemerken wir von alledem nichts, wohl aber etwas, was vollständig verschieden davon ist. Wir empfinden: blau, grün, warm, kalt, süß, sauer, rau, weich.

Wir stehen hier vor einer merkwürdigen Situation. Auf der einen Seite sehen wir physikalische oder biochemische Stoffe an die Nervenenden stoßen, wir sehen Veränderung auf Veränderung durch den sensorischen Nerv laufen, wir sehen sie in Ganglienzellen des Zentralsystems anlangen, verfolgen sie durch ein Wirrwarr von Fasern, sehen sie hier umgeschaltet, dort mit neuen Elementen kombiniert, hier vielleicht gespeichert, dort wieder fortlaufend durch die motorischen Bahnen bis zum zuckenden Muskel. Und nun auf der anderen Seite, auf verwandelter Bühne erleben wir Töne, Farben, Formen, empfinden Schmerz und Lust, spüren Hunger und Durst und kosten die Wonne des freien Spiels der Gedanken und der eigenen Betätigung. Und um die Situation noch verwickelter zu machen und unsere Ratlosigkeit noch zu steigern, erkennen wir, dass alles, was wir auf jener ersten Seite sahen, ja wieder nichts anderes sind als Phänomene von der Art der zweiten, dass wir ja die Sinne und das Gehirn nur erforschen eben mithilfe der Sinne und des Gehirns. Wie hängt dies alles zusammen? Ist das eine nur wirklich und das andere Blendwerk oder arbeiten sie beide neben- oder gar durcheinander? Das sind uralte Fragen, die möglichst genau zu präzisieren eine Aufgabe der Erkenntnislehre ist.

Die Erscheinungen des subjektiv beobachtbaren Lebens gehören eigentlich ebenso gut zur allgemeinen Biologie wie die des objektiven. Es sind ebenso gut Realitäten, ja aller Realste, uns unmittelbar vertraute. Aber sie bilden ein Gebiet für sich, und wir wollen hier vor ihm haltmachen.

Nur sei noch bemerkt, dass ebenso wie der Naturforscher auch der Geistesforscher sich vor einseitiger Auffassung bewahren muss Es gibt nichts schlechtweg Geistiges, immer finden wir es nur da, wo ein Körper ist, der so und so gebaut ist und nach Gesetzen sich richtet, die der Naturforscher zu finden sich bemüht. Ideen, Handlungen sind gewiss ungeheure Momente, aber sie kommen stets zusammen mit physiologischen Substraten vor und wirken wieder auf solche. So lässt sich auch das geistige Leben der Individuen, das Auf und Ab der Völker, die Kultur und ihre Entwicklung nur dann vernünftig darstellen, wenn man weiß, wovon die Leistungen abhängen, wie die physische Verfassung der Personen ist, was eigentlich Schlagworte wie Degeneration, Anpassung, Vererbung, Mischung nach den Erfahrungen im Reich der Lebewesen bedeuten. Wie die Psychologie, die Rechtsphilosophie, die Soziologie, so kann auch die Geschichte dieser naturwissenschaftlichen Hilfe nicht entbehren.

Ob die Tiere ebenso wie der Mensch Empfindungen und eine Art Bewusstsein haben, kann nur aufgrund objektiver Kriterien entschieden werden. Man kann aber annehmen, dass wenigstens die Wirbeltiere ein Innenleben führen, das sich nur dem Grad der Differenziertheit nach von dem Unseren unterscheidet, und da wir nirgends Sprünge in der organischen Natur sehen, müssen wir etwas der Art auch den niederen Tieren zuschreiben. Freilich fehlt uns jedes Vorstellungsvermögen dafür, wie ein Tier fühlt, allein die objektive Sicht von außen ist uns zugänglich.

Zum Thema Bewusstsein als ein informationsverarbeitender Prozess folgen in einem späteren Kapitel weitere Ausführungen. Die subjektive Empfindungsweise von Gefühlen bleibt dabei allerdings außer Betracht.

3.2 Regulations- und Regenerationsphänomene

Entwicklung, Fortpflanzung, Vererbung, Regulation — das sind die eigentlichen Kennzeichen für das Wesen des Lebens, und in ihnen erst liegt das wahre und tiefe Geheimnis des Lebens. Man hat dies schon lange gewusst und der rohen materialistisch-mechanistischen Auffassung des Lebens gegenüber betont, aber erst die letzten 100 Jahre haben den wirklich exakten Beweis dafür erbracht. Ihn zu führen ist dem genialen Zoologen Hans Driesch gelungen, demselben, den Haeckel mit der liebenswürdigen Kennzeichnung „unzurechnungsfähiger Sophist" bedenkt. Diesem großartigen Beweis des Lebens wollen wir uns nun noch zuwenden.

Die Versuche von Driesch beziehen sich auf die Restitutionen, d. h. auf jene Erscheinungen, bei welchen verstümmelte oder sonst wie gestörte Lebewesen trotz der Störung ihre normale Gestalt wiederherstellen. Die erste Versuchsweise betrifft die Keime von Seeigeln (Fig. 3.11 a—i). Jedes Tier entsteht aus einem Ei, indem dasselbe sich durch einen Teilungsprozess, den man „Furchung" nennt, in 2, dann 4, dann 8, dann 16 usw. Zellen teilt; das Endergebnis der Furchung ist eine Blastula, d. h. ein Gebilde, bei dem eine große Zahl eng zusammenschließender Zellen einen Hohlraum umgibt. Die Blastula des Seeigels schwimmt mit Wimpern im Wasser frei umher. Es hat nun für unseren Zweck keine Bedeutung, die weitere Entwicklung dieser Blastula zu verfolgen, genug, dass aus jeder Zelle dabei etwas ganz bestimmtes, Besonderes wird, es entsteht auf diese Weise aus der Blastula eine als Pluteus bezeichnete Seeigellarve mit einem Darm (D in Fig. 3.11 g) und mit einem Skelettgebilde (s in Fig. 3.11 g) in den äußeren Teilen.

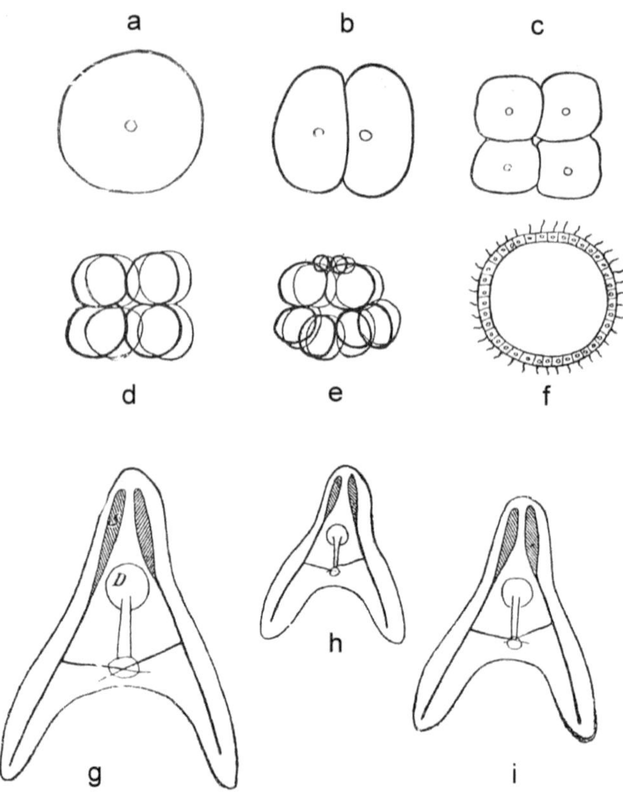

Abb. 3.11: Die Entwicklung der Seeigellarven. a. einzelnes Ei, b. - e. Teilung desselben in 2, 4, 8 und 16
Zellen, f. Blastula, g. normale Seeigellarve, h. Larve, die aus einer der 4 Zellen von c entstanden ist, i.
Larve aus einer der beiden Zellen von b. (Nach Driesch).

Wenn man nun die Zellen der ersten Furchungsstufen isoliert und für sich auszieht, so entstehen aus ihnen nicht etwa
halbe oder viertel Seeigel usw., sondern jedes Mal eine ganze
normale, wenn auch kleinere Larve (Fig. 3.11 h und i). Ebenso entstehen z. B. aus drei Zellen des Viertstadiums oder aus
zwölf Zellen des Sechzehntstadiums nicht unsymmetrische
Gebilde, sondern ganze und normale Larven. Wir können
demnach also sagen, dass zwar aus jeder Zelle der ersten
Furchungsstufen im normalen Verlauf der Entwicklung etwas
anderes wird, dass aber doch jede Zelle in sich die Möglichkeit und Fähigkeit enthält, nötigenfalls zu einer vollständigen
Larve zu werden.

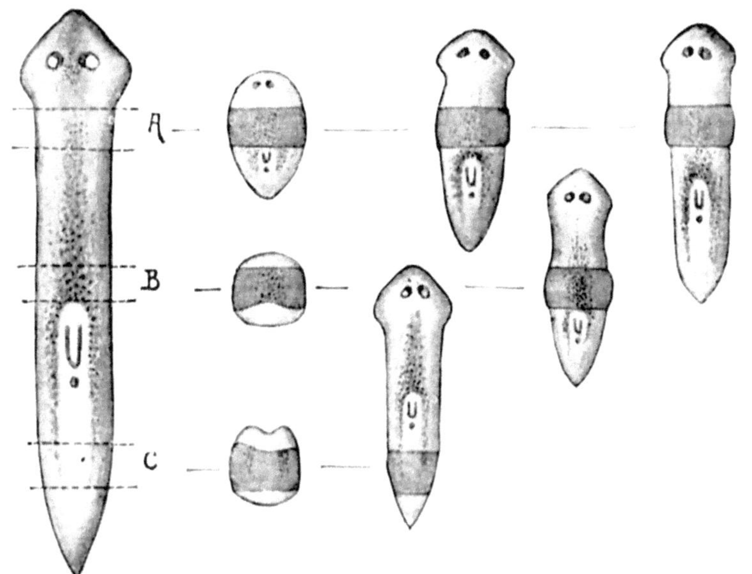

Abb. 3.12: Regeneration des Strudelwurms. Bei A, B und C sind Stücke ausgeschnitten, die dann wie die Striche angeben, zu kleineren Strudelwürmern auswuchsen. (Nach Driesch).

Ebenso bemerkenswert sind ferner sogenannte Regenerations-, d. h. Wiedererzeugungsversuche. Wenn man z. B. einen Regenwurm beliebig durchschneidet, so bildet sich von dem Querschnitt aus das abgeschnittene Ende wieder neu, wobei sich sogar Teile wie das sogenannte Gehirn ersetzen. Wenn man aus einem kleinen Süßwasserwurm, der Strudelwurm oder Planaria (Fig. 3.12) heißt, einzelne Stücke an beliebiger Stelle herausschneidet, so entwickelt sich wiederum ein jedes zu einer selbstständigen Planaria. Endlich sei noch auf einen besonders bemerkenswerten Regenerationsversuch von Driesch hingewiesen, den er an Clavellina, einem Manteltier, gemacht hat (Fig. 3.13 a—f). Es sind dies ziemlich hoch organisierte, Kolonien bildende Tiere. Sie sitzen mit einem Körperende an Gegenständen im Meer fest, am anderen Ende haben sie eine größere Öffnung, die zu einem sogenannten Kiemenkorb mit kleinen Kiemenlöchern führt; durch sie strömt das Nahrungs- und Atmungswasser ein, um dann in den Magen, weiterhin in den Darm und endlich durch eine Ausströmungsöffnung wieder ins Freie zu gelangen.

Das Tier besitzt auch noch manche andere Organe, wie z. B. ein Herz, es ist also, wie gesagt, ziemlich hoch organisiert.

Wenn man nun den Kiemenkorb abschneidet, so stellt er in 3
—4 Tagen durch Sprossung das übrige wieder her. Dies entspricht also dem von Planaria Gesagten. Allein wenn man
diese Operation an zahlreichen Clavellinen vor-
nimmt, so zeigt etwa die Hälfte der Objekte ein
gänzlich anderes Verhalten. Bei ihnen bildet nämlich
der Kiemenkorb alle seine Teile zurück, die Kiemenlöcher verschwinden, ebenso auch die große Einfuhröffnung für das
Wasser-, und das ganze Gebilde wird zu einer runden weißen
Kugel, welche in diesem Zustand bis zu 3 Wochen verharrt.
Sodann aber bildet sich aus dieser Kugel eine neue, sehr kleine, aber vollständige Clavellina. Teilt man den Kiemenkorb
mehrmals und ganz beliebig, so entsteht wiederum aus jedem
Teil ein sehr kleines, aber vollständiges Tier. Es können
also — und das ist von größter Bedeutung — aus
jedem Teil des Kiemenkorbes alle möglichen anderen Teile des vollständigen Tieres werden.

Nun denke man nicht etwa, dass dies nur eine hier und da
zu beobachtende Erscheinung sei, sie ist vielmehr sehr weit
verbreitet, auch im Pflanzenreich, so kann man z. B. aus
Blattstückchen der bekannten als Begonien oder Schiefblät-
ter bezeichneten Pflanzen auf feuchter Erde die ganze Pflanze
ziehen, und man bedenke doch auch, dass die einzelne Eizelle irgendeines Tieres oder einer Pflanze imstande ist, das ganze Lebewesen hervorzubringen.

Alles dies sind nun aber Erscheinungen, welche für unseren gegenwärtigen Zweck im höchsten Grade bedeutsam
sind. Was aus einem gegebenen Gebilde oder einem Teil desselben im Laufe der Entwicklung wird, das hängt von verschiedenen, zum Teil veränderlichen Faktoren ab; unter ihnen ist aber vor allem ein unveränderlicher Faktor, der ledig-
lich durch die Eigenart des betreffenden Wesens bestimmt ist
und durch den alle Einzelleistungen zueinander in Harmonie
gesetzt werden.

Worin besteht nun diese Eigenart? Unbedingt ist sie innerlich gegeben; denn alle äußeren Lebensbedingungen (wie
Wärme, Luft, Wasser usw.) wirken auf alle Lebewesen in gleicher Weise ein, und es wird trotzdem aus ihnen etwas Ver-
schiedenes. Dies aber ist die innere Leitung, Steuerung,
Regulation, von der wir schon sprachen, das eigentliche
Kennzeichen des Lebens. Nun könnte aber diese Eigenart

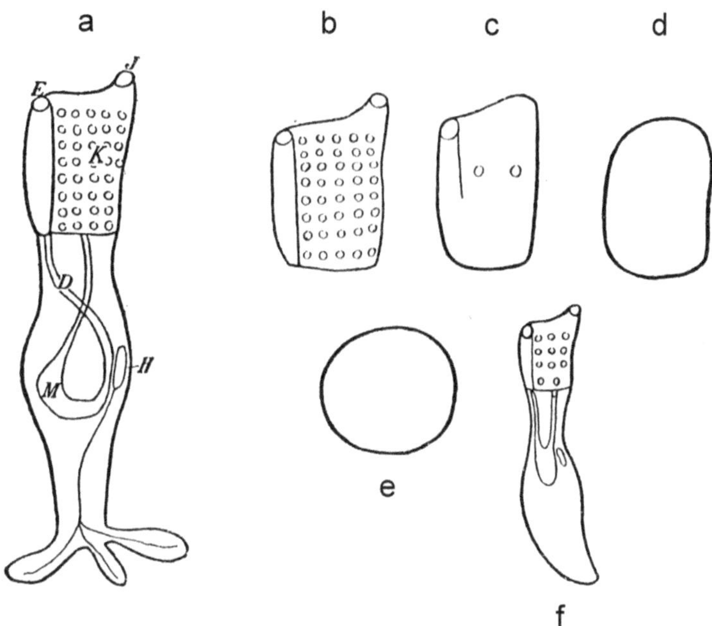

Abb. 3.13: Regeneration von Clavellina. a. das fertige Tier, K = Kiemenkorb, J = Einfuhröffnung, M = Magen, D = Darm, E = Ausfuhröffnung, H = Herz; b – e. Rückbildung des abgeschnittenen Kiemenkorbes zur Kugel, f. die neue aus e entstandene kleine Clavellina. (Nach Driesch).

doch noch der Ausdruck eines chemisch-physikalischen Gebildes sein, d. h. einer, wenn auch noch so verwickelten, Maschine. Eine solche Maschine von allerdings fast unendlicher Komplikation, welche durch das Getriebe ihrer einzelnen Teile das fertige Gebilde schaffen könnte, ließe sich möglicherweise noch denken, allein in ihr würde dann aber jedes Glied unbedingt seine feste und unveränderliche zukünftige Bedeutung haben; denn das ist eben das Kennzeichen der Maschine. Nun aber verhält sich nach den mitgeteilten Versuchen jeder kleine Teil des Lebewesens wie das Ganze, weil er ja unter Umständen für sich zu dem Ganzen werden kann; also müsste dann auch jeder Teil der Maschine für sich schon jene unendlich verwickelte Maschine ganz enthalten. Es müssten dann also in unserer gedachten Maschine unendlich viele kleine Maschinen derselben Art übereinander gelagert enthalten sein. Und wenn sich nun gar eine Pflanze oder ein Tier aus einer einzigen Zelle, der Eizelle, durch fortgesetzte Teilung bildet, so müsste die mutmaßliche Maschine von un-

endlicher Komplikation sich auch fortgesetzt teilen können;
dabei müsste aber doch immer noch jeder Teil ein Ganzes
bleiben. Das aber ist ja nun selbstredend völlig unsinnig;
denn der Begriff der Maschine ist damit absolut aufgehoben.
Jene Eigenart der Lebewesen kann also auf keinen Fall auf
Maschinenstruktur, d. h. auf dem chemisch-physikalischen
Geschehen beruhen, sondern sie muss ein besonderer Faktor
neben diesem biochemischen Geschehen sein.Dieser besondere Faktor hat mit informationsverarbeitenden Prozessen und mit Bewusstsein als einem ganz spezifischen
informationsverarbeitenden Prozess zu tun. Weiter unten
werden wir deshalb die Bewusstseinsfrage besprechen.

Vorher stellt sich die Frage, wie Informationen in lebenden
Systemen prinzipiell verarbeitet werden können, ohne Computer und ohne Gehirn. Die Suche nach einer Lösung führte
uns zunächst zur universellen Turingmaschine, die wir im
nächsten Kapitel besprechen.

4. Wie die universelle Turingmaschine Informationen verarbeitet

4.1 Alan Turing

Der britische Mathematiker und Informatiker Alan Mathison Turing (1912 - 1954) gilt heute als einer der einflussreichsten Theoretiker der frühen Computerentwicklung und Informatik. Turing schuf einen großen Teil der theoretischen Grundlagen für die moderne Informations- und Computertechnologie. Als richtungsweisend erwiesen sich auch seine Beiträge zur theoretischen Biologie.

Das von ihm entwickelte Berechenbarkeitsmodell der Turingmaschine bildet eines der Fundamente der theoretischen Informatik. Während des Zweiten Weltkrieges war er maßgeblich an der Entzifferung der mit der Enigma verschlüsselten deutschen Funksprüche beteiligt.

Turing entwickelte 1953 eines der ersten Schachprogramme, dessen Berechnungen er mangels Hardware selbst durchführte. Nach ihm benannt sind der Turing Award, die bedeutendste Auszeichnung in der Informatik, sowie der Turing-Test zum Überprüfen des Vorhandenseins von künstlicher Intelligenz.

Schon in frühester Kindheit zeigte sich die hohe Begabung und Intelligenz Turings. Es wird berichtet, dass er sich innerhalb von drei Wochen selbst das Lesen beibrachte und sich schon früh zu Zahlen und Rätseln hingezogen fühlte.

Im Alter von sechs Jahren wurde Turing auf die private Tagesschule St. Michael's in St. Leonards-on-the-Sea geschickt, wo die Schulleiterin frühzeitig seine Begabung bemerkte. 1926, im Alter von 14 Jahren, wechselte er auf die Sherborne School in Dorset. Sein erster Schultag in Dorset fiel auf einen Generalstreik in England. Turing war jedoch so motiviert, dass er die 100 Kilometer von Southampton zur Schule allein auf dem Fahrrad zurücklegte und dabei nur einmal in der Nacht an einer Gaststätte Halt machte; so berichtete jedenfalls die Lokalpresse.

Turings Drang zur Naturwissenschaft traf bei seinen Lehrern in Sherborne auf wenig Gegenliebe; sie setzten eher auf Geisteswissenschaften als auf Naturwissenschaften. Trotzdem zeigte Turing auch weiterhin bemerkenswerte Fähigkeiten in den von ihm geliebten Bereichen. So löste er für sein Alter fortgeschrittene Aufgabenstellungen, ohne zuvor irgendwelche Kenntnisse der elementaren Infinitesimalrechnung erworben zu haben.

Im Jahr 1928 stieß Turing auf die Arbeiten Albert Einsteins. Er verstand sie nicht nur, sondern entnahm einem Text selbstständig Einsteins Bewegungsgesetz, obwohl dieses nicht explizit erwähnt wurde.

Turing studierte von 1931 bis 1934 unter Godfrey Harold Hardy (1877–1947), einem respektierten Mathematiker, der den Sadleirian Chair in Cambridge innehatte, das zu der Zeit ein Zentrum der mathematischen Forschung war.

In seiner für diesen Zweig der Mathematik grundlegenden Arbeit On Computable Numbers, with an Application to the "Entscheidungsproblem" (28. Mai 1936) formulierte Turing die Ergebnisse Kurt Gödels von 1931 neu. Er ersetzte dabei Gödels universelle, arithmetisch-basierte formale Sprache durch einfache, formale Geräte, die heute unter dem Namen Turingmaschine bekannt sind. („Entscheidungsproblem" verweist auf eine Problemstellung, die David Hilbert in seinen „Problemen" formuliert hatte.) Turing bewies, dass solch ein Gerät in der Lage ist, „jedes vorstellbare mathematische Problem zu lösen, sofern dieses auch durch einen Algorithmus gelöst werden kann".

Turingmaschinen sind bis zum heutigen Tag Schwerpunkt der theoretischen Informatik. Mithilfe der Turingmaschine gelang Turing der Beweis, dass es keine Lösung für das Entscheidungsproblem gibt. Er zeigte also, dass die Mathematik nicht nur unvollständig ist, sondern auch, dass es allgemein keine Möglichkeit gibt festzustellen, ob eine bestimmte Aussage beweisbar ist. Dazu bewies er, dass das Halteproblem für Turingmaschinen nicht lösbar ist, d. h., dass es nicht möglich ist, algorithmisch zu entscheiden, ob eine Turingmaschine jemals zum Stillstand kommen wird. Auch war der Begriff der „Universellen (Turing-) Maschine" neu, einer Maschine, welche jede beliebige andere Turing-Maschine imitieren kann.

1938 und 1939 verbrachte Turing zumeist an der Princeton University und studierte dort unter Alonzo Church. 1938 erwarb Turing den Doktortitel in Princeton. Seine Doktorarbeit führte den Begriff der „Hypercomputation" ein, bei der Turingmaschinen zu sogenannten Orakel-Maschinen erweitert werden.

Codeknacker

Während des Zweiten Weltkriegs war Turing einer der herausragenden Wissenschaftler bei den erfolgreichen Versuchen in Bletchley Park, verschlüsselte deutsche Funksprüche zu entziffern. Er steuerte einige mathematische Modelle bei, um sowohl die Enigma- als auch Fish-Verschlüsselungen zu dechiffrieren. Die Einblicke, die Turing bei den Fish-Verschlüsselungen gewann, halfen später bei der Entwicklung des ersten digitalen, programmierbaren elektronischen Röhrencomputers ENIAC. Konstruiert von Max Newman und seinem Team und gebaut in der Post Office Research Station in Dollis Hill von einem von Thomas Flowers angeführten Team im Jahr 1943, entzifferte Colossus die Fish-Chiffren. Auch half Turing, die sogenannten Bomben zu konstruieren. Diese Rechenmaschinen wurden wegen ihres Tickens so genannt und waren eine weiterentwickelte Version der von dem Polen Marian Rejewski konstruierten Bomba-Maschinen zur Suche nach den Schlüsseln für Enigma-Nachrichten. Dabei handelte es sich um elektromechanische Geräte, die mehrere nachgebaute Enigma-Maschinen verbanden und so in der Lage waren, viele mögliche Schlüsseleinstellungen der Enigma-Nachrichten durchzutesten und gegebenenfalls zu eliminieren.

Turings Mitwirkung als einer der wichtigsten Codeknacker bei der Entzifferung der Enigma war bis in die 1970er Jahre geheim; nicht einmal seine engsten Freunde wussten davon. Die Entzifferung geheimer deutscher Funksprüche war eine kriegsentscheidende Komponente für den Sieg der Alliierten im U-Boot-Krieg und im Afrikafeldzug.

Künstliche Intelligenz

Von 1945 bis 1948 war Turing im National Physical Laboratory in Teddington tätig, wo er am Design der ACE (Automatic Computing Engine) arbeitete. Der Name der Maschine ist abgeleitet von der Analytical Engine des Mathematikers Charles Babbage, dessen Werk Turing zeitlebens bewunderte.

Ab 1948 lehrte Turing an der Universität Manchester und wurde im Jahr 1949 stellvertretender Direktor der Computerabteilung. Hier arbeitete er an der Software für einen der ersten echten Computer, den Manchester Mark I und gleichzeitig weiterhin verschiedenen theoretischen Arbeiten. In „Computing machinery and intelligence" (Mind, Oktober 1950) griff Turing die Problematik der künstlichen Intelligenz auf und schlug den Turing-Test als Kriterium vor, ob eine Maschine mit dem Menschen vergleichbar denkfähig ist. Er beeinflusste durch die Veröffentlichung die Entwicklung der Künstlichen Intelligenz maßgeblich.

1952 schrieb er ein Schachprogramm. Da es keine Computer mit ausreichender Leistung gab, um es auszuführen, übernahm Turing dessen Funktion und berechnete jeden Zug selbst. Dies dauerte bis zu 30 Minuten pro Zug. Das einzige schriftlich dokumentierte Spiel verlor er gegen einen Kollegen.

Theoretische Biologie

Von 1952 bis zu seinem Tod 1954 arbeitete Turing an mathematischen Problemen der theoretischen Biologie. Er veröffentlichte 1952 eine Arbeit zum Thema The Chemical Basis of Morphogenesis. In diesem Artikel wurde erstmals ein Mechanismus beschrieben, wie Reaktions-Diffusions-Systeme spontan Strukturen entwickeln können. Dieser heute als Turing-Mechanismus bekannte Prozess steht noch heute im Mittelpunkt vieler chemisch-biologischer Strukturbildungstheorien. Turings weiteres Interesse galt dem Vorkommen der Fibonacci-Zahlen in der Struktur von Pflanzen. Spätere Arbeiten blieben bis zur Veröffentlichung seiner gesammelten Werke 1992 unveröffentlicht.

4.2   Der Turing-Prozess

Alan Turing stellte die Turingmaschine 1936 im Rahmen des vom Mathematiker David Hilbert im Jahr 1920 formulierten Hilbertprogramms speziell zur Lösung des sogenannten Entscheidungsproblems in der Schrift On Computable Numbers, with an Application to the Entscheidungsproblem vor.

Das Entscheidungsproblem fragt, ob jede Interpretation einer mathematischen, d. h. formal logischen Aussage wahr ist. Das von Turing vorgeschlagene Hilbertprogramm versuchte, dieses Problem automatisch zu lösen. Die Methode, die für eine prädikatenlogische Formel feststellt, ob sie allgemeingültig ist, soll also von einer „Maschine" durchgeführt werden können. Vor der Erfindung des Computers bedeutete dies, dass ein Mensch nach festen Regeln – einem Algorithmus – eine Berechnung durchführt.

Das Besondere an einer Turingmaschine ist ihre strukturelle Einfachheit. Sie benötigt nur drei Operationen (Lesen, Schreiben und Schreib-Lese-Kopf bewegen), um alle Operationen der üblichen Computerprogramme zu simulieren. Im Rahmen der theoretischen Informatik eignet sie sich deshalb besonders gut zum Beweis von Eigenschaften formaler Probleme, wie sie z. B. von der Berechenbarkeitstheorie betrachtet werden.

Eine Turingmaschine repräsentiert einen Algorithmus bzw. ein Programm. Eine Berechnung besteht dabei aus schrittweisen Manipulationen von Symbolen bzw. Zeichen, die nach bestimmten Regeln auf ein Speicherband geschrieben und auch von dort gelesen werden. Ketten dieser Symbole können verschieden interpretiert werden, unter anderem als Zahlen. Damit beschreibt eine Turingmaschine eine Funktion (= Überführungsfunktion, Programm oder Zustandsdiagramm), welche Zeichenketten, die anfangs auf dem Band stehen, auf Zeichenketten, die nach „Bearbeitung" durch die Maschine auf dem Band stehen, abbildet. Eine Funktion, die anhand einer Turingmaschine berechnet werden kann, wird Turing-berechenbar oder auch einfach berechenbar genannt.

Die Abarbeitung der Überführungsfunktion, also des Programms der Turingmaschine ist ein Prozess, den man als Turing-Prozess bezeichnen kann.

Die Turingmaschine hat neben einem programmgesteuerten Steuerwerk folgende wesentliche Teile:

- Ein Zustandsdiagramm bzw. eine Überführungsfunktion, welche sich als Programm im Steuerwerk befindet ...

- ein unendlich langes Speicherband mit unendlich vielen sequentiell angeordneten Feldern. Pro Feld kann genau ein Zeichen gespeichert werden. Neben dem Eingabealphabet ist als zusätzliches Zeichen ein Blanksymbol „leeres Feld" zugelassen, das nicht zur Menge der Eingabezeichen gehört ...

- einen programmgesteuerten Lese- und Schreibkopf, der sich auf dem Speicherband feldweise bewegen und die Zeichen verändern kann.

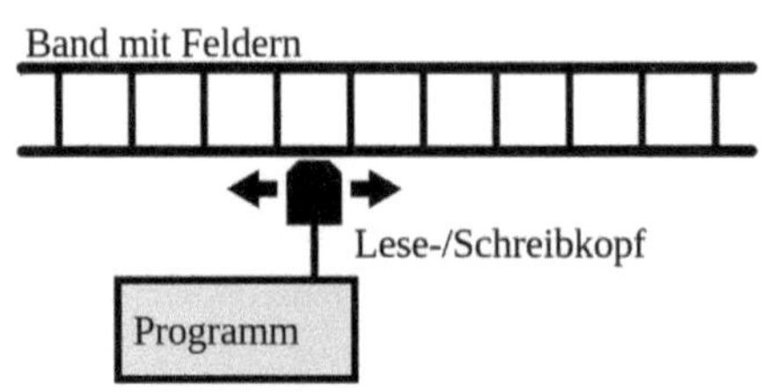

Abb. 4.1: Ein-Band-Turingmaschine.

Die Turingmaschine modifiziert die Eingabe auf dem Band nach dem festgelegten Programm. Die Startposition der Turingmaschine ist am Anfang des Eingabeworts, d. h. an der Position des ersten Eingabezeichens.

Mit jedem Schritt liest der Lese-Schreib-Kopf das aktuelle Zeichen, überschreibt dieses mit einem anderen (oder dem gleichen) Zeichen und bewegt sich dann ein Feld nach links oder rechts oder bleibt stehen. Welches Zeichen geschrieben wird und welche Bewegung ausgeführt wird, hängt von dem an der aktuellen Position vorgefundenen Zeichen sowie dem Zustand ab, in dem sich die Turingmaschine gerade befindet. Dies wird durch eine zu der Turingmaschine gehörende Funktion definiert. Zu Beginn befindet sich die Turingmaschine in einem vorgegebenen Startzustand und geht bei jedem Schritt in einen neuen Zustand über. Die Anzahl der Zustände, in denen sich die Turingmaschine befinden kann, ist endlich. Ein Zustand kann mehrere Male durchlaufen werden, er sagt nichts über die auf dem Band vorliegenden Zeichen aus.

Man kann bestimmte Zustände der Turingmaschine als Endzustände definieren. Sobald die Maschine in einen dieser Zustände kommt, bleibt sie stehen, unabhängig davon, welches Zeichen sich an der aktuellen Position befindet. Es gibt Eingaben, für die eine Turingmaschine niemals stoppt.

Die Turingmaschine wird – wie viele andere Automaten auch – für Entscheidungsprobleme eingesetzt, also für Fragen, die mit „ja" oder „nein" zu beantworten sind. Bestimmte Zustände werden als „akzeptierend", andere als „nicht akzeptierend" definiert. Die Eingabe wird genau dann akzeptiert, wenn die Turingmaschine in einem akzeptierenden Endzustand endet.

Varianten der Turingmaschine

In der Literatur findet man zahlreiche unterschiedliche Definitionen und Varianten der Turingmaschine, die sich jeweils in einigen Details unterscheiden. So variiert etwa das verwendete Bandalphabet, die zusätzlich verwendeten Spezialzeichen, die Definition von bestimmten Eigenschaften. Zudem gibt es Erweiterungen mit mehreren Bändern oder zusätzlichen Stapelspeichern, die hinsichtlich der Berechenbarkeit äquivalent zu Turingmaschinen sind.

Kodiert man die Beschreibung einer Turingmaschine als hinreichend einfache Zeichenkette, so kann man eine sogenannte *universelle Turingmaschine* – selbst eine Turingmaschine – konstruieren, welche eine solche Kodierung einer beliebigen Turingmaschine als Teil ihrer Eingabe nimmt und das Verhalten der kodierten Turingmaschine auf der ebenfalls gegebenen Eingabe simuliert.

Orakel-Turingmaschinen sind Verallgemeinerungen der Turingmaschine, bei der die Turingmaschine in einem Schritt bestimmte zusätzliche Operationen durchführen kann, etwa die Lösung unentscheidbarer oder nur mit hohem Aufwand entscheidbarer Probleme. Somit erlauben Orakel-Turingmaschinen eine weitere Kategorisierung unentscheidbarer Probleme.

Probabilistische Turingmaschinen erlauben für jeden Zustand und jede Eingabe zwei (oder äquivalent dazu endlich viele) mögliche Übergänge, von denen bei der Ausführung – intuitiv ausgedrückt – einer zufällig ausgewählt wird, und dienen der theoretischen Beschreibung randomisierter Algorithmen.

Quanten-Turingmaschinen dienen in der Quanteninformatik als abstrakte Maschinenmodelle zur theoretischen Beschreibung der Möglichkeiten von Quantencomputern. Quantenschaltungen sind in diesem Kontext als anderes verbreitetes Modell zu nennen.

4.3 Beispiel für einen Turing-Prozess

Man möchte mit einem Programm für die Turingmaschine folgende Aufgabe lösen:

Auf dem Speicherband stehen nur die Werte 0 und 1 bzw. am Ende steht ein Leerzeichen (siehe Abb. 4.2). Das Programm soll herausfinden, ob die Anzahl der 1 gerade oder ungerade ist. Wenn das Band keine 1 enthält, soll die Anzahl auch gerade sein.

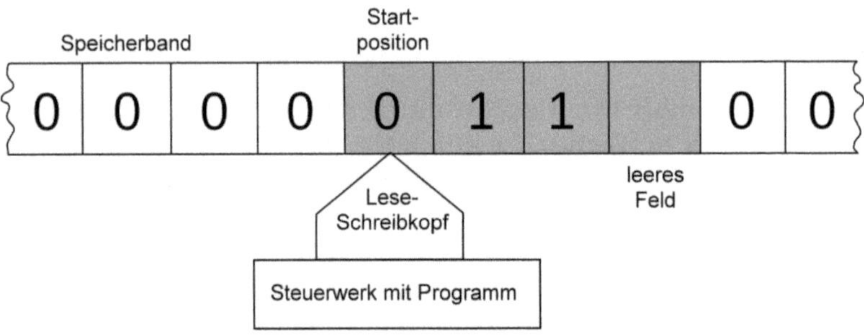

Abb. 4.2: Beispielkonfiguration einer Turingmaschine. Der Lese- Schreibkopf befindet sich an der Startposition. Die Endposition ist durch ein leeres Feld gekennzeichnet. Die eigentliche Eingabe ist grau unterlegt. Das Programm wird an anderer Stelle dargestellt. Grafik: Sedlacek

Zunächst benötigt man zur Lösung der Aufgabe ein geeignetes Programm. Dieses Programm wird hier aus Vereinfachungsgründen in Form einer Grafik der Überführungsfunktion angegeben (siehe Abb. 4.3). Zur Lösung der Aufgabe mit beliebigen Daten braucht man dann keine komplexen Überlegungen anzustellen, sondern nur den Pfeilen in der Grafik zu folgen.

Der Turing-Prozess beginnt mit Zustand s1, dem Startzustand und der Startposition vom Speicherband. Dann wird das erste Zeichen der Eingabe gelesen. In Abb. 4.3 ist es die 0. Da aber die Maschine auch mit anderen Eingaben ausgeführt werden kann, muss man von drei Möglichkeiten ausgehen. Das erste gelesene Symbol ist ...

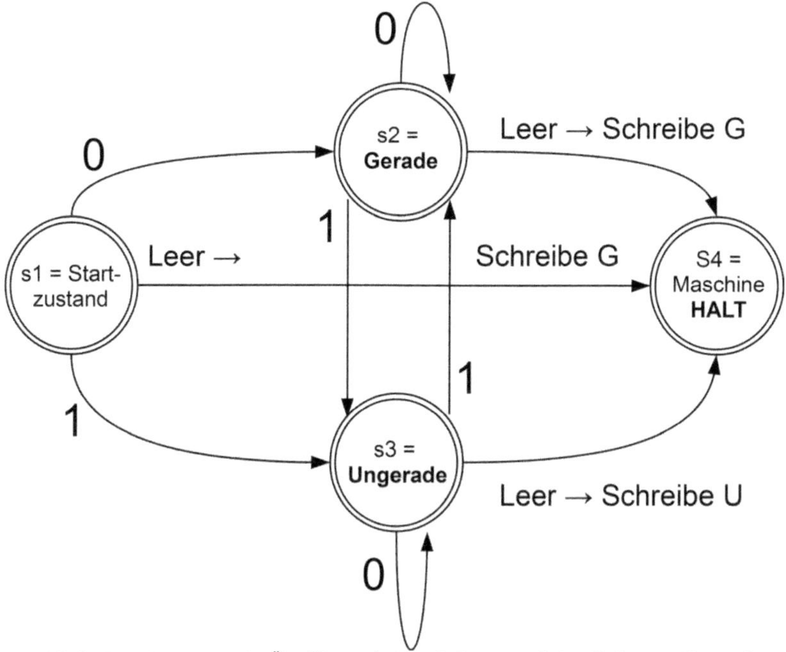

Abb. 4.3: Grafische Darstellung der Überführungsfunktion (= **Programm**) einer Turingmaschine zur Bestimmung ob die Anzahl 1 auf dem Eingabeband gerade oder ungerade ist. Die Maschine hat die Zustandsmenge {s1, s2, s3, s4}, Das Bandalphabet besteht aus den Zeichen { 0, 1, Leer, G, U} . Grafik: Sedlacek

1. ... eine „0". Der Pfeil vom Startzustand s1 führt zum Zustand s2. Das bedeutet „Gerade Anzahl".

2. ... eine „1". Der Pfeil vom Startzustand s1 führt zum Zustand s3. Das bedeutet „Ungerade Anzahl 1".

3. ... ein Leer-Zeichen. Nachdem weder eine „1" noch eine „0" vorgekommen ist und der Pfeil zum Endzustand s4 hinweist, schreiben wir ein G (= gerade Anzahl) aufs Band. Die Maschine hat die Aufgabe gelöst und hält an.

Befindet sich die Maschine noch nicht im Endzustand s4, wird der Lese-/Schreibkopf eine Stelle weiterbewegt. Wieder gibt es drei Möglichkeiten. Befindet sich die Maschine im Zustand s2 (= Gerade) und ist das aktuell gelesene Symbol ...

1. ... eine „0", bleibt die Maschine im Zustand s2, weil der Pfeil mit „0" wieder zurück auf den gleichen Zustand zeigt.

2. ... eine „1", dann wird die Anzahl der „1" ungerade und der Zustand der Maschine muss dem entsprechenden Pfeil folgend in den Zustand s3 für die „Ungerade Anzahl" übergehen.

3. ... ein Leer-Zeichen, dann geht die Maschine dem Pfeil folgend in den Endzustand s4 über. Da bisher eine gerade Anzahl von „1" gelesen wurde, schreiben wir ein G aufs Band. Wieder hat die Maschine die Aufgabe gelöst und ist fertig (s4 = Endzustand, Maschine HALT).

Befindet sich die Maschine noch nicht im Endzustand s4, sondern im Zustand s3 (= Ungerade), wird der Lese-/Schreibkopf eine Stelle weiterbewegt und es gibt wieder drei Möglichkeiten analog den soeben beschriebenen.

Wenn wir den Pfeilen in der Grafik folgen, um den Lauf der Maschine von Hand nachzuvollziehen, so machen wir solange weiter, bis auf dem Band ein Leerzeichen auftritt und wir damit das Ergebnis ausgeben können.

Die Maschine kann für ganz beliebige Folgen des Eingabealphabets {0, 1, Leer} verwendet werden. Jedesmal wird sie die Aufgabe korrekt lösen und die Frage beantworten, ob die Anzahl der „1" auf dem Band gerade oder ungerade ist. Beispielsweise wird sie bei der Eingabefolge „1001100011010 " feststellen, dass die Anzahl gerade ist. Bei der Folge „111 " wird sie dagegen ein U für ungerade ausgeben.

Wenn man mit der Turingmaschine andere Aufgaben lösen möchte, braucht man nur ein anderes für die Aufgabenstellung geeignetes Programm zu entwerfen, sei es in grafischer oder Tabellenform, und die Maschine wird die Aufgabe lösen. Allerdings hüte man sich vor Programmfehlern, denn dann kann man nicht unbedingt ein korrektes Ergebnis erwarten.

Übrigens soll Alan Turing, wie bereits weiter oben erwähnt, auf diese Weise ein Schachprogramm entworfen haben. Das Programm war so komplex, dass er für die Ermittlung eines Zuges über 30 Minuten brauchte. Aber so wird verständlich, dass sich mit einer geeigneten Turingmaschine alles berechnen lässt, wofür sich eine Rechenvorschrift (ein Algorithmus) angeben lässt. Umgekehrt gilt: Wenn sich keine Rechenvorschrift aufstellen lässt, kann eine Turingmaschine auch nichts berechnen.

Offen bleibt zunächst die Frage, ob die Natur Turing-Prozesse zur Informationsverarbeitung verwendet und wenn ja, wo sie diese Wundermaschine versteckt hat, die möglicherweise hinter den Naturgesetzen steckt und deren gesetzmäßige Durchführung regelt. Um der Lösung dieser Frage näher zu kommen gehen wir über zum Thema des nächsten Kapitels.

5. Der nichtlokale Raum

5.1 Die Quantenverschränkung

In dieser Stelle möchte ich an das quantenphysikalische Problem der „spukhaften Fernwirkung" erwähnen, für das es immer noch keine Erklärung gibt, obwohl seine Existenz mit absoluter Sicherheit nachgewiesen wurde und zwischenzeitlich sogar technische Anwendungen des Phänomens geplant werden. Um was handelt es sich bei diesem Phänomen?

Es geht um die sogenannte Quantenverschränkung, die von Albert Einstein als „spukhafte Fernwirkung" verunglimpft wurde, weil er nicht an deren Existenz glauben wollte. Es handelt sich dabei um ein physikalisches Phänomen, bei dem beispielsweise Lichtteilchen (Photonen) eine nichtlokale Verbindung miteinander eingehen und sich im Fall einer Messung über riesige Entfernung hinweg ohne zeitliche Verzögerung gegenseitig beeinflussen.

Mit dem Wörtchen „nichtlokal" verschleiert der Physiker ein wenig verschämt, dass es eine Verbindung außerhalb von Raum und Zeit, d. h. der Raumzeit ist. Innerhalb der Raumzeit würde es „lokal" heißen. Also, um es noch einmal ganz deutlich zu sagen, „nichtlokal" bedeutet, dass es sich um ein wie auch immer geartetes „Jenseits" handelt, das auf das „Diesseits" seinen Einfluss ausübt. Und dann schweigt der Physiker, weil er nichts zum „Jenseits" sagen kann und möchte. Es gibt einfach keine Theorie dafür. Hier noch einmal die Definition:

> *Quantenverschränkung heißt der gemeinsame Zustand (Verschränkung) eines Systems von zwei oder mehr Teilchen, beispielsweise der gemeinsame Schwingungszustand (Polarisation) von zwei verschränkten Lichtteilchen. Messergebnisse der Polarisation von verschränkten Teilchen sind korreliert, das heißt, nicht unabhängig, auch wenn die Teilchen sehr weit voneinander getrennt sind.*

Es gibt Experimente, da sind die Teilchen 17 km voneinander entfernt. Misst man die Polarisation bei Teilchen A, so ist die dazu korrelierte Eigenschaft z. B. eine zur Polarisation von A senkrechte Polarisation ohne Verzögerung (instantan) auch bei Teilchen B anzutreffen.

Man könnte nun annehmen, dass die Eigenschaften und Zustände der verschränkten Teilchen von vornherein festliegen, sodass es also kein Wunder ist, wenn das zweite gemessene von zwei verschränkten Teilchen den komplementären Zustand annimmt.

Doch dem ist nicht so. Vor der Messung haben verschränkte Lichtteilchen überhaupt keine Polarisation. Oder etwas exakter formuliert: Sie befinden sich in Überlagerung aller möglichen Zustände, sie sind im Überlagerungszustand, wie es der Physiker ausdrückt.

Was bedeutet der Begriff Überlagerungszustand? Um das zu verdeutlichen, gibt es ein berühmtes Gedankenexperiment mit dem Namen „Schrödingers Katze". Nach den für Nichtphysiker recht seltsamen Regeln der Quantenmechanik wird in diesem Gedankenexperiment die Katze in einen Zustand gebracht, in dem sie gleichzeitig „lebendig" und „tot" ist, und in diesem Zustand verbleibt, bis die Experimentieranordnung untersucht wird. Erst bei der Untersuchung entscheidet sich, ob die Katze lebendig oder tot ist.

Überlagerung bedeutet also gleichzeitig alle möglichen Zustände haben. Im Fall der Katze, gleichzeitig tot und lebendig sein, solange nichts gemessen oder untersucht wird. Das ist natürlich im realen Leben unmöglich. Es ist nur der Ausdruck dafür, dass niemand etwas über den Zustand der Katze vor der Untersuchung weiß. Sobald man etwas über deren Zustand erfährt, wird dieser festgelegt. Dann ist die Katze nur noch eins von beiden Möglichkeiten. Entweder tot oder lebendig.

Diese Überlagerung gilt ebenso für verschränkte Photonenpaare vor ihrer Messung. Erst wenn man eines der Photonen misst, wird die Polarisation festgelegt. Wenn man will, kann man auch sagen, dass sich im Augenblick der Messung das Photon entscheidet, welche Polarisation es annimmt. Nach dieser Entscheidung ist das verschränkte zweite Photon aber auch festgelegt. Es nimmt einen komplementären Zustand an. Wenn das erste Photon sich für eine waagrechte Polarisation entscheidet, dann ist der komplementäre Zustand des zweiten Photons eine senkrechte Polarisation. Entsprechendes gilt für andere Entscheidungen des zuerst gemessenen Photons. Das Verhalten des zweiten Photons kommt durch eine „spukhafte Fernwirkung" oder nichtlokale Verbindung zustande. Nur dadurch, dass wir das Phänomen benennen können, ist es noch nicht erklärt. Eine Erklärung haben die Physiker nicht.

Vom österreichischen Quantenphysiker Anton Zeilinger und von anderen in den letzten Jahrzehnten durchgeführte Experimente bestätigen die Existenz des Phänomens.

Wenn man das Verhalten der Licht-Teilchen mit einem Begriff der Psychologie beschreiben wollte, müsste man sagen: Teilchen B hat über sehr große Entfernungen, das Messergebnis von A außersinnlich wahrgenommen und dies dem Physiker mitgeteilt, indem es instantan, also unendlich schneller als das Licht, ein gleichartiges (korreliertes) Messergebnis geliefert hat.

Das ist spukhaft, unerklärlich, würdig von Betrug oder anderem wenig Schmeichelhaftem zu sprechen. Kein Wunder also, wenn Albert Einstein es als „spukhafte Fernwirkung" abgetan hat.

Doch heute ist es so, dass kein ernsthafter Physiker mehr an der Existenz des Phänomens zweifeln kann, wenn er weiter ernst genommen werden will. Die Verhältnisse haben sich gegenüber Einsteins Zeit geradezu umgekehrt.

5.1.1 Der nichtlokale Raum

Um uns vor metaphysischen Abenteuern zu bewahren, tun wir gut daran, uns ein wichtiges Ergebnis der Erkenntnistheorie vor Augen zu halten, das hier nur ohne nähere Begründung kurz angeführt werden kann.

Es ist die Einsicht nämlich, dass alle Begriffe der Wissenschaft zu den Wirklichkeiten, die sie bezeichnen, nur im Verhältnis eines Symbols stehen, und dass alle unsere anschaulichen Vorstellungen, in denen wir die Begriffe von Naturdingen und -prozessen denken, nur als Illustrationen aufzufassen sind, in denen wir uns die Verhältnisse der Wirklichkeit ausmalen, dass sie aber keineswegs Kopien sind, durch die wir etwa die Dinge in unser Bewusstsein herübernehmen.

So ist besonders daran festzuhalten, dass unsere anschaulichen Vorstellungen räumlicher Verhältnisse etwas ganz anderes sind als die objektive räumliche Ordnung der

Abb. 5.1 Symbolische Darstellung der physikalischen Räume Diesseits (= Raumzeit) und Jenseits (= metrikfreies Vakuum). Im Diesseits existieren Zeit und räumliche Ausdehnung. Im Jenseits gibt es weder Zeit noch räumliche Ausdehnung, nur Information und Prozesse. Grafik: Sedlacek

physischen Objekte. Die Ersteren sind den Letzteren zugeordnet, eine andere Art der Entsprechung besteht nicht.

Die Bewegungen von Teilchen, z. B. der Elektronen, finden im p h y s i k a l i s c h e n Raum statt, und dieser ist etwas ganz anderes als das, was wir als „Räumlichkeit" oder „Ausdehnung" in unseren Wahrnehmungen unmittelbar erleben.

Die anschauliche Räumlichkeit ist eine völlig verschiedene für die Daten des Tastsinnes, des Gesichtssinnes, des Gehörs usw., es gibt also mehrere anschauliche Räume; der physikalische Raum dagegen ist nur einer, er ist eine objektive Ordnung und im Gegensatz zu jenen völlig unanschaulich.

Stellen wir uns einen von Geburt an Blinden vor, der sich mit Tastsinn und Gehör zurückfinden muss. Dieser Mensch wird Raum als etwas ganz anderes erleben, als jener, der seine volle Sehkraft besitzt. Fledermäuse erleben Räumlichkeiten mithilfe von Ultraschallsignalen, die sie aussenden und die Größenverhältnisse und Ansichten von Räumlichkeiten, die Insekten durch Facettenaugen wahrnehmen, würden uns Menschen in größtes Erstaunen versetzen. Aber gleich wie der Raum subjektiv erlebt wird, keiner dieser anschaulichen, sinnlichen Räumlichkeiten entspricht dem physikalischen Raum.

Seine Eigenschaften können nur durch mathematische Begriffe bezeichnet, auch durch sinnliche Vorstellungen illustriert werden, sind aber nicht selbst etwas Vorstellbares.

Die Physik hatte sich genötigt gesehen, als letzte Elemente der Wirklichkeit gänzlich unanschauliche Größen (z. B. elektrische Feldstärken, Quantenfelder u.s.w.) einzuführen; der erkenntnistheoretisch orientierte muss nun den Schritt gehen, dass er das physikalische Naturbild hinsichtlich seiner räumlichen und zeitlichen Form als ein durchaus unanschauliches Gebilde anerkennt, das aus abstrakten Begriffen aufgebaut ist, und von dem irgendwelche anschaulichen Eigenschaften nicht sinnvoll ausgesagt werden können.

Das sollten wir uns immer vor Augen halten, wenn ich nun versuche, so verständlich und anschaulich wie möglich eine Erklärung für die nichtlokale Verbindung verschränkter Teilchen zu finden.

Jede wissenschaftliche Betrachtung der Wirklichkeit — wie übrigens auch alles praktische Verhalten in der Welt — ruht auf der Voraussetzung, dass alles Geschehen in der Natur sich gesetzmäßig abspielt.

Und es gibt keine Wirkungen in die zeitliche Ferne. Alle Abhängigkeiten lassen sich zurückführen auf solche zwischen Prozessen, die zeitlich unmittelbar aneinandergrenzen.

In der klassischen Physik können wir dem eine weitere Aussage hinzufügen: „Das Geschehen an irgendeiner Stelle der Natur in einem kleinen Zeitabschnitt hängt nur davon ab, was in der nächsten räumlichen und zeitlichen Nachbarschaft jener Stelle geschieht."

Aber gerade diese letzte Aussage der klassischen Physik gilt offensichtlich nicht für das Verhalten verschränkter Teilchen, denn für solche gibt es eine räumliche Fernwirkung, oder wie man auch sagen kann, eine nichtlokale Verbindung.

Nichtlokale Verbindung bedeutet, dass eine Vermittlung der Wechselwirkung zwischen den verschränkten Teilchen im nichtlokalen Raum stattfindet. In diesem nichtlokalen

Raum spielen Distanzen (= räumliche Ausdehnung) keine Rolle, wie Experimente gezeigt haben. Also kann im nichtlokalen Raum nichts existieren, was irgendeine räumliche Ausdehnung hat. Selbst Elementarteilchen wie Elektronen können sich dort nicht in materiellem Zustand aufhalten, denn in materieller Form haben sie Ausdehnung.

Das zweite Faktum ist, dass die Fernwirkung instantan stattfindet. Instantan bedeutet „im gleichen Augenblick" oder „unendlich viel schneller als die Lichtgeschwindigkeit" oder „Zeit spielt keine Rolle, d. h. existiert gar nicht".

Vorgänge oder Prozesse, die Zeit benötigen, können nicht im nichtlokalen Raum vorkommen. Dennoch muss etwas im nichtlokalen Raum stattfinden, nämlich die Vermittlung der Wechselwirkung zwischen den verschränkten Teilchen. So wie wir den Begriff Prozess definieren, ist diese Vermittlung ein Prozess, der durch seine Vermittlungsarbeit sogar eine Art Information überträgt. Es ist allerdings eine Form von Information, die nicht unmittelbar gelesen werden kann, sondern erst entschlüsselt werden muss.

Fassen wir kurz zusammen: Der nichtlokale Raum, wie er sich im Zusammenhang mit der Quantenverschränkung zeigt, ist ein Raum, in dem es weder eine Distanz (räumliche Ausdehnung) noch eine Zeit gibt. Was dort existiert, sind Informationen und Prozesse, die keine Zeit benötigen.

Damit unterscheidet sich der nichtlokale Raum vom lokalen grundsätzlich. Denn im lokalen Raum benötigen alle Prozesse Zeit. Information benötigt hier immer einen ausgedehnten Träger, sei es materieller oder energetischer Art.

Zwei Räume mit gegensätzlichen Eigenschaften „räumliche Ausdehnung – ohne räumliche Ausdehnung" und „Zeit – ohne Zeit", können nicht derselbe physikalische Raum sein. Es sind zwei verschiedene physikalische Räume. Der eine wird seit der Einsteinschen Relativitätstheorie als Raumzeit bezeichnet, man kann aber auch 4-dim-Raum sagen. Dem anderen, nämlich dem nichtlokalen Raum habe ich in meinen Büchern verschiedene Bezeichnungen gegeben, die zwei wichtigsten davon sind einmal „metrikfreies Vakuum"[29] oder das „Nichts"[30]. Dort wo die Begriffswelt der Physiker ver-

---

29 siehe z. B. Sedlacek: *Der Widerhall des Urknalls*; Norderstedt (2012); S. 119
30 siehe z. B. Wrobel u. Sedlacek: *Leben aus Quantenstaub*; Norderstedt (2014); S. 58

wendet werden muss, kann man dafür auch „nichtlokales Quanteninformationsfeld" sagen. Die Begründung für diese Bezeichnung habe ich im *„Leben aus Quantenstaub",* S. 39 f. gegeben. Ich denke aber, wir können uns im aktuellen Text auf die Bezeichnung „metrikfreies Vakuum" einigen. Dieser Begriff ist nicht so sperrig wie der zuletzt aufgeführte.

Wir sollten nun einen kleinen Augenblick innehalten und uns darüber bewusst werden, was wir gerade gezeigt, wenn nicht gar bewiesen haben:

Wir haben gerade gezeigt, dass ein physikalisches Jenseits existiert. Also kein geisteswissenschaftliches Jenseits, sondern eine Wirklichkeit! Denn in ein geisteswissenschaftliches Jenseits könnte am zeitlichen Ende unmöglich etwas eingehen, was vorher real physikalisch war, sondern nur etwas, was auch schon vorher eine rein geisteswissenschaftliche Natur hatte. In das physikalische Jenseits können jedoch Dinge der Wirklichkeit eingehen.

Leider sind die Eigenschaften vom physikalischen Jenseits das genaue Gegenteil von dem, was wir vom Raum unserer Anschauung her kennen, aber besser kann man dieses Gegenteil nicht beschreiben, wenn man sich nicht im Reich der Fantasie verlieren möchte. Doch gibt es die Möglichkeit sich das Jenseits (= nichtlokale metrikfreie Vakuum) symbolisch vorstellen.

Erst gilt es zu klären, welcher Art die Information ist, die im metrikfreien Vakuum vorkommen kann. Davon im nächsten Abschnitt.

5.1.2   Wie energiehaltige Information erzeugt wird

Die Frage, die an dieser Stelle unserer Betrachtungen beantwortet werden muss, lautet: Unter welchen Voraussetzungen kann Information ohne einen materiellen oder energetischen Träger existieren?

Denn wie wir weiter oben gesagt haben, ist es doch so, dass Information in der physikalischen Realität immer einen Träger braucht. Ein Buch ohne Papier, ohne Bildschirm oder ohne Ebook-Reader ist undenkbar. Allenfalls kann man sich das Buch auswendig gelernt im Gehirn gespeichert vorstellen. Doch das Gehirn wäre auch ein materieller Träger.

Wenn also Information ohne einen materiellen oder energetischen Träger auskommt, dann nur, wenn sie ihr eigener

Träger ist. In diesem Fall muss sie gleichwertig zu Materie oder Energie sein. Die spezifische Information, die gleichwertig zu Materie oder Energie ist, wollen wir Substanzinformation nennen.

Seit der Relativitätstheorie von Albert Einstein wissen wir, dass Masse und Energie äquivalent, also gleichwertig sind. Äquivalenz bedeutet, dass das eine in das andere umgewandelt werden kann.

Wie die Experimente der Teilchenphysik zeigen, kann die Masse von Teilchen in Teilchenbeschleunigern nach der Kollision mit anderen Teilchen teilweise in Energie umgewandelt werden. Diese Energie strahlt in Form von Photonen weg.

Andererseits hat man auch schon Licht, also reine Energie, in Materie-Teilchen umgewandelt. Aus Photonen sind Elektronen entstanden.[31]

Aber sind Energie und Information ebenfalls äquivalent, also gleichwertig? Wenn ja, dann ließe sich Energie in Substanzinformation umwandeln und umgekehrt aus Substanzinformation Energie bzw. die zur Energie äquivalente materielle Masse erzeugen.

Wenn das so ist, gibt es aus physikalischer Sicht, die Möglichkeit eines Lebens nach dem Leben, andernfalls würde sich ein Leben nach dem Leben allenfalls auf die geisteswissenschaftliche Ebene von Büchern, Medien oder Vorträgen beschränken.

5.1.3 Äquivalenz von Information und Energie

Tatsächlich sind Energie und Substanzinformation äquivalent. Um zu verstehen, warum das so ist, müssen wir vorher das Wesen der Entropie betrachten.

Entropie ist der nicht mehr nutzbare Teil der Energie eines geschlossenen Systems. Durch Zerstreuung oder Ausgleichung wächst die Entropie, während die Energie im Ganzen konstant bleibt.

Entropie strebt somit einem Höchstbetrag (Maximum) zu, der erreicht ist, wenn keine nutzbare Energie mehr vorhanden ist. Bezogen auf unser Weltall, führt das zum Wärmetod, dem absoluten Temperaturnullpunkt. Nichts regt sich dann mehr. Dieser Zustand tritt allerdings erst nach mehreren Hundert Milliarden Jahren ein.

---

31   vgl. Wrobel u. Sedlacek: *Leben aus Quantenstaub;* Norderstedt (2014), S. 77 f.

Entropie wurde in die Physik als eine fundamentale thermodynamische Zustandsgröße eingeführt. Von zwei ansonsten gleichen Körpern enthält derjenige mehr Entropie, dessen Temperatur höher ist. Stehen zwei Körper unterschiedlicher Temperatur miteinander in Kontakt, so fließt Entropie vom wärmeren zum kälteren Körper; dadurch gleichen sich auch die Temperaturen der beiden Körper an. In einem abgeschlossenen System, bei dem es keinen Wärme- oder Materieaustausch mit der Umgebung gibt, kann die Entropie nicht abnehmen. Es kann im System jedoch Entropie entstehen.

Entropie entsteht z. B. dadurch, dass mechanische Energie durch Reibung in thermische Energie umgewandelt wird. Da die Umkehrung dieses Prozesses nicht möglich ist, spricht man auch von einer „Energieentwertung".

Erfreulicherweise gibt es einen Zusammenhang zwischen Entropie und Information, der auf den Begründer der Informationstheorie Claude Shannon zurückgeht. Es gilt:

1. Gesamtinformation eines Systems = Zufallsinformation+geordnete Information. Wenn man die Entropie als die Menge der Zufallsinformation eines Systems betrachtet und die geordnete Information als die Information des nutzbaren Anteils der Energie des Systems, dann ist die Gesamtinformation des Systems immer größer oder gleich der Entropie.

2. Die Größe der geordneten Information eines Systems ist aber grundsätzlich sehr viel kleiner als die Größe der Zufallsinformation. Bei näherungsweiser Betrachtung kann deshalb die geordnete Information vernachlässigt werden und es gilt dann:
   Gesamtinformation
   = Zufallsinformation
   = **Entropie**
   = nicht mehr nutzbare **Energie**.

Diese letzte Aussage bedeutet, dass die Gesamtinformation eines Systems äquivalent ist zu dem nicht mehr nutzbaren Teil der Energie.

Und egal ob die Energie bezogen auf das System, aus dem sie stammt, nicht mehr nutzbar ist, es ist und bleibt Energie und die Information über das System ist äquivalent dazu.

Von der Arbeit zur Substanzinformation

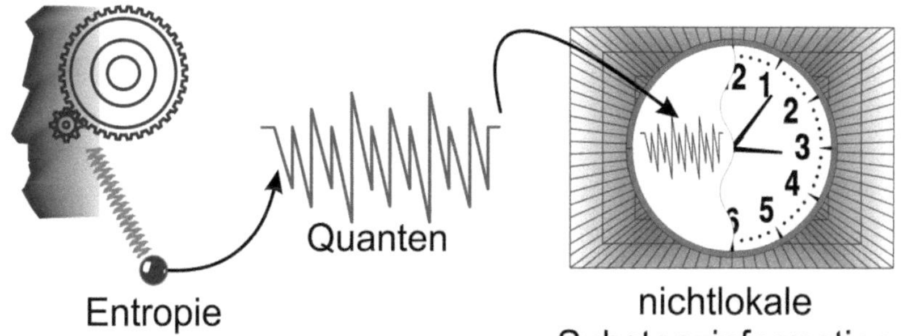

Abb. 5.2 Schematischer Verlauf, wie Entropie zur Substanzinformation im nichtlokalen metrikfreien Vakuum wird. Grafik: Sedlacek

Wer übrigens eine Umrechnungsformel haben möchte, um Energie in Information umzurechnen, der findet diese unter anderem in dem von mir veröffentlichten Büchlein: *„Äquivalenz von Information und Energie.“*[32]

Und eine weitere gute Nachricht, die sich als Schlussfolgerung aus dem Vorangegangenen ergibt:

Jedes reale System erzeugt bei seiner Arbeit Entropie. Die Entropie, die eine Form der Energie ist, nämlich die innerhalb des Systems nicht mehr nutzbare, erzeugt damit auch Information, die gleichwertig mit dieser Energie ist. Die zu Energie gleichwertige Information haben wir weiter oben Substanzinformation genannt.

Gleichgültig ob Maschine oder menschliches Wesen, jede und jeder erzeugt durch Arbeit Entropie, die als Energieform zur Substanzinformation wird. Menschen erzeugen durch ihr Leben Entropie. Unser Bewusstsein erzeugt durch seine informationsverarbeitenden Prozesse Entropie. Und all die Entropie ist eine Form der Energie, die gleichwertig mit Information ist.

Da durch Denken Entropie entsteht, ist es kein Wunder, wenn unser Kopf beim intensiven Denken heiß läuft. So erzeugt unser Kopf aber auch besonders viel Substanzinformation.

---

32 Sedlacek, Klaus-Dieter: *Aquivalenz von Information und Energie*; Norderstedt (2009), S. 36 ff.

5.1.4   Wo bleibt die erzeugte Information?

Eine letzte Frage, die wir in diesem Kapitel klären müssen, ist die Frage, wo die Substanzinformation zu finden ist, die unser Leben und unser Bewusstsein erzeugt.

Während Arbeit verrichtet oder gedacht wird, entsteht Wärme, und zwar jene meist nicht mehr nutzbare Wärme, die wir als Entropie bezeichnet haben.

Wärme ist eine Form der elektromagnetischen Strahlung. Licht ist bekanntlich auch eine Form der elektromagnetischen Strahlung. Und wie wir wissen, hat Licht auch Teilchencharakter, der in Form von Photonen festgestellt werden kann. Das Gleiche gilt für Wärme. Als elektromagnetische Strahlung hat Wärme ebenfalls Teilchencharakter.

Elementare Teilchen, die sich einerseits als kleine wellenartige Energiepakete zeigen, andererseits als Teilchen, nennen wir Quanten.

Eine wichtige Eigenschaft von Quanten kennen wir schon durch die Experimente zur Quantenverschränkung. Quanten nehmen erst bei ihrer Messung einen realen Zustand an. Vorher haben sie keinen definierten Zustand, oder wie der Physiker sagt, sie befinden sich im Zustand der Überlagerung, also in allen möglichen Zuständen gleichzeitig.

Dinge, die keinen definierten, realen Zustand haben, sind keine Dinge unserer Raumzeit. Sie sind nicht im Diesseits, denn Dinge unseres Diesseits haben Ausdehnung, können keine größere Geschwindigkeit als die Lichtgeschwindigkeit besitzen und können an keinen nichtlokalen Fernwirkungen beteiligt sein. Doch Quanten ohne definierten realen Zustand können alle Geschwindigkeiten gleichzeitig haben, können an nichtlokalen Fernwirkungen beteiligt sein und haben, solange sie nicht gemessen werden, keine räumliche Ausdehnung. Quanten sind offensichtlich keine Dinge, die vollständig der diesseitigen Welt angehören, sondern zumindest teilweise dem nichtlokalen metrikfreien Vakuum.

Das Einzige, was Quanten wenigstens zu einem kleinen Teil zu Dingen des Diesseits macht, ist die vorab berechenbare Wahrscheinlichkeit, sie durch Messinstrumente, die wie eine Art Quantenfalle wirken, zu erfassen.

Doch Quanten sind launisch, denn Wahrscheinlichkeit bedeutet nicht Sicherheit. Weil es keine Sicherheit gibt,

Quanten dort zu erwischen, wo sich gerade ein Messinstrument oder sonst eine Quantenfalle befindet, kann man ihnen aufgrund ihres Verhaltens und ihres nicht definierten Zustands nicht den gleichen Realitätscharakter zugestehen wie messbarer Materie, mit Masse und Energie.

Erst wenn Quanten eine Wechselwirkung mit diesseitigen Objekten eingehen und sie dadurch in einen Zustand der Masse oder messbaren Energie übergehen, haben sie räumliche Ausdehnung und es kann ihre endliche Geschwindigkeit bis hin zur Lichtgeschwindigkeit gemessen werden. Dann sind sie erst im Diesseits angekommen. Wenn sie vor der Wechselwirkung nicht im Diesseits waren, dann waren sie im nichtlokalen metrikfreien Vakuum, dem nichtlokalen physikalischen Raum ohne Ausdehnung und ohne Zeit.

Und dort im metrikfreien Vakuum, hatten sie keine Masse und keine Energie, sondern bestanden allein aus Substanzinformation, der Art Information, die zu Energie und damit auch zur Masse äquivalent ist.

6. Der Mechanismus hinter dem Weltgeschehen

6.1   Information und Bewusstsein

Wenn wir nun die Welt des Lebendigen überblicken, so treten uns in ihr drei Typen entgegen: Pflanze, Tier und Mensch.

Suchen wir zunächst noch nach einem gemeinsamen Kennzeichen aller Lebewesen, so finden wir, dass alle dauernd (ebenso wie die unbelebten Stoffe) mit ihrer Umgebung in Wechselwirkung stehen, dass aber die von der Umgebung auf die Lebewesen einwirkenden Reize von diesen in einer nur ihnen zukommenden, stets zweckmäßigen Weise beantwortet werden: Die Zelle mit dem Protoplasma und den darin enthaltenen Organellen (= strukturell abgrenzbare Bereiche einer Zelle mit besonderer Funktion), als die organisierte Grundlage aller Lebewesen, besitzt im Gegensatz zu allen unbelebten Naturkörpern die Fähigkeit der Reizbarkeit und die Fähigkeit, auf Reize zweckmäßig zu antworten durch irgendeine Lebensverrichtung.

Die Reaktion der Zelle auf Reize ist ein unbewusst zweckmäßiges Verhalten, und man kann ein solches Handeln als angeborenes Verhalten bezeichnen. Eine wichtige Tätigkeit des Regulationssystems ist die Organisation solcher Prozesse, die im Rahmen des angeborenen Verhaltens zweckmäßig auf Reize antworten.

Das Wort „Instinkt", das seit alters her gebraucht wurde für die unbewusst zweckmäßige Tätigkeit des angeborenen Verhaltens von Lebewesen, wird in der Fachliteratur heute allenfalls nur noch vorsichtig benutzt. Umgangssprachlich wird das Wort allerdings häufig gebraucht. Man denkt bei seiner Verwendung wohl in erster Linie an jene wunderbaren tierischen Handlungen, welche seit jeher das Staunen der Menschen erregten und oft wie menschliche Handlungen anmuten. Am auffallendsten treten uns angeborene Verhaltensweisen bei den geselligen Insekten entgegen, bei Bienen und Ameisen. Aber auch bei allen anderen höheren Tieren zeigt sich ähnliches angeborenes Verhalten; die wunderbarsten

Verhaltensweisen sind mit der Brutpflege, mit der Vorsorge für das zukünftige Geschlecht verbunden.

Bei allen diesen Handlungen täuschen die Zweckmäßigkeit und der sicher eintreffende Erfolg fast ein menschliches Bewusstsein vor, doch ist dies völlig ausgeschlossen, denn sonst überträfe dasselbe in vielen Fällen das menschliche, woran nicht zu denken ist.

Wenn die Raupe des Abendpfauenauges am Eingang des Kokons, in dem sie sich verpuppen will, eine reusenartige nur nach außen zu öffnende Vorrichtung macht, so geschieht dies ebenso unbewusst wie der nach Gesetzen der höheren Mathematik erfolgende Ausbau des Trichters aus dem Birkenblatt seitens des Trichterwicklers.

Ebenso unbewusst ist aber auch die Tätigkeit des Kohlweißlings, wenn er seine Eier auf eine Kohlpflanze legt, die er selbst nie gekannt hatte, oder wenn das Salamanderweibchen alljährlich in das ihm sonst ungewohnte Wasser steigt, um darin seine Eier abzulegen. Es weiß doch nicht, dass es einst mit Kiemen für das Wasser ausgestattet war und in ihm seine erste Entwicklung durchmachte.

Diese wenigen Beispiele aus der schier unendlichen Fülle von angeborenem Verhalten mögen genügen, um den Begriff klarzulegen: Angeborenes Verhalten ist eine unbewusst zweckmäßige Tätigkeit, die immer auf die Erhaltung des Lebens hinzielt.

Wir können aber noch etwas anderes hinzusetzen: Das angeborene Verhalten ist erblich. Die Kinder zeigen es, ohne es je erlernt zu haben, in genau derselben Weise wie die Eltern. Ohne dies würde ja in der Tat geradezu ein Wirrwarr in der Welt des Lebens einreißen. Ja, wenn das angeborene Verhalten ein sicherer Führer in dem Leben der Kreatur sein soll, wie es ja in der Tat ist, dann muss es nicht vom Erlernen abhängen, sondern dann muss es den Lebewesen als unabweisbare Gabe ins Leben mitgegeben sein.

Mögen auch die ersten Schwimmversuche eines jungen Entchens noch unbeholfen sein, es bringt doch die Fähigkeit zu schwimmen mit auf die Welt, ebenso wie das Hühnchen die Manier, den Boden mit den Füßen zu scharren. Und wenn die Raupe erst belehrt werden sollte, wie sie den Kokon für ihre Ruheperiode zu bauen habe, damit es ihr eine sichere Behausung sei, dann würde sie über die ersten ungeschickten Anfänge nicht hinauskommen und vielleicht eine Beute ihrer Feinde werden. Kurzum: Das angeborene Verhalten muss eine fest und sicher vererbte Fähigkeit sein, wenn es seinen Zweck, der Erhaltung des Lebens zu dienen, erfüllen soll.

Nun wollen wir uns aber doch daran erinnern, dass ja schließlich alle Lebensprozesse im Grunde ganz ebenso erfolgen: Unbewusst zweckmäßig und gesetzmäßig vererbt. Es liegt in der Tat, wenn wir uns die Sache recht überlegen, nicht der geringste Grund vor, hier einen grundsätzlichen Unterschied zu machen, und so können wir denn also alle Lebensprozesse als angeboren ansehen und wo es sinnvoll erscheint, auch mit angeborenem Verhalten bezeichnen. Die Organisation erfolgt durch angeborene Prozesse oder was das gleiche bedeutet durch angeborenes Verhalten, die Nahrungsaufnahme ebenso wie die Nahrungsverarbeitung und der Aufbau des Körpers. Und alle diese Prozesse oder dieses Verhalten sind Teil des Bio-Regulationssystems.

Und auch den Schritt müssen wir tun, dass wir den Begriff „angeborenes Verhalten" auf die Pflanzen ausdehnen. Oder was sollte uns grundsätzlich hindern, das „Suchen" der Schlingpflanze nach einer Stütze, das auch ein unbewusst zweckmäßiges, vererbtes Handeln ist, als angeborenes Verhalten zu bezeichnen, oder das Vermeiden trockener oder chemisch schädlicher Stellen im Erdboden seitens der Wurzel usw.?

Und so ist es denn auch, dass wir diese organisatorische und lebenserhaltende Tätigkeit des Regulationssystems in uns Menschen angeborenes Verhalten nennen müssen.

Freilich wollen wir nicht leugnen, dass man einen gewissen Unterschied in dem angeborenen Verhalten zu machen Veranlassung haben wird. Es ist vielleicht berechtigt, jene zuerst genannten und seit alters so angesehenen Instinkthandlungen als höher entwickeltes angeborenes Verhalten zu bezeichnen; aber im Prinzip bleibt es doch den anderen grundlegenden Prozessen in der Zelle gleichwertig als Ausfluss einer vererbten, unbewusst zweckmäßigen Tätigkeit.

Wir stellen also fest, dass wir in dem dargelegten Sinn bei allen Pflanzen und Tieren und auch beim Menschen von einem das angeborene Verhalten organisierende Regulationssystem sprechen dürfen.

6.1.1   Warum Tiere über ihr Verhalten entscheiden

Allein bei den höheren Tieren und den Menschen äußern sich die Reizantworten auch noch in anderer Weise, nämlich, soweit diese Wesen mit einem Nerven-Sinnes-Apparat ausgestattet sind, in Empfindungen, welche, auf verschiedene äußere Reize antwortend, das Leben auf eine höhere Stufe heben. Und wo obendrein damit verbunden ein ausgebildetes Zentralorgan, ein Gehirn, zur Verfügung steht, zeigt dieses angeborene Verhalten, eine Reihe von Lebensäußerungen, durch welche es sich hoch über das organisierende Regulationssystem erhebt, nämlich sinnliche Vorstellungen sowie sogenannte Assoziationen, d. h. Verknüpfungen von Vorstellungen. Bei diesen löst die durch einen Sinneseindruck wieder neu hervorgerufene Vorstellung unwillkürlich eine andere früher mit ihr verbundene Vorstellung aus; so erzeugt z. B. beim Hund der Anblick des Stockes die Vorstellung der früher damit verbundenen Strafe; ein bestimmter Geruch ruft die Vorstellung einer bestimmten Person hervor usw.

Zu beiden, also zu sinnlichen Vorstellungen und unbewussten Assoziationen, kommt dann noch ein sinnliches Gedächtnis, für welches das Gehirn gewissermaßen der Akkumulator oder Informationsspeicher ist. Gerade die Assoziationen setzen Gedächtnisbilder voraus. Wir können alle diese Fähigkeiten des Tieres zusammenfassen unter den Begriff „Verstand".

Wenn wir das zum Verstand gehörende Verhalten mit den informationsverarbeitenden Prozessen unserer Computer vergleichen, dann kommen wir nicht umhin, V e r s t a n d   a l s   G e s a m t h e i t   i n f o r m a t i o n s v e r a r b e i t e n d e r   P r o z e s s e   zu definieren.

Wir bewundern ja oft die Handlungen der höheren Tiere, vor allem des Hundes. Auch abgesehen von den zahllosen Jägerlatein-Geschichten, die keinen Anspruch auf Glaubwürdigkeit erheben können, begegnete wohl einem jeden einmal eine ganz auffallend menschenähnliche Handlung eines Tieres, sodass man geneigt sein mochte, an einen Intellekt, an ein menschenähnliches Bewusstsein zu denken. Wir werden von diesem sogleich zu reden haben. Hier müssen wir zunächst feststellen, dass auch die wunderbarsten Tiergeschichten sich überwiegend durch das erklären lassen, was wir eben als für das Regulationssystem der höchsten Tiere kennzeichnend darlegten: Empfindungen aufgrund vorhandener sensorischer Systeme, die auf Reize wie Licht, Schallwellen, Berührungen, Druck, Muskeldehnung, Temperatur, Geruchs- oder Geschmacksmoleküle reagieren. Des weiteren wohl auch Vorstellungen, Assoziationen, Gedächtnisbilder. Vor allem müssen wir dabei eines nicht vergessen: Die sensorischen Systeme, und damit die Empfindungen der Tiere, sind häufig wesentlich feiner als die des Menschen. Gerade der Hund, der uns so oft durch seine fast Überlegung zeigenden Handlungen überrascht, besitzt Geruchssensoren, von dem wir uns angesichts unseres viel stumpferen Geruchsorganes gar keine Vorstellung machen können.

Im Laufe ihres Lebens haben Tiere eine Folge von Entscheidungen zu treffen: wann sie sich bewegen und wohin, wo sie ein Nest bauen sollen, was sie essen, ob sie kämpfen oder fliehen sollen, mit wem sie eine Gemeinschaft eingehen oder mit wem sie sich paaren. Ohne Entscheidungen bleibt ihr Überleben dem Zufall überlassen. Falsche Entscheidungen zu treffen, reduziert ihre biologische Fitness.

Eine der wichtigsten Entscheidungen, die ein Tier treffen muss, ist die Wahl eines Lebensraums. Der Lebensraum muss ein sicherer Platz für ein Nest sein, Nahrung in der Umgebung und Zugang zu Sexualpartnern bieten. Beispielsweise wählen Seevögel Klippen oder Felsen im Meer, um zu nisten, weil diese Orte Schutz vor Raubtieren bieten. Tiere, mit einer spezifischen Ernährungsweise wählen Lebensräume, in denen ihre Nahrungsquelle reichlich vorhanden ist. Also verwenden Tiere Merkmale, um einen geeigneten Lebensraum auszuwählen.

Für viele Arten ist die Anwesenheit von Artgenossen ein wichtiges Merkmal für die Eignung eines bestimmten Ortes als Lebensraum. Die Beobachtung von Artgenossen liefert ihnen Informationen über die Qualität des Lebensraums. Halsbandschnäpper (Ficedula albicollis) zum Beispiel, die in ihren Brutgebieten im Frühjahr ankommen, inspizieren regelmäßig die Nester ihrer Nachbarn und anderer Individuen.

Forscher vermuten, dass Halsbandschnäpper die Qualität eines Lebensraums danach beurteilen, wie gut es den Individuen in ihrer Nachbarschaft geht. Die Beobachtung der Bruten in der Nachbarschaft liefert den Vögeln Informationen, ob es in der Umgebung ausreichend Nahrung oder sogar einen Nahrungsüberschuss gibt. Um ihre Hypothese zu testen, vergrößerten die Forscher in einigen Gebieten die Bruten, indem sie Jungvögel aus den Nestern anderer Gebiete entnahmen und im Testgebiet zusätzlich einsetzten. Und tatsächlich, im folgenden Jahr siedelten die Halsbandschnäpper vorzugsweise an jenen Orten, an denen die Forscher die Bruten künstlich vergrößert hatten. Die großen Bruten waren für die Vögel das Merkmal für vorhandenen Nahrungsüberfluss.

Auch wenn die Wahl der Tiere in dem einen oder anderen Beispiel sehr einfach erscheint, kann man die Entscheidungen nicht ohne Weiteres als angeborene Reaktionen auf den stärksten Umweltreiz abtun. Unzweifelhaft sammeln die Tiere zunächst Informationen, bevor sie sich entscheiden. Diese Informationen müssen verarbeitet werden. Die Informationsverarbeitung enthält einen Prozess, der zum Wiedererkennen beobachteter Merkmale führt. Wiedererkennen bedeutet, dass ein wahrgenommener Gegenstand als übereinstimmend mit einem Gedächtnisinhalt festgestellt wird. Dieser Gedächtnisinhalt kann angeboren oder durch eine frühere Erfahrung erworben sein. Das Wiedererkennen führt zu einer Bewertung, die einen mehr oder weniger starken Reiz in Richtung einer Entscheidung ausübt.

Nun wird es so sein, dass nicht auf das erst beste wiedererkannte Merkmal sofort die Entscheidung folgt. Wenn keine Auswahl unter verschiedenen Entscheidungsmöglichkeiten vorgenommen wird, würde sich eine Art kaum an verändernde Umweltbedingung anpassen können, indem es die unter gegebenen Umständen bestmögliche Wahl trifft.

Die Beobachtung der Tierwelt zeigt häufig eine große Anpassungsfähigkeit an wechselnde Umweltbedingungen, sodass wir ausschließen können, Tiere würden keine echte Wahl treffen und sich ausschließlich vom Zufall treiben lassen.

Echte Wahl bedeutet, dass mindestens zwei gleiche Merkmale wiedererkannt und so bewertet werden, dass daraus Entscheidungen folgen. Zwei oder mehr Bewertungen führen zu gleich vielen Reizen, die miteinander verglichen werden. Die Entscheidung wird für den stärksten Reiz fallen. Man kann so eine Entscheidung als determiniert ansehen, und durch „angeborenes Verhalten" erklären.

Doch auch jetzt ist die Erklärung der Entscheidung nicht ganz so einfach, wie es scheint. Es wird sich nämlich häufig der Fall ergeben, dass zwei oder mehr erkannte Merkmale zu gleich starken Reizen führen. Es gibt dann offensichtlich keine wesentlichen Unterschiede in dem Wiedererkannten. Beispielsweise kann es sein, dass die Seevögel keine wesentlichen Unterschiede zwischen dem einen oder anderen Felsen erkennen, den sie zwecks Entscheidung für einen Nistplatz inspizieren. Oder Halsbandschnäpper werden womöglich keine Unterschiede in den verschiedenen Bruten ihrer Umgebung entdecken.

Jetzt kann es keine Entscheidung mehr auf der Basis des stärksten Reizes geben, weil es keine Unterschiede in der Reizstärke gibt. Wie sich das Tier entscheidet, kann durch kein Experiment mehr vorhergesehen werden. Einmal entscheidet sich das Tier für den einen, ein andermal für den anderen Lebensraum. Die Entscheidung ist nicht determiniert und lässt sich deshalb nicht allein durch „angeborenes Verhalten" erklären. Hier bedarf es eines weiteren Erklärungsmodells.

So ein weiteres Erklärungsmodell finden wir, wenn wir Tieren eine Art Bewusstsein zugestehen. Eine mit der Naturwissenschaft kompatible Definition von Bewusstsein findet sich im „Kleines Wörterbuch der Natur-Philosophie"[33]:

> *Bewusstsein ist ein informationsverarbeitender Prozess, in dem bei neuen Anforderungen oder geänderten äußeren Umständen nicht determinierte Entscheidungen zwischen Handlungsalternativen getroffen werden, die zu zielgerichtetem Verhalten führen, um Bedürfnisse zu befriedigen. – Ein Bedürfnis ist die Neigung ein Ziel zu verfolgen.*

Durch diese Definition ist zwar noch kein höheres Selbstbewusstsein definiert, aber sie enthält die Mindestanforderungen, die Verhaltenspsychologen als Kriterien für das Vorhandensein von Bewusstsein aufgestellt haben.

Vergleichen wir die Definition mit dem, was wir über die Entscheidungen der Tiere wissen, so stellen wir fest:

1. Es ist ein informationsverarbeitender Prozess, der letztlich zur Entscheidung führt.

---

33 Sedlacek: *Kleines Wörterbuch der Naturphilosophie: 1200 Begriffe, die man kennen sollte, kurz und prägnant;* Bod, Norderstedt (2016), Stichwort „Bewusstsein"

2. Zumindest bei der Wahl des Lebensraums kommt es zur Konfrontation mit neuen Anforderungen.

3. Bei gleich starken Reizen kommt es zu nicht determinierten Entscheidungen.

4. Und schließlich befriedigen die Entscheidungen zumindest das oberste Bedürfnis, nämlich das Leben zu erhalten. Wenn man genauer hinschaut, erkennt man, dass mit einer Entscheidung auch untergeordnete Bedürfnisse befriedigt werden (Nahrung, Vermehrung, Sicherheit usw.).

Das bedeutet, die Entscheidungen, welche die Tiere treffen müssen, sind bewusste Entscheidungen, weil sie die Kriterien für Bewusstsein erfüllen.

Verhaltenspsychologen haben durch Experimente herausgefunden, dass bei der einen oder anderen Tierart (z. B. Bonobos, Elefanten, Raben) sogar eine höhere Bewusstseinsform auftritt, nämlich Selbstbewusstsein, etwa vergleichbar mit dem menschlichen Selbstbewusstsein.

6.1.2 Der transzendente physikalische Bereich als Speicher

Die Frage, was im nichtlokalen metrikfreien Vakuum existieren kann, haben wir weiter oben bereits beantwortet. Wir sind zu dem Ergebnis gelangt, dass es im metrikfreien Vakuum Informationseinheiten gibt und Prozesse. Die Information gelangt allein aufgrund der Tatsache, dass alle Vorgänge innerhalb des lokalen Raums, d. h. der Raumzeit, Entropie erzeugen und diese Entropie über den Weg der Quanteneigenschaft letztendlich als Substanzinformation im metrikfreien Vakuum landet. Da unser Bewusstsein bei seiner Arbeit im Diesseits ebenfalls Entropie erzeugt, wird letztlich auch die zum Bewusstsein gehörende Information im metrikfreien Vakuum gespeichert.

Doch uns genügt die Antwort noch nicht. Denn wenn die Information aus unserem Bewusstsein über Jahre hinweg im metrikfreien Vakuum gespeichert wird, könnte es sein, dass das Gespeicherte keine zusammenhängende Einheit bildet, sondern unzusammenhängend irgendwo verstreut ist. Ein verstreuter Zustand ohne Verknüpfung der Informationseinheiten wäre aber gleichbedeutend mit der Auflösung des Bewusstseins nach dem zeitlichen Ende.

Ich denke, das würde uns nicht wirklich gefallen. Wir erwarten vielmehr, dass die Gesamtheit der Information unseres Bewusstseins auch im nichtlokalen metrikfreien Vakuum eine zusammenhängende Einheit bildet. Nur diese Gesamtheit würde unserer Persönlichkeit, unserer Identität entsprechen.

Um die Frage zu beantworten, müssen wir erst verstehen, wie und auf welche weise Informationen überhaupt zusammenhängen und dadurch eine einheitliche Gesamtheit bilden können.

Zur Beantwortung habe ich eine Grafik mit einem einfachen Beispiel (Abb. 6.1). Das Beispiel handelt von Informationen über Freunde, eine Buchsammlung und ausgeliehene Bücher.

Die Freunde sind mit Nachnamen, Vornamen, Ort und sogar Handynummer im Kopf gespeichert, weil unsere Beispiel-Person ein gutes Nummerngedächtnis hat. Der Zusammenhang ergibt sich aufgrund der Kennzeichnung als „Freunde" und so ist es auch im Gehirn abgelegt.

Wenn jemand das Stichwort „Freunde" hört, dann fängt sein Gehirn zu arbeiten an, und er kann sofort eine paar Freunde sogar mit Nachnamen aufzählen.

Auf gleiche Weise sind die Daten der Buchsammlung im Gehirn verknüpft. Durch Vorgabe des Stichworts „Buchsammlung" kann ein Proband sofort ein paar Bücher seiner Sammlung aufzählen.

Wenn nun Freundin Lisa kommt und leiht sich das Buch „Die biologische Evolution" aus, dann wird eine neue Assoziation (= Verknüpfung) im Gehirn gespeichert. Es ist die Assoziation „Buchausleihe – Lisa – Die biologische Evolution". Interessanterweise verknüpft die Buchausleihung nun indirekt die Freunde mit der Buchsammlung. Wenn man nämlich ein paar Wochen später nach dem Buch „Die biologische Evolution" sucht, dann kommt man von seiner im Gehirn gespeicherten Buchsammlung zu den Informationen, wer etwas ausgeliehen hat, obwohl dieses Wissen an ganz anderer Stelle im Gehirn gespeichert ist.

Das Gehirn holt den Ausleiher „Lisa" ins Bewusstsein, weil „Die biologische Evolution" mit Lisa verknüpft ist.

Nun setzt ein weiterer Denkprozess ein. Lisa soll telefonisch ermahnt werden, das Buch zurückzugeben. Obwohl bei den Ausleihen keine Handynummern zugeordnet sind, findet das Gehirn über die Verknüpfung „Ausleihe – Lisa – Freunde – Lisa – Handynummer" die gesuchte Information. Lisa kann nun angerufen und an die Rückgabe erinnert werden.

Die einzelnen Informationen können weit verstreut irgendwo im Gehirn abgelegt sein. Allein über die Verfolgung der gespeicherten Verknüpfungen finden die Denkprozesse das Gesuchte. Die Handynummer ist auf diese Weise mit dem Ausleiher des Buches assoziiert.

Dieses System funktioniert nur, wenn es neben den gespeicherten Verknüpfungen auch Prozesse gibt, welche die assoziierte Information hervorholen und falls sich diese nicht einfach hervorholen lässt, die Verknüpfungen verfolgen und das Gesuchte dadurch auch an anderen Speicherorten auffinden können.

Weil aber eine Verknüpfung ebenfalls Information ist, wird die Verknüpfungsinformation genauso wie andere Information auch permanent, wie bereits besprochen, im nichtlokalen metrikfreien Vakuum gespeichert. Deshalb ist es gleichgültig, wenn die Information scheinbar verstreut im metrikfreien Vakuum abgelegt wird. Durch die Verknüpfungen bildet alles eine Einheit oder Gesamtheit. Und diese Gesamtheit der Information macht die Persönlichkeit bzw. die Identität einer Person aus.

Nur noch einen Punkt gibt es aus physikalischem Blickwinkel zu sagen. Die Information ist tot, wenn es keine Prozesse gibt, welche die Information nutzen. Nur Prozesse können Assoziationen knüpfen oder Gesuchtes in dem Wust an verknüpfter Information auffinden.

Doch welche Prozesse mögen das im metrikfreien Vakuum sein, welche die Information zum Leben erwecken und aus toter Information ein lebendiges Bewusstsein oder eine lebendige Persönlichkeit entstehen lassen?

Biologische Prozesse im Diesseits bestehen einerseits aus Information, welche die Prozesse steuern, andererseits aber aus einem Träger, der eine kleine materielle biologischen Maschine ist. Ohne Materie laufen innerhalb der Raumzeit keine Prozesse ab. Zusätzlich braucht es noch Energie, welche die biologische Maschine antreibt.

Doch wie sieht es im nichtlokalen metrikfreien Vakuum aus? Dort kann es weder Materie noch Energie geben. Ist das

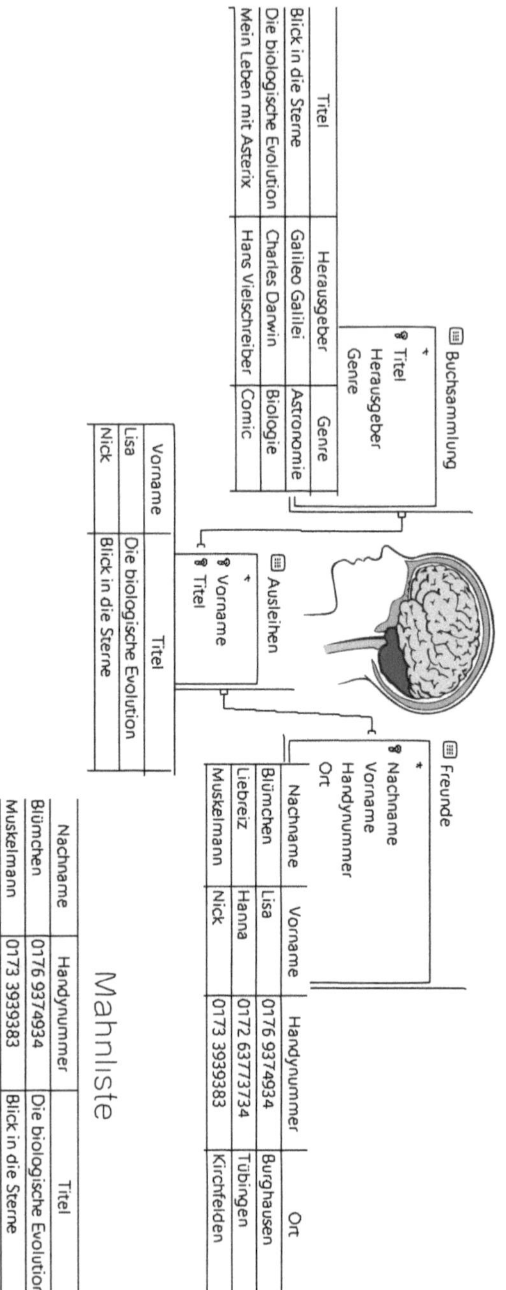

Buchsammlung

Titel	Herausgeber	Genre
Blick in die Sterne	Galileo Galilei	Astronomie
Die biologische Evolution	Charles Darwin	Biologie
Mein Leben mit Asterix	Hans Vielschreiber	Comic

Ausleihen

Vorname	Titel
Lisa	Die biologische Evolution
Nick	Blick in die Sterne

Freunde

Nachname	Vorname	Handynummer	Ort
Blümchen	Lisa	0176 9374934	Burghausen
Liebreiz	Hanna	0172 63773734	Tübingen
Muskelmann	Nick	0173 3939383	Kirchfelden

Mahnliste

Nachname	Handynummer	Titel
Blümchen	0176 9374934	Die biologische Evolution
Muskelmann	0173 3939383	Blick in die Sterne

Abb. 6.1: Beispiel zur Assoziation bzw. Verknüpfung von Informationen. Grafik: Sedlacek

nichtlokale metrikfreie Vakuum ein gigantisches Informationsgrab, in das alles was existiert bis zum Wärmetod des Universums hineinfällt und dann ist alles aus?

Nein, so ist es nicht. Es gibt einen Prozess, der allen anderen Prozessen des Universums zugrunde liegt und der immer funktioniert, selbst wenn der Wärmetod des Universums eingetreten ist. Dieser Prozess heißt Fluktuation.

Fluktuation bezeichnet einen zufälligen quantenphysikalischen Prozess, der einen spontanen Wechsel von Gegebenheiten und Zuständen bewirkt.

Mehr dazu im nächsten Kapitel.

6.2 Die Äquivalenz von Turing-Prozessen und Naturgesetzen

6.2.1 Eigenschaften der Fluktuation

Wenn ein Physiker das Wort Quantensprung in den Mund nimmt, dann steckt hinter dem Phänomen die Fluktuation. Wenn ein Physiker vom Tunneleffekt spricht, bei dem ein Quant eine Barriere überwindet, die es aus Energiemangel eigentlich gar nicht überwinden kann, dann steckt dahinter die Fluktuation. Wenn sich ein Quant für einen realen Zustand entscheidet, etwa bei einem Experiment zur Quantenverschränkung, dann steckt dahinter die Fluktuation. Und wenn Teilchenphysiker aus dem Nichts mithilfe von Energiezufuhr Teilchen oder sogar Elektronen entstehen lassen, dann war nicht Harry Potter am Werk, dann war es Fluktuation, die im Rahmen quantenphysikalischer Gesetze Materie hat entstehen lassen.

Fluktuation ist dafür zuständig, dass sogar am absoluten Temperaturnullpunkt, wenn sich eigentlich nichts mehr regen sollte, es im Vakuum immer noch brodelt und Teilchen entstehen oder vergehen.

Fluktuation ist der reine, in keiner Weise berechenbare Zufall, es ist die Bewegung und der Motor für alles, was in unserem Universum geschieht. Erst auf der Makroebene, wenn eine riesige Anzahl kleinster Zufälle zusammenkommt, dann entstehen die Gesetze der klassischen Physik als statistische Mittelwerte von Zufällen. – Übrigens gibt es von Moritz

Cantor eine kleine Schrift, in der er beschreibt, wie das Gesetz im Zufall entsteht.[34]

Das erste Lehrbuch der Wahrscheinlichkeitsrechnung verfasste Jakob Bernoulli, der große Basler Gelehrte, der Älteste eines Geschlechtes von Mathematikern, welches die Erfindungsgabe in den schwierigsten Fragen der Wissenschaft in Erbpacht genommen zu haben schien. Jakob Bernoulli starb 1705. Aus seinem Nachlass gab der Neffe Nikolaus Bernoulli 1713 die Ars conjectandi, die Kunst der Vermutung, im Druck heraus, ein leider unvollendet gebliebenes, aber selbst in seiner des Abschlusses mangelnden Gestalt unsterbliches Meisterwerk. In ihm hat Jakob Bernoulli den mathematischen Beweis für einen Lehrsatz geliefert, der ihn, wie er selbst sagt, 20 Jahre lang beschäftigt hat, und der sich in folgenden Worten etwa ausspricht:

> *Bei Häufung von Beobachtungen heben sich die zufälligen unbekannten Bestimmungsgründe gegenseitig auf, und das Ergebnis stimmt umso näher mit der Berechnung nach den Grundsätzen der Wahrscheinlichkeitsrechnung überein, als die Häufung der Ereignisse selbst ins Ungemessene zunimmt.*

Die Wahrscheinlichkeitsrechnung besitzt also keinerlei Wert für einen bestimmten einzelnen Fall, ist dagegen zuverlässig als Durchschnittsrechnung.

Dieses Gesetz, das Gesetz der großen Zahlen, wie es seit Poisson gemeinhin genannt wird, ist das Gesetz im Zufall. Der durch Jakob Bernoulli zuerst geführte, durch Andere mehrfach wiederholte Beweis desselben, ist so unanfechtbar, wie nur irgendein Satz der angewandten Mathematik, und ihm fehlt auch die Bestätigung durch die Erfahrung nicht mehr, nachdem man gelernt hat, die Frage in richtiger Weise zu stellen.

Fluktuation ist der grundlegende Prozess, der auch im nichtlokalen physikalischen Bereich (= metrikfreien Vakuum) vorkommt und als Antrieb für dort gespeicherte Steuerungsinformation von Prozessen dient. Vom metrikfreien Vakuum aus treibt die Fluktuation Naturprozesse an, nach denen die kleinsten Teilchen, die Quanten agieren. Denn wie bereits weiter oben erwähnt, konnte man in Quanten bisher keinen

---

34 Cantor, Moritz u. Sedlacek, K.-D.: *Das Gesetz im Zufall. Wie sich verborgene Gesetzlichkeit manifestiert*, Norderstedt (2016)

Speicherplatz für jene Steuerungsinformation entdecken, die den Ablauf von naturgesetzlichen Prozessen steuert.

Und so ist es denn auch die Fluktuation, die im metrikfreien Vakuum Bewusstseinsprozessen Leben einhauchen kann, und die, wenn es tatsächlich ein Leben nach dem Leben gibt, für die Lebendigkeit des Lebens im nichtlokalen metrikfreien Vakuum, dem Jenseits, sorgt.

6.2.2 Die Gesetzlichkeit der Natur als Turing-Prozess

Erinnern wir uns noch mal an zwei Aussagen *1. „… dass die letzte Gesetzlichkeit der Natur selber statistischen Charakter trägt, dass die wahren Mikrogesetze selber Wahrscheinlichkeitsgesetze seien" (S. 53) und 2. die Naturvorgänge sich nicht stetig abspielen, sondern sprunghaft "(S. 56).* Und dann führen wir uns wieder vor Augen, wie eine Turingmaschine arbeitet: Eine Turingmaschine repräsentiert einen Prozess bzw. ein Programm (= Überführungsfunktion). Eine Berechnung besteht aus schrittweisen Manipulationen von Symbolen bzw. Zeichen, die nach bestimmten Regeln in einen Speicher geschrieben und auch von dort gelesen werden (S. 249).

Die Ähnlichkeit wie die Natur ihre Gesetze ausführt und wie eine probabilistische Turingmaschine arbeitet, ist unverkennbar. Denn wie weiter oben erwähnt, erlauben probabilistische Turingmaschinen für jeden Zustand viele mögliche Übergänge, von denen bei der Ausführung – intuitiv ausgedrückt – einer zufällig ausgewählt wird. Die Naturgesetzlichkeit wäre demzufolge die Überführungsfunktion und die zufällige Auswahl eines Übergangs würde durch eine Fluktuation besorgt. Und schließlich ist das metrikfreie Vakuum der Speicher, der bei der virtuellen Turing-Maschine durch ein Speicherband repräsentiert wird.

Eine universelle Turingmaschine, welche die Überführungsfunktion einer beliebigen anderen Turingmaschine als Teil ihrer Eingabe nimmt, kann selbstverständlich auch die probabilistische Turingmaschine simulieren. Und wie man erforscht hat, gibt es unendlich viele andere auf Naturgesetzen beruhende Maschinen, die der universellen Turingmaschine völlig gleichwertig sind. In der Computerliteratur sind Dutzende solcher Maschinen beschrieben. An dieser Stelle soll als Beispiel der Billiardkugel-Computer besprochen werden,

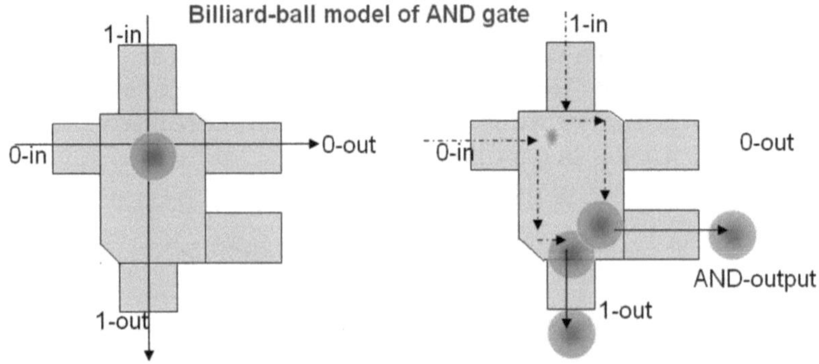

Abb. 6.2: Modell eines UND- Gatters von Fredkin und Toffoli. Wenn eine einzelne Billardkugel am Eingang 0-in oder 1-in eintrifft, geht sie durch die Vorrichtung frei hindurch und kommt über 0-out oder 1-out. wieder hinaus. Wenn jedoch eine Billardkugel am 0-in gleichzeitig eintritt mit einer von 1-in kommenden Billardkugel, so kollidieren sie miteinander in der oberen linken Ecke des Geräts und leiten einander zur unteren rechten Ecke der Vorrichtung, wo sie wieder kollidieren. Eine Kugel tritt dann über 1-out und die andere Kugel über den unteren AND-output (UND-Ausgang) wieder aus. Dieses Verhalten entspricht dem Schaltverhalten eines elektronischen Bauelements, wie man es in Computern findet.

dessen Beschreibung auf der englischen Wikipedia-Seite gefunden werden kann.[35]

Der Billardkugel-Computer ist ein mechanischer Computer, der aus Billiardkugeln besteht, die gemäß der von Newton gefundenen Naturgesetzlichkeit des elastischen Stoßes zusammenstoßen oder von den Wänden abprallen. Alle logischen Schaltelemente, wie sie in einem Computer in Form elektronischer Bauteile realisiert sind, können durch Kollisionen der Billardkugeln simuliert werden. Ein Beispiel wie ein elektronisches UND-Gatter (AND gate) durch Kollisionen simuliert werden kann, ist in Abb. 6.2 zu sehen. Auf ähnliche Weise lassen sich alle elektronischen Schaltungen durch Billardkugeln simulieren.

Im Prinzip handelt es sich beim Kollisionsvorgang um eine Überführungsfunktion, die einen Eingangszustand in einen Ausgangszustand überführt. Die Abarbeitung der Überführungsfunktion ist das, was wir als Turing-Prozess bezeichnet haben. Die Ebene auf der sich die Kugeln bewegen ist gleichwertig dem Speicherband der Turingmaschine. Kollision und Abprallen spielen die Rolle, die dem Lese-/Schreibkopf zu-

35   Billard-Ball - Computer, https://en.wikipedia.org/w/index.php?title=Billiard-ball_computer&oldid=622088503 (zuletzt besuchten 27. Februar 2016)

kommt (vgl. Abb. 4.1 S. 250). Untersuchungen der Anordnung haben gezeigt, dass sich bei ausreichend vielen Kugeln und Wänden, auf diese Weise alles berechnen lässt, was einerseits eine Turingmaschine, andererseits ein elektronischer Computer berechnen kann, wenn man den Zeitfaktor außer Betracht lässt. Denn natürlich kann eine Turingmaschine, die aus Billardkugeln besteht, nicht so schnell rechnen, wie ein heutiger elektronischer Computer.

Aber im Beispiel des Billardkugel-Computers geht es nicht darum, so ein Gerät aus Materie zu bauen, sondern darum, dass wir unseren Blickwinkel ein wenig ändern und auf die nichtmaterielle Naturgesetzlichkeit lenken, die durch den Turing-Prozess ausgeführt wird. Es ist das Naturgesetz vom elastischen Stoß, das vom Turing-Prozess unseres Beispiels repräsentiert wird.

Eine universelle Turingmaschine kann mehr als nur eine einzelne Naturgesetzlichkeit darstellen. So eine Maschine kann **alle existierenden Naturgesetzlichkeiten** durch die zugehörigen Turing-Prozesse ausführen. Und wenn die einzelnen Turing-Prozesse probabilistischer Natur sind, dann gehören auch alle Naturgesetzlichkeiten der Quantenebene an.

Eine Turingmaschine innerhalb unserer Raumzeit würde zu ihrer Realisierung Materie und Energie benötigen. Wenn aber so eine universelle Turingmaschine im nichtlokalen metrikfreien Vakuum angesiedelt ist, dann braucht sie keinen materiellen Träger. Die im metrikfreien Vakuum vorhandene Information, die wir Substanzinformation genannt haben, ist zudem äquivalent zu Energie. Und dass eine dortige Maschine überhaupt etwas tut und nicht einfach stillsteht, dafür sorgt die Fluktuation. Die Fluktuation hat im metrikfreien Vakuum die antreibende Aufgabe übernommen, die den Kraftwirkungen im Diesseits der Raumzeit zukommt.

Ob die Naturgesetzlichkeiten aller existierenden Wechselwirkungen durch eine universelle Turingmaschine und deren Turing-Prozesse gesteuert und ausgeführt werden, kann nicht unterschieden werden von irgendwelchen anderen Mechanismen, die für die Einhaltung und Durchführung der Naturgesetzlichkeiten sorgen. Die universelle Turingmaschine ist gleichwertig, d. h. äquivalent zu allen anderen Ausführungsmechanismen. Wir haben hier so etwas wie das Äquivalenzprinzip der naturgesetzlichen Wechselwirkung.

Wenn es keinerlei Unterscheidungsmöglichkeit gibt, welcher Mechanismus die Steuerung einer Wechselwirkung übernimmt, dann ist es auch nicht berechtigt, von unterschiedlichen Phänomenen zu sprechen.

Denn gleich, welches Phänomen hinter einer Wechselwirkung steckt, es ist immer eine universelle probabilistische Turingmaschine. Diese ist der gigantische Weltmechanismus, der hinter allem steckt, der alles Naturgesetzliche steuert.

6.2.3   Weltmechanismus und Evolution

Eine Ergänzung zum Weltmechanismus, die genauso gut durch einen Turing-Prozess durchgeführt werden kann, muss noch erwähnt werden. Es ist der Evolutionsprozess.

Nach 150 Jahren hat Darwins Evolutionstheorie trotz aller Prüfungen mehr Bestand denn je. Wie es sich für eine wissenschaftliche Theorie gehört, wurde sie nur um die neu hinzukommenden Erkenntnisse, den Mendel'schen Regeln zur Vererbung und der Genetik, erweitert und abgewandelt.

Aus Darwins Erkenntnissen lässt sich ein evolutionäres Prinzip extrahieren, das heute in immer mehr praktischen Anwendungen genutzt wird. Dieses Prinzip kann auf jede beliebige Population von Individuen angewendet werden, bei denen die Individuen in ihren Eigenschaften und Merkmalen variieren. Als Individuen kommen nicht nur Lebewesen in Betracht, sondern beispielsweise auch Gene, Arzneistoffkombinationen, Bahnen von Kommunikationssatelliten, Brückenkonstruktionen, elektronische Schaltkreise, Robotersteuerungen oder Impfstoffe gegen die Geißeln der Menschheit.

Allgemein bedeutet Evolution die Entwicklung des Höheren, aus dem Niederen, Einfachen. Die biologische Evolution ist die Entwicklung der Lebewesen im Verlauf der Stammesgeschichte. Die chemische Evolution ist die erdgeschichtliche Entstehung organischer Moleküle aus anorganischen und die kosmologische Evolution ist die Entwicklung des Universums aus dem Urknall.

Ein Evolutionsprozess besteht aus drei einfachen Schritten:

1. Zuerst entsteht Neues, möglicherweise noch nie Dagewesenes.

2. Im zweiten Schritt wird das Neue mit Vorhandenem kombiniert und zur Auswahl dargeboten.

3. Im dritten und letzten Schritt wird eine Auswahl unter dem Dargebotenen getroffen. Die Auswahl kann passiv durch Wechselwirkung mit der Umwelt geschehen oder aktiv unter der Berücksichtigung der individuellen Neigung, bestimmte Ziele zu verfolgen (= Bedürfnisse).

Das evolutionäre Prinzip der biologischen Evolution beruht auf einem Regelwerk, welches aus drei ganz einfachen Regeln besteht:

1. Erzeuge bei mindestens einem Individuum neue Eigenschaften oder Merkmale (Mutation).

2. Bilde eine neue Population durch Neukombination der Merkmale.

3. Selektiere die am besten geeigneten Individuen einer Population.

Abb. 6.3: Galápagos-Finken. Die unterschiedlichen Schnabelformen in derselben Art haben sich durch "natürliche Zuchtwahl" gebildet.

Bei der „natürlichen Zuchtwahl", um einen Begriff von Darwin zu verwenden, führt die Natur die Erzeugungsregel selbst durch, indem sie in einer Population immer wieder Individuen entstehen lässt, die andere Merkmale tragen: z. B. andere Schnäbel bei den Galápagos-Finken. Dies geschieht zunächst durch die Mutation des Erbguts (Gene). Des weiteren über eine Rekombination der Gene durch Fortpflanzung. Dabei sind die Gene die Träger der Merkmale des biologischen Individuums, von dem so immer neue Arten entstehen. Und schließlich selektiert die Umwelt infolge der unterschiedlichen Überlebens- und Reproduktionsrate der Individuen, bedingt durch die neu entstandenen Merkmale.

Die Individuen einer im Labor erzeugten Evolution sind Proteine, Gene, Bakterien, Viren oder auch Lösungsvarianten technischer Probleme. Die Erzeugung neuer Eigenschaften bedeutet hier eine Genmanipulation, eine neue Zusammensetzung der Arzneistoffkombination oder die Modifikation einer Lösungsvariante.

Die Erfolge einer gerichteten Evolution, wie die Anwendung des evolutionären Prinzips auch heißt, sind gewaltig. Bei Interferonen führte die Methode bereits zu Varianten der Immunproteine, welche die Vermehrung von Viren 250.000-mal wirksamer bremsen. Die Anwendung auf die Umlaufbahnen von Kommunikationssatelliten führte zu besonders geringen Signalverlusten. Der Sony-Roboterhund AIBO verbesserte sein Laufverhalten noch mal um 20 %. Und die jährlich neuen Grippeimpfstoffe nehmen durch gerichtete Evolution sogar zukünftige Entwicklungen der Krankheitserreger vorweg, um Tausenden Menschen das Leben zu retten.

Die Erzeugung evolutionärer Prozesse im Labor unter Nutzung moderner Datenverarbeitungseinrichtungen zeigt, dass solche Prozesse ebenfalls mit Hilfe von universellen Turingmaschinen dargestellt werden können.

7. Resumee

Im ersten Kapitel haben wir über das Wesen von Naturgesetzen gesprochen und gesehen, dass auf der untersten Ebene, auf denen Mikrogesetze gelten, ...

> ... *die letzte Gesetzlichkeit der Natur selber statistischen Charakter trägt, dass die wahren Mikrogesetze selber Wahrscheinlichkeitsgesetze sind.*

Auf diesen Gesetzen der Mikroebene, bauen die Makrogesetze auf, die zu den von uns beobachtbaren biotechnischen Gestalten des Weltgeschehens führen.

Anschließend hat uns Raoul H. Francé in aller Ausführlichkeit diese naturgesetzlichen Gestalten einschließlich ihrer Funktionen und äußeren Formen dargelegt. Eine seiner wichtigsten Aussagen lautete:

> *Jede eindeutige Funktion besitzt eine nur ihr zukommende Gestalt, die sich mit der Funktionsänderung gesetzmäßig ändert.*

Des Weiteren zeigte uns Francé, dass man von den Gestalten bzw. Formen auf die Funktion rückschließen kann.

Bevor wir jedoch Rückschlüsse auf die grundlegende Funktion des Weltmechanismus ziehen konnten, sahen wir uns einige Gestalten informationsverarbeitender Prozesse in lebenden Systemen an. Dabei erkannten wir, dass lebende Systeme keineswegs nur mechanisch auf Reize reagieren, sondern dass sie ohne eine gewisse Informationsverarbeitung der Reizinformation nicht auskommen.

Nun ist es aber so, dass in der Natur keine Computer, wie wir sie kennen, für diese Informationsverarbeitung zur Verfügung stehen. Zudem haben Pflanzen kein Gehirn, obwohl sie eine Informationsverarbeitung der Reizinformation durchführen. So stellte sich denn die Frage, wie Informationen in lebenden Systemen prinzipiell verarbeitet werden können, ohne Computer und ohne Gehirn.

Der Weg zur Lösung dieser Frage führte uns zur universellen Turingmaschine. In einem eigenen Kapitel besprachen wir die grundsätzliche Funktionen der Turingmaschine und des Turing-Prozesses, die mit einem leicht verständlichen Beispiel erklärt wurden. Ferner erkannten wir, dass die Turingmaschine universellen Charakter hat und alles, was in der Welt irgendwie berechenbar ist, auch berechnen kann.

Offen blieb zunächst die Frage, ob die Natur Turing-Prozesse zur Informationsverarbeitung verwendet und wenn ja, wo sie diese Wundermaschine versteckt hat, die anscheinend hinter den Naturgesetzen steckt und deren gesetzmäßige Durchführung regelt.

Das nächste Kapitel führte zu der Überraschung, dass die Natur offensichtlich einen transzendenten physikalischen Bereich, vor unseren Blicken verbirgt, den wir „nichtlokalen Raum" nannten. Die Existenz dieses nichtlokalen Raums erschließt sich aus dem Verhalten von quantenmechanisch verschränkten Photonenpaaren.

Zu welchem Zweck der nichtlokale Raum in der Natur dient, das erkannten wir, nachdem wir auch noch einen der wichtigsten informationsverarbeitenden Prozesse, nämlich das Bewusstsein, eingeführt hatten.

Alle Überlegungen zusammengenommen führten zu der Erkenntnis, dass Naturgesetze zu Turing-Prozessen äquivalent sind ...

> *... gleich, welches Phänomen hinter einer Wechselwirkung steckt, es ist immer eine universelle probabilistische Turingmaschine. Diese ist der gigantische Weltmechanismus, der hinter allem steckt, der alles Naturgesetzliche steuert.*

Und hier schließt sich der Kreis. Anfänglich gingen wir davon aus, dass die wahren Mikrogesetze der Natur, Wahrscheinlichkeitsgesetze sind. Tatsächlich scheint es aufgrund unserer Schlussfolgerungen so, dass diese durch einen probabilistischen Turing-Prozess ausgeführt werden. Die von Francé propagierte Möglichkeit aufgrund der biotechnischen Gestalten von Naturerscheinungen auf zugrundeliegende Funktionen zu schließen, hat letztendlich zur Erkenntnis des Weltmechanismus' hinter dem Weltgeschehen geführt.

8. Literaturverzeichnis

Auerbach, Felix: *Raum und Zeit, Materie und Energie;* Dürr'sche Buchhandlung, Leipzig (1921)

Bekenstein, J.D.: *Phys. Rev. D7* (1973) 2333 und *Phys. Rev. D23* (1981) 278

Bennet, Charles H.: *Maxwells Dämon;* in: Spektrum der Wissenschaft, Heft 1/1988, S. 48-55

Blome, Hans-Joachim u. Zaun, Harald: *Der Urknall – Anfang und Zukunft des Universums;* München (2. aktualisierte Auflage 2007)

Born, Max: *Die Relativitätstheorie Einsteins;* Springer, Berlin-Heidelberg-New York (1969)

Bouwmeester D, Pan JW, Mattle K, Eibl M, Weinfurter H, Zeilinger A (1997) Experimental Quantum Teleportation, Nature 390: 575-579

Churchland, Paul M.: *Die Seelenmaschine. Eine philosophische Reise ins Gehirn;* Spektrum, Heidelberg (2001)

Davis, Paul: *Der Plan Gottes. Die Rätsel unserer Existenz und die Wissenschaft;* Insel Verlag (1996)

Dawkins R (2003): A Devil's Chaplain: Reflections on Hope, Lies, Science, and Love. Houghton Mifflin 2003, ISBN 0-618-33540-4

Dawkins, Marian Stamp: *Die Entdeckung des tierischen Bewusstseins;* Spektrum, Heidelberg (1994)

Dennet, Daniel C.: *Spielarten des Geistes;* Bertelsmann, München (1999)

DIN 19226 Teil 1, Deutsche Elektrotechnische Kommission im DIN und VDE (DKE) Februar 1994

Driesch, Hans: *Metaphysik;* Hirt, Breslau (1924)

Dubislav, Walter: *Naturphilosophie;* Junker und Dünnhaupt, Berlin (1933)

Dürr, Hans-Peter, Hrsg.: *Physik und Transzendenz,;* Scherz (1989)

Ebeling W, Feistel R (1982) Physik der Selbstorganisation und Evolution. Akademie Verlag Berlin, S. 83 ff

Einstein, Albert: *Über die spezielle und die allgemeine Relativitätstheorie;* Vieweg+Sohn, Braunschweig (1973)

Einstein, Albert: *Zur Elektrodynamik bewegter Körper;* In: Annalen der Physik. 322, Nr. 10, 1905, S. 891-921

Feynman, Richard: *Vorlesungen über Physik;* Band II, Oldenburg (2007), Kap. 15-4.

Froböse, Rolf: *Die geheime Physik des Zufalls;* Norderstedt (2008)

Görnitz, B & Th.: *Der kreative Kosmos – Geist und Materie aus Quanteninformation;* Spektrum, Heidelberg (2007)

Görnitz, Th. Graudenz, D., Weizsäcker, C.F.v.: *Quantum Field Theory of Binary Alternatives;* Intern. J. Theoret. Phys. 31 (1992) 1929-1959

Goswami, Amit: *Die schöpferische Evolution. Zwischen Gottesglaube und Darwinismus;* Lüchow, Stuttgart (2009), S. 31 f.

Gould, James L. & Gould, Carol Grant: Bewusstsein *bei Tieren;* Spektrum, Heidelberg (1997)

Griffin, D. R.: *Wie Tiere denken;* dtv, München (1990)

Haeckel, Ernst u. Sedlacek, Klaus-Dieter (Hrsg.): *Die Welträtsel – Gemeinverständliche Studien über monistische Philosophie;* Norderstedt (2009)

Hawking, S. W.: *Particle creation by black holes;* Comm. Math. Phys. 43 (1975) 199-220

Heisenberg, Werner: *Quantentheorie und Philosophie;* Reclam, Stuttgart (2008), S. 43

Herbert, Nick: *Quantenrealität. Jenseits der neuen Physik;* Birkhäuser, Basel (1987)

Hey, Tony u. Walters, Patrick: *Das Quantenuniversum;* Spektrum (1998)

Hofstadter, Douglas R. & Dennet, Daniel C.: *Einsicht ins Ich. Fantasien und Reflexionen über Selbst und Seele;* Klett-Cotta, Stuttgart (1986)

Kanitscheider, Bernulf: *Kosmologie;* Reclam (1991)

Küng, Hans: *Der Anfang aller Dinge: Naturwissenschaft und Religion;* Piper (2005)

Law, Stephen: *Philosophie;* Dorling Kindersley, München (2008)

Lazlo, Ervin: *Holos die Welt der neuen Wissenschaften;* Via Nova (2002)

Monod J (1970) Zufall und Notwendigkeit. R. Piper Verlag München 1971, ISBN 3-492 01913-7

Neumann von J (1991) Die Rechenmaschine und das Gehirn. R. Oldenbourg Verlag München, ISBN 3-486-45226-6

Penrose R (1995) Schatten des Geistes. Wege zu einer neuen Physik des Bewusstseins. Spektrum, Heidelberg/Berlin/Oxford ISBN 3-86025-260-7

Penrose, R.: *The Emperor's New Mind.* Oxford University Press, Oxford (1989; Deutsch: *Computerdenken;* Spektrum, Heidelberg (1991)

Prigogine I (1980) Dialog mit der Natur. R Piper Verlag München 1990, ISBN 3-492-11181-5

Rae, Alastair I.M.: *Quantenphysik: Illusion oder Realität;* Reclam, Stuttgart (1996)

Schlichting HJ (2000) Von der Energieentwertung zur Entropie. Praxis der Naturwissenschaften/ Physik 49(2): 7-11

Schrenck-Notzing, Dr. A. Freiherrn von u. Sedlacek, Klaus-Dieter: *Die Natur Psycho-Physikalischer Phänomene. Erforschung telekinetischer Vorgänge;* Norderstedt (2009)

Schrödinger (1989) Was ist Leben? R. Piper GmbH & Co. KG München 1987, ISBN 3-492-11134-3

Sedlacek, Klaus-Dieter: *Äquivalenz von Information und Energie. Auf der Suche nach den Grundbausteinen der Welt;* Norderstedt (2009)

Sedlacek, Klaus-Dieter: *Supervereinigung. Wie aus nichts alles entsteht. Ansatz einer großen einheitlichen Feldtheorie;* Norderstedt (2010)

Sedlacek, Klaus-Dieter: *Synthetisches Bewusstsein. Wie Bewusstsein funktioniert und Roboter damit ausgestattet werden können;* Norderstedt (2011)

Sedlacek, Klaus-Dieter: *Unsterbliches Bewusstsein. Raumzeit-Phänomene, Beweise und Visionen;* Norderstedt (2008)

Sedlacek, Klaus-Dieter: *Der Widerhall des Urknalls;* Norderstedt (2012)

Shannon CE, A Mathematical Theory of Information. In: Bell System Technical Journal. Short Hills N.J. 27.1948, (Juli, Oktober): S. 379–423, 623–656 ISSN 0005-8580

Sharov, Alexander S. u. Novikov, Igor D.: *Edwin Hubble. Der Mann, der den Urknall entdeckte;* Birkhäuser, Basel (1994)

Sperling, Jan: *Untersuchung von H/D-Isotopeneffekten bei der elektrolytischen Wasserspaltung im Hinblick auf eine mögliche Quantenkorrelation;* Dissertation, FU Berlin (1999)

Szilard, Leo: *Über die Entropieverminderung in einem thermodynamischen System bei Eingriffen intelligenter Wesen;* In: Zeitschrift für Physik 1929; 53: 840-856

Tipler, Paul A. Und Mosca, Gene: *Physik für Wissenschaftler und Ingenieure;* 6. Auflage, Spektrum (2009)

Verweyen, J.M.: *Naturphilosophie;* Teubner, Leipzig (1915)

Volkmann, Paul: *Erkenntnistheoretische Grundzüge der Naturwissenschaften;* Teubner, Leipzig (1910)

von Weizsäcker, Carl Friedrich: *Aufbau der Physik;* Hanser, München (1985)

von Weizsäcker, Carl Friedrich: *Die Einheit der Natur;* Hanser, München (1971), S. 269

Wilber, Ken: *Naturwissenschaft und Religion. Die Versöhnung von Wissen und Weisheit;* Fischer, Frankfurt (2010)

Zeilinger, Anton: *Einsteins Spuk: Teleportation und weitere Mysterien der Quantenphysik;* Goldmann, München (2007)

9. Stichwortverzeichnis

10. Textquellen und Autoren

Alan Turing:

Lizenz: Creative Commons Attribution-Share Alike 3.0. Quelle: https://de.wikipedia.org/wiki/Alan_Turing?oldid=148919689 Autoren: Kurt Jansson, LA2, Koyaanis Qatsi~dewiki, Fristu, Astc, Kku, Zeno Gantner, Snow~dewiki, Asb, Aka, Stefan Kühn, Mikue, Ilja Lorek, Echoray, Exil, Mathias Schindler, Reinhard Kraasch, HbJ, MauriceKA, Crux, Sansculotte, Richie, Mc005, Hoheit, Asthma, Mkleine, Napa, Guillermo, GDK, Anathema, Zwobot, D, Stern, Southpark, Karl-Henner, Eckhart Wörner, M.Fuchs, Ciciban, HaSee, Wiegels, APPER, Stefan64, Rdb, Aljoscha, Ich hab hunga, Azim~dewiki, Tim Pritlove, Hhdw, Destructor~dewiki, Peter200, Phrood, Robbit, Haeber, Pruefer, Sol1, Trugbild, Nina, Martin-vogel, Mnh, Dolos, 4Frankie, Nb, P. Birken, Cornischong, Dbenzhuser, Simplicius, Ludger1961, Tom Jac, Kurt seebauer, Rat, NiTenIchiRyu, Ri st, Fleminra, Lysis, Brombeer, Michael32710, Kam Solusar, Thüringer, Oracle of Truth, H005, MarioS, Xarax, MarkusHagenlocher, Cartaphilus, Mrieken, Juesch, Magnummandel, BWBot, Polarlys, Botteler, Daniel FR, FotoFux, Wikinaut, Pixelfire, Fit, AndreasPraefcke, Thorbjoern, Randbewohner, Diba, TomCatX, PDD, He3nry, OttTheTormentor, FlaBot, Kl833x9, Veitcall, Musik-chris, Hubertl, Binter, Achim Raschka, Savar, Rocastelo, AchimP, HdEATH, RedBot, LIU, Liesel, Eldred, ChriFi, Georg-Johann, 790, Leupold, David Ludwig, Otto Normalverbraucher, O.Koslowski, Ellywa, PaulBommel, Itti, Fleasoft, Das Robert, Ath, Skeletor, Bachsau, Millbart, Marsupilcoatl, Syrcro, Viciarg, RobotE, MB-one, Varina, Deadhead, Binningench1, ElLutzo, Markus Mueller, Chewey, RoswithaC, ElNuevoEinstein, RobotQuistnix, Bota47, WIKImaniac, Tsca.bot, Swen, Euku, YurikBot, Bunt, Wikipeder, Pittigrilli, DerHexer, KnightMove, Eskimbot, Revvar, Chatter, Nightflyer, MAY, Christianvater, Gilliamjf, Highbrow, Victor Eremita, OS, DHN-bot~dewiki, Master Lenman, Logograph, Edmundo, Harry8, An-d, Miiich, HoKi, Bangin, GMH, Wasabi, Pendulin, Kilian Marquardt, Church of emacs, Elendur, B-KO- 0815, Nescio*, Furfur, Sergio Delinquente, Spuk968, Thijs!bot, YMS, Jobu0101, Escarbot, Arno Matthias, Horst Gräbner, Superzerocool, JAnDbot, Pessottino, Matgoth, HaTe, Enlil2, Jürgen Engel, ComillaBot, Sebbot, Schweigstill, Soulbot, BetBot~dewiki, Meniok, Jbergner, Giftmischer, PerfektesChaos, Herbert Lehner, SashatoBot, House1630, SDB, DorganBot, AlnoktaBOT, Codeispoetry, TXiKiBoT, Claus Ableiter, Ireas, Knopfdruecker, Regi51, Claude J, Synthebot, PeterSzallies, Bojo, Ingo1968, Swidran, PolarBot, SieBot, Entlinkt, EWriter, M. Otermans, PaterMcFly, Sportschuh, OKBot, Nikkis, JøMa, Maxiaustria, Jesi, Quietwaves, Succu, Alexkin, Alnilam, Benff, Fibonacci~ dewiki, Pittimann, Mr. Pommeroy~dewiki, Freigut, Hungchaka, Se4598, Mike184, DragonBot, Blackhalflife, Salomis, Wivoelke, Alexbot, Fish-guts, BodhisattvaBot, Toter Alter Mann, W. Edlmeier, KCMO, LinkFA-Bot, Stahlfresser, Nasimausi, AlfonsGeser, Informatik, Numbo3-bot, Chesk, Phrontis, R4z, Luckas-bot, UKoch, Janus von Abaton, Jeremiah21, Jotterbot, GrouchoBot, Rubinbot, Garnichtsoeinfach, Slimcase, Xqbot, ArthurBot, Jkbw, Howwi, Astrobeamer, Qaswa, N-regen, MastiBot, NobelBot, Phobetor, Rolf acker, RibotBOT, GhalyBot, SassoBot, Frakturfreund, Yanez, Adrian Lange, Lifelight, MorbZ-Bot, Serols, Timk70, Nothere, Rubblesby, Martin Sg., Toxilly, My 2 ct, Dinamik-bot, TjBot, TeesJ, Christoph Braun, Letdemsay, EmausBot, Trockennasenaffe, BC-Dorsten, ZéroBot, Neun-x, JackieBot, Cologinux, Sprachfreund49, WikitanvirBot, Nicolas Barbier, Mjbmrbot, Drehrumbum, Bruderer, Rudolf453, GlücklichesLeben, Drgkl, Hephaion, Rezabot, MerllwBot, Daschny, Tommes, KLBot2, NacowY, Arnewellnitz, Van'Dhunter, Xakepxakep, Boshomi, Derschueler, Richard Lenzen, MenkinAlRire, Lukas[23], Dateientlinkerbot, KCC-85, Flucco, Georch, Dexbot, AndiixAndii, BlackPearl87, Freddy2001, Huberbe, Rmcharb, Rotlink, Hewwwwwwww, THein, Altsprachenfreund, Abrixas2, Ohne Eigenschaften, Filterkaffee, Solaris3, Kritzolina, Potissimusdoctor, Schnabeltassentier, Rabanusmaurus, RFF-Bot, Scholless, Zwönitz, Poliglott und Anonyme: 231

Der Turing-Prozess:

Lizenz: Creative Commons Attribution-Share Alike 3.0. Quelle: https://de.wikipedia.org/wiki/ Turingmaschine?oldid=148122531 Autoren: Ben-Zin, Magnus Manske, Paul Ebermann, Nerd, Kku, JakobVoss, Zeno Gantner, Asb, OWeh, Aka, Ulrich.fuchs, Ahoerstemeier, Langec, Stefan Birkner, Head, Aldipower, Gurt, Reinhard Kraasch, Crissov, Arved, Matthäus Wander, Staubkorn, Zap~dewiki, Mkleine, Karl Bednarik, Quo R, GDK, Zwobot, Ocrho, D, Stern, Karl-Henner, Ishka, Siggibeyer, Nankea, Mussklprozz, Sinn, Brunft, Priwo, Pruefer, °, Starblue, Martin-vogel, Mnh, P. Birken, Supaari, Pinguin.tk, MAK, EUBürger, Seefahrt, Philipendula, Esperantisto, Lyserg, Duesentrieb, Adrian Bunk, Chrisfrenzel, Robert Kropf, Mihi, WiESi, Pjacobi, Marc van Woerkom, Diogenes 3, Matrixx, Cartaphilus, Juesch, BWBot, Antarctica, Gerd Taddicken, Botteler, Bigfoot, Bierdimpfl, Fit, Diba, Expent, Hajo Keffer, FlaBot, Philipp Claßen, PapaNappa, Hubertl, Autor~dewiki, Blauwal, Blaubahn, Liesel, Georg-Johann, Leupold, David Ludwig, FritzG, Ma-Lik, Florian Adler, Olei, Zahnradzacken, RobotQuistnix, Bota47, YurikBot, NilsV, Wutzofant, Bunt, LeonardoRob0t, Andy king50, DutiesAtHand, RosarioVanTulpe, WAH, Kaosmaki, Augiasstallputzer, Archiv, Nightflyer, Gugerell, Ulf B., Manecke, Victor Eremita, Richardigel, Nachtagent, Razo~dewiki, GMH, Pendulin, Nivram, Nczempin, Andreas 06, Benatrevqre, Luxo, Mijozi, TobiasKlaus, Spuk968, Thijs!bot, YMS, Escarbot, Jaybear, Tobi B., Mario*, Jens611, Jürgen Engel, YourEyesOnly, The Lake, Walle79, Louis Bafrance, Frankee 67, Klara Rosa, Erkan Yilmaz, Flavia67, Segfaulthunter, Phisquare, SashatoBot, Complex, VolkovBot, TXiKiBoT, Lipedia, Kölsche Jung, Regi51, Claude J, Oschoett, OecherAlemanne, Hlambert63, PaterMcFly, Chricho, Gsälzbär, Rotkaeppchen68, Hg6996, Jesi, Succu, Pittimann, Georf, TBW2448RY55S, Querverplänkler, Thomas Stauß, Woches, SternBogen, Siechfred, Schnark, Cholewa, Schnederpelz, H.Marxen, Nasimausi, AlfonsGeser, MikeBrain, Valand, Luckas-bot, UKoch, GrouchoBot, Xqbot, Howwi, N-regen, MerlLinkBot, RibotBot, Frakturfreund, Timk70, Das Ed, TobeBot, Daniel5Ko, Jo.Fruechtnicht, Peterbuhk, Hi-Teach, EmausBot, Christallkeks, ZéroBot, Ottomanisch, JackieBot, Afforever, WikitanvirBot, PunkAnderson, Wsohst, Bruderer, Mortalmoth, Cobalt pen, Derschueler, Haunschmidt, ☾x, Klickagent, Lex parsimoniae, Bucket156, Apraphul, Addbot, Zicane, Fettbemme, Natsu Dragoneel, VagusBirk, Unfugsbeseitiger und Anonyme: 203

Sonstige Texte :

Autoren: Klaus-Dieter Sedlacek, H. Miehe, E. Dennert,, Raoul H. Francé

Der Herausgeber Klaus-Dieter Sedlacek stellt hiermit seine Buchveröffentlichung über 'Das Mysterium des Universums' vor. Es geht um die Grundstruktur unseres Universums, die nach Ansicht des Autors nicht aus Materie besteht, sondern aus Gedanken, Mathematik und Information

Die englische Ausgabe dieses Buchs mit dem Originaltitel "The Mysterious Universe" ist als populäres Wissenschaftsbuch des britischen Astrophysikers Sir James Jeans zuerst von der Cambridge University Press veröffentlicht worden.

Es enthält die erweiterte Version eines Vortrags, der vom Autor an der Universität Cambridge im Jahr 1930 gehalten wurde und beginnt mit dem ganzseitigen Zitat einer berühmten Passage aus Platons Republik, Buch VII, in welcher das Höhlengleichnis der antiken Philosophie erzählt wird. Der Autor Jeans bezieht sich in seinen Ausführungen unter anderem auf die von Max Planck begonnene Quantentheorie der Strahlung, auf Einsteins allgemeine Relativitätstheorie sowie auf die neuen Theorien der Quantenmechanik von Heisenberg und Schrödinger und bietet Lösungen für deren philosophische Verwirrung.

Die englische Ausgabe wurde 15 Mal zwischen 1930 und 1938 und zuletzt im September 2007 nachgedruckt. Mit der hier vorliegenden Ausgabe ist nun endlich auch eine aktualisierte deutsche Übersetzung erschienen.

Buchtitel: Der allmächtige Informatiker: Das Mysterium des Universums
Autor(en): Sir James Jeans; Klaus-Dieter Sedlacek (Hrsg.)
Taschenbuch: 200 Seiten, € 12,99,
Auch als Ebook erhältlilch
Verlag: Books on Demand
ISBN 978-3-7448-3660-9
Bezug über alle relevanten Buchhandlungen, Online-Shops und Großhändler – z. B. Amazon, Apple iBooks, Tolino, Google Play, Thalia, Hugendubel uvm.

BUCHTIPPS

Abrupte Klimaschwankungen seit 2000 Jahren

Lokale und kosmische Ursachen eines Klimawandels. Herausgeber: Sedlacek, Klaus-Dieter (Hrsg.). Innerhalb der letzten zwei Jahrtausende sind verschiedene abrupte Klimaschwankungen nachweisbar. Der fortwährende Wandel des Klimas verzeichnete allein fünf große Klimaepochen und zahlreiche ...

Anleitung zum Roman-Schreiben

Wie man anfängt, einen Plot entwickelt und eine gute Geschichte erzählt. Autor: Wilde, Oliver J. Sie wollen einen Roman schreiben? Das ist toll! Aber begnügen Sie sich nicht damit, nur einen Roman ...

Äquivalenz von Information und Energie

Die Grundbausteine der Welt – Neuausgabe – Autor: Sedlacek, Klaus-Dieter. „Es stellt sich letztendlich heraus, dass Information ein wesentlicher Grundbaustein der Welt ist", versicherte der durch sein Quantenteleportationsexperiment bekannte Prof. Zeilinger in ...

Besseres Gedächtnis

Wie man es stärkt, trainiert und einsetzt. Autor: Atkinson, Wilhelm Walker. Viele Menschen scheinen zu glauben, dass Erinnerungen einfach kommen und nicht gefördert werden können. Aber der Trugschluss einer solchen Vorstellung wird ...

Der erdgeschichtliche Klimawandel

Den wahren Ursachen von Klimaschwankungen auf der Spur. Autor: Wilhelm Bölsche , Klaus-Dieter Sedlacek (Hrsg.). Der Klimazustand während der letzten Jahrhunderttausende ist im Wesentlichen auf den Einfluss von Sonneneinstrahlung zurückzuführen, die ...

Der verborgene Mechanismus des Weltgeschehens

Der verborgene Mechanismus des Weltgeschehens Neue Erkenntnisse über die Gestalten biotechnischer Systeme der Welt Autoren: Sedlacek, Klaus-Dieter; Francé, Raoul H. Seit Jahrtausenden ist die Menschheit bestrebt, die Welt, in der sie lebt, erkennen ...

Die geheimnisvolle Kultur der alten Kelten

Von Druiden, Fürstensitzen und der Lebensart unserer frühgeschichtlichen Vorfahren. Autor: Grupp, Georg Die Kelten zeichneten sich aus durch hohes handwerkliches Können, Handelsbeziehungen bis in den Süden Europas und tollkühnem Mut, der den ...

Die Kultur der Azteken

Mit einem Anhang Große Landesausstellung Baden-Württemberg „Azteken" im Lindenmuseum. Autor: Prescott, William. „Von dem ganzen ausgedehnten Reich, das einst die Herrschaft Spaniens in der Neuen Welt anerkannte, ist kein Teil an Wichtigkeit ...

Die Lebenskraft

Wie Enzyme, Bewusstsein und quantenbiologische Effekte das Leben regulieren Autoren: Sedlacek, Klaus-Dieter; Wrobel, Norbert Der Begründer der Quantenmechanik und Nobelpreisträger Erwin Schrödinger beschäftigte sich unter anderem mit der Frage: „Was ist Leben?" ...

Die letzten Ursachen

Das Buch der Naturerkenntnis. Hrsg.: Sedlacek, Klaus-Dieter. Die klassischen physikalischen Theorien, zum Beispiel die klassische Mechanik oder die Elektrodynamik, haben eine klare Interpretation. Den Symbolen der Theorie wie Ort, Geschwindigkeit, Kraft beziehungsweise ...

Durchblick Chemie

Praktische Grundlagen und Einführung in die anorganische, organische und Biochemie Klaus-Dieter Sedlacek, Lassar Cohn, Walther Löb Wollen Sie in unserer modernen Welt mitreden? Dann brauchen Sie den Durchblick! Dazu gehören auch Grundkenntnisse ...

Einfach logisch denken!

Oder die Gesetze des Denkens. Autor: Atkinson, Wilhelm Walker In diesem Buch werden die Methoden und Prinzipien der korrekten Anwendung des Denkvermögens aufgezeigt, und zwar auf eine einfache und klare Weise, ohne ...

Einsteins Relativitätstheorie ganz ohne Mathematik

Spezielle und allgemeine Relativitätstheorie Paul Kirchberger , Klaus-Dieter Sedlacek (Hrsg.) Man wird nicht selten gefragt, ob man eine Schrift wisse, die in die Einsteinsche Theorie für Laien so einführen könne, dass ...

Epigenetik-Experimente

Neuvererbung oder Beweise für die Vererbung erworbener Eigenschaften? Autor: Kammerer, Paul Der Biologe Paul Kammerer wurde durch seine Aufsehen erregenden Experimente zur Epigenetik berühmt. In einer seiner Versuchsserien verwendete er zwei Arten ...

Freizeitvergnügen Sternenhimmel mit bloßem Auge

Wie man Sternbilder auffindet ohne Instrumente. Autor: Kirchberger, Paul. Der Anblick des gestirnten Himmels ist das Größte, das uns die Natur zu bieten vermag, und kein empfängliches Gemüt kann sich seinem Eindruck ...

Gestalt-Psychologie

Einführung in die neue Psychologie vom Begründer der Gestaltpsychologie Kurt Koffka , Klaus-Dieter Sedlacek (Hrsg.) Kurt Koffka hat als forschender Psychologe für dieses Buch zur Einführung in die Psychologie einen besonderen ...

Im dunkelsten Afrika

Die legendäre Emin-Pascha Expedition. Autor: Stanley, Henry M. Im Sudan, der ab 1821 unter die Herrschaft der osmanischen Vizekönige von Ägypten gekommen war, brach 1881 der Mahdiaufstand aus. Nach dem Abzug der ...

Jenseits der Erscheinungen

Erkennbarkeit und Realität der Quantennatur. Autor: Schlick, Moritz. Es ist kein Zweifel, dass echte Erkenntnis der transzendenten Welt sehr wohl möglich ist. Die Wendung, zu der die Physik der letzten Jahre bzw. Jahrzehnte ...

Klimaänderungen und Klimaschwankungen

Ursachen, historische Fakten und kosmische Einflüsse, sowie ein Anhang „Mittelalterliche Warmzeit" Eduard Brückner, Julius Hann , Klaus-Dieter Sedlacek (Hrsg.) Größere Klimaänderung und Klimaschwankungen können nicht ohne einen tiefgehenden Einfluss auf das ...

Kultur erleben mit dem Wohnmobil in Frankreich

Vierzig kulturelle Highlights, Park- und Übernachtungsplätze sowie Navigations-Koordinaten Klaus-Dieter Sedlacek (Hrsg.) Dieser Wohnmobilführer ist anders. Er hilft uns, Kulturerlebnisse zu einem Genuss werden zu lassen. Er enthält die Beschreibung von vierzig kulturellen ...

Leben in der Warmzeit der Erde

Aus den Urtagen vor dem heutigen Klimawandel Wilhelm Bölsche , Klaus-Dieter Sedlacek (Hrsg.) Der Weltklimarat schlägt Alarm. Die Lage spitzt sich zu: Die Erde erwärmt sich immer mehr. In diesem Buch geht ...

Leonardo da Vinci

Seine naturwissenschaftlichen Studien und genialen Erfindungen Hermann Grothe , Klaus-Dieter Sedlacek (Hrsg.) Leonardo da Vinci versuchte, ein Phänomen zu verstehen, indem er es genau beobachtete und bis ins kleinste Detail beschrieb ...

Liebesbeziehungen und deren Störungen

Lebensführung nach den Grundsätzen der Individualpsychologie. Autor: Alfred Adler , Klaus-Dieter Sedlacek (Hrsg.). Um einen Menschen ganz kennenzulernen, ist es notwendig, ihn auch in seinen Liebesbeziehungen zu verstehen … Wir müssen …

Massenpsychologie am Beispiel Jan Bockelsons

Geschichte eines Massenwahns mit einer Einführung von Sigmund Freud Friedrich Reck-Malleczewen , Klaus-Dieter Sedlacek (Hrsg.) Der Begriff Massenhysterie oder auch Massenwahn bezeichnet eine starke emotionale Erregung in großen Menschenmengen. Auch massenhaft ...

Meine erste Weltumseglung

Tagebuch einer epochalen Expedition James Cook , Klaus-Dieter Sedlacek (Hrsg.) James Cook unternahm seine erste Weltumseglung im Rahmen einer wissenschaftlichen Expedition, um den Durchgang des Planeten Venus vor der Sonnenscheibe – ...

Mit der Beagle um die Welt

Bericht meiner Forschungsreise zum Galapagos-Archipel Charles Darwin , Klaus-Dieter Sedlacek (Hrsg.) Auszug aus Darwins Reisebericht: Ich habe die Reise mit zu tief empfundenem Entzücken gemacht, als dass ich nicht jedem Naturforscher empfehlen ...

Peking – Paris im Automobil

Die legendäre 16.000 km – Rallye 1907. Autor: Barzini, Luigi. „Gibt es jemanden, der diesen Sommer eine Fahrt per Automobil von Peking nach Paris unternehmen wird?", fragte die Pariser Zeitung Le Matin ...

Psychologische Verkaufskunst

Denk- und Handlungsweisen, Vorgangsweise und Abschluss. Autor: Atkinson, Wilhelm Walker. In der Psychologie der Verkaufskunst gibt es zwei wichtige Elemente, nämlich (1) Die Psyche des Verkäufers; und (2) die Psyche des Käufers. Das zu verkaufende ...

The great god Pan / Der große Gott Pan – zweisprachig

Horror story English – German / Horror Geschichte Englisch – Deutsch. Autor: Machen, Arthur. The Great God Pan is a horror and fantasy novel by the Welsh writer Arthur Machen. Machen was ...

Treibhauseffekt und Klimawandel

Energiewende, ja bitte, aber nicht wegen CO2. Von Sedlacek, Klaus-Dieter (Hrsg.) Dieses Buch dokumentiert zum Thema Klimawandel und CO2 teils unbequeme wissenschaftliche Fakten bzw. Meldungen und die dazugehörigen Quellen. Sie sind eingeladen, ...

Unsterbliches Bewusstsein

Raumzeit-Phänomene, Beweise und Visionen – Taschenbuchausgabe Klaus-Dieter Sedlacek In diesem Buch geht es weder um Glauben noch um Esoterik, sondern um Beweise. Glaubwürdige, wissenschaftliche Beweise, die in eine Form gepackt sind, dass ...

Wege zur Physikalischen Erkenntnis

Meine wissenschaftliche Selbstbiographie, Reden und Vorträge Max Planck , Klaus-Dieter Sedlacek (Hrsg.) Diese erweiterte Neuauflage des Buchs „Wege zur physikalischen Erkenntnis" enthält neben der wissenschaftlichen Selbstbiographie folgende Vorträge: Die Einheit des physikalischen ...

Wie intelligent sind Pflanzen?

Sensationelle Einblicke in die geheime Seite des pflanzlichen Wesens Autoren: Wagner, Adolf; Sedlacek, Klaus-Dieter In diesem Buch behandeln die Autoren Fragen zum Thema Intelligenz und Bewusstsein bei Pflanzen und geben Antworten. Der ...

Wie man seinen Verstand benutzt

Und seine Willenskraft stärkt. Ein praktisches Handbuch der Psychologie. Autor: Atkinson, Wilhelm Walker. Der Mechanismus der psychischen Zustände – die geistige Maschinerie, mit deren Hilfe wir fühlen, denken und wollen – ...